智慧型行動電話
原理應用與實務設計

賴柏洲、林修聖、陳清霖、呂志輝、陳藝來、賴俊年　編著

全華圖書股份有限公司

序言

　　依據人口比例計算，目前在台灣地區行動電話幾乎人手一隻，而根據調查在亞洲地區行動電話普及程度幾乎都維持前幾名，很明顯的，行動電話對國人來說相當的重要。而行動電話不只是拿來接聽或撥打電話而已，目前已研發出許多智慧型行動電話，其功能還包含了可拍照、聽音樂、無線上網、收發 E-mail、影像電話、GPS 衛星導航、無線藍芽技術、股市下單等等，貼近人們的日常生活需要的服務功能，讓手機不只是用來打電話，可增加了許多附加功能與價值。

　　本書內容將行動通訊基本原理與實務設計結合，經由此書您可以了解到通訊傳輸介面原理、量測儀器使用、表面黏著技術、硬體應用元件、無線通訊網路、行動通訊系統發展、行動電話電路設計與分析、生產流程與研發測試流程等相關介紹與基本知識；經由此書對於想進入智慧型行動電話發展的研發人員，在這裡可以幫助您了解到硬體電路相關原理與設計方式以及產品發展與生產流程。作者以個人實務經驗來描述智慧型行動電話相關理論與設計方式，相信對於入門者會有許多幫助；而本書之內容利用重點式的敘述，力求簡潔明瞭，並以淺顯的圖解方式來敘述相關概念，並於每章章節之後，附有本章研讀重點與習題，可讓讀者重點複習；因此，本書適用於大專院校行動通訊課程之上課教材以及工程技術人員之閱讀與設計參考。

　　本書係作者於課餘之暇匆促完成，對文辭修飾雖經仔細斟酌，唯才疏學淺，文辭或有欠妥或用辭不當之處，在所難免，尚祈學者專家先進，不吝賜教，俾有機會再版更正，是感至幸。最後本書承全全華圖書公司的贊助與支持，得以順利完成，在此致十二分謝意。

賴柏洲　林修聖　陳清霖
呂志輝　陳藝來　賴俊年　　謹識於台北

目錄

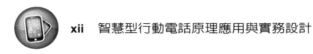

第一章　通訊傳輸介面

　　一般個人電腦必須經由標準傳輸介面(Interface)才能和週邊設備如鍵盤、滑鼠、印表機等做有系統的溝通，而完成資料傳輸。但由於週邊設備的功能和傳送的資料量之差異，因此衍生出多種不同的傳輸協定和規格。而高速傳輸介面之爭由來已久，不但在般個人電腦與週邊產品延燒，今日戰火更蔓延至行動通訊裝置端，而這些規格只是一種規範，如果真要享受快速的傳輸速率，行動通訊設備和軟體之配合都是必須的。因此，本章節將詳細介紹行動通訊設計中，最常用到的通訊傳輸介面，包含了：串列數據通信的介面(RS-232)、串列匯流排傳輸介面(I^2C)、IEEE1394、通用序列匯流排(USB)等。將詳細介紹通訊傳輸介面之原理、特性、通訊協定規範、應用等。可讓研發設計人員，對於行動通訊傳輸介面之設計時，有相關之了解與認知。

 ## 1-1　串列數據通信介面

　　RS-232 是由美國電子工業聯盟(Electronic Industry Association；EIA)所制定的串列數據通信之介面標準，全名稱為 EIA-RS-232，簡稱 232 或 RS-232。RS-232 是一種串列通訊標準，目前 RS-232 所普遍使用的標準協定為 1969 年由美國電子工業聯盟(EIA)所制定 RS-232C，在 RS-232C 之前還有 RS-232A 與

RS-232B 兩個通訊標準，但目前已經不被使用。目前在電腦主機上都有符合 RS-232 標準協定的連線器，雖然在 RS-232 通訊協定發表之後，還有發展出其他通訊標準，如：通用序列匯流排(USB)、IEEE1394 等，但 RS-232 依然在通訊領域上，佔有一席重要的地位。目前在個人電腦的 COM1、COM2 介面，就是採用 RS-232 介面，因此，RS-232 成為在電腦中最常用的介面之一。

　　RS-232 是用來做為連接數據機作傳輸之用，也因此 RS-232 的腳位定義與數據機傳輸有關。RS-232 的設備可以分為數據終端設備(Data Terminal Equipment；DTE)和數據通信設備(Data Connection Equipment；DCE)兩類，這種分類定義了不同的線路用來發送和接受信號。通常，資料終端設備連接個人電腦上的公座接頭，會採用 DTE 連接器，而資料通訊設備連接遠端儀器上的母接頭，會採用 DCE 連接器。數據終端設備(DTE)大多為終端，多半為個人電腦，數據通信設備(DCE)端大多為通訊設備，大多為印表機、通訊產品等，在數據終端設備(DTE)端，其腳位(Pin)為公接頭，而在數據通信設備(DCE)端，其腳位(Pin)為母接頭。

　　而二台個人電腦進行 RS-232 之串列資料傳送，需準備一條 9pin D 型接頭(二頭皆母接頭)之傳輸線，而此 RS-232 傳輸接線必須將其第二及第三條線對調，如圖 1-1 所示。

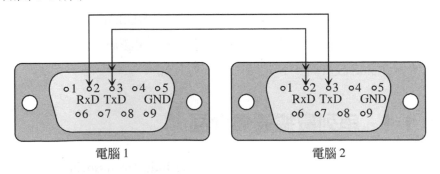

圖 1-1　二台個人電腦 RS-232 之連接方式

1-1-1　RS-232 傳輸方式

在 RS-232 傳輸中，字元是以序列的位元採用一個接一個的串列(serial)方式傳輸，其優點是傳輸線較少，而且配線簡單，傳送距離可以較遠。RS-232 是屬於序列式的(serial)傳輸資料，亦即資料是一個位元(bit)接一個位元(bit)之傳輸方式，平時，接收端(RxD)與發射端(TxD)是在高電位，一端的發射端(TxD)接到另一端的接收端(RxD)，當有資料要傳輸時，一端的發射端(TxD)會先被拉至低電位，而另一端的接收端(RxD)接收到低電位訊號，即開始接收資料，這個動作叫做送起始位元(Start Bit)。

RS-232 標準規範中，並沒有規定資料的傳輸格式，例如幾個位元、起始位元為何、結束位元為何等，但行動通訊產業普遍使用一套規則，以 1bit 的"0"(低電位)作為起始位元，以 1bit 的"1"(高電位)作為結束位元。在兩者之間使用 5 至 8bits 傳送資料，其 RS-232 的資料傳輸模式如圖 1-2 所示。

0		0/1	1
起始位元 (Start Bit)	資料傳送 (5～8bits)	同位位元 (Pahty Bit)	結束位元 (Stop Bit)

圖 1-2　RS-232 資料傳輸模式

起始位元開始之後，兩邊的設備備準備接收接下來的傳輸資料，為了訊號穩定傳輸，兩邊必須有一樣的傳輸速度－鮑率(Baud Rate)，並且須知道接下來有多少資料位元(Data Bit)要傳送過來，資料位元一般是傳送 7 至 8bit。鮑率(Baud Rate)為計算傳輸速率的單位，假設 Baud Rate 為 9600，其背後的涵義為9600BPS，1 Baud Rate＝1 BPS(Bit Per Second)；即 9600 的鮑率就是一秒鐘可傳送 9600 位元的資料，也就是說傳送一個位元需要花 1/9600 秒。在 RS-232 標準規範中，並沒有規定必須要使用多少的鮑率(Baud Rate)來傳輸。因此許多通訊裝置都利用選擇信號來設定所使用的鮑率(Baud Rate)，選擇信號與鮑率(Baud Rate)的關係如表 1-1 所示。

表 1-1 選擇信號與鮑率(Baud Rate)

選擇信號	鮑率(Baud Rate)	8 倍鮑率(Baud Rate x8)
000	38400	307200
001	19200	153600
010	9600	76800
011	4800	38400
100	2400	19200
101	1200	9600
110	600	4800
111	300	2400

　　序列資料是否傳送正確，會使用奇偶同位元檢查，即資料位元(Data Bit)傳送完成時，多傳送一個資料檢查同位位元(Parity Bit)，讓接收端檢查資料是否正確。

　　同位位元(Parity Bit)傳送通常有以三種方式：

1. 無(None)：不傳送任何同位位元。
2. 奇數同位(Odd)：當資料位元有偶數個 1 時，傳送 1 個 1，補成奇數個 1。
3. 偶數同位(Even)：當資料位元有奇數個 1 時，傳送 1 個 1，補成偶數個 1。停止位元(Stop Bit)，為高電位，即表示資料已經傳輸完畢。

　　RS-232 最常用的編碼格式是非同步(Non-synchronous)傳輸格式，在 RS-232 標準中定義了邏輯 1 和邏輯 0 的電壓準位，以及標準的傳輸速率和連接器類型。

　　圖 1-3 為 RS-232 的信號電壓位準示意圖，RS-232 的信號電壓位準定義為最大電壓範圍為 ±25 V；在 RS-232 輸入端，−3 V 至 − 25 V 定義為邏輯"1"、+3 V 至 + 25 V 定義為邏輯"0"；在 RS-232 輸出端，− 5 V 至 −15 V 定義為邏輯"1"、在輸出端，+5 V 至 +15 V 定義為邏輯"0"；而 ±3 V 之間定義為 RS-232 轉態區。

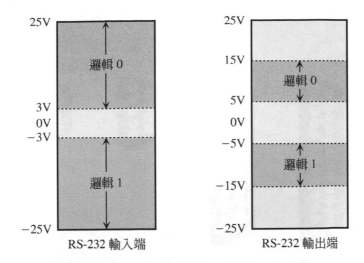

圖 1-3　RS-232 的信號電壓位準示意圖

1-1-2　RS-232 的腳位定義

　　RS-232 介面可分成 9 個接腳(DB-9)與 25 個接腳(DB-25)兩種。而 RS-232 的 DB-25 腳位的公座(Male)、母座(Female)以及 RS-232 的 DB-9 腳位的公座 (Male)、母座(Female)如圖 1-4 所示。

　　RS-232 DB-9 與 DB-25 所使用的腳位定義如表 1-2 所示，CD(Carrier Detect；CD)為載波偵測信號，RxD 為資料接收端，TxD 為資料傳送端，DTR(Data Terminal Ready；DTR)為終端機資料備妥信號，GND 為接地端，DSR(Data set Ready；DSR)為數據機資料備妥回應，RTS(Request To Send；RTS) 終端機要求傳送信號，CTS(Clear To Send；CTS)數據機清除以傳送回應信號，RI(Ring Indicator；RI)響鈴指示訊號。

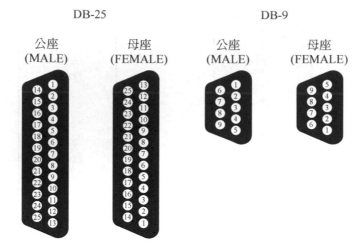

圖 1-4　RS-232 DB-25 及 DB-9 的腳位順序

表 1-2　RS-232 DB-9 與 DB-25 的腳位定義

信號名稱	DB 9	DB 25	意義
CD	Pin 1	Pin 8	載波偵測(Carrier Detect)
RxD	Pin 2	Pin 3	接收字元(Receive)
TxD	Pin 3	Pin 2	傳送字元(Transmit)
DTR	Pin 4	Pin 20	資料端備妥(Data Terminal Ready)
GND	Pin 5	Pin 7	接地(Ground)
DSR	Pin 6	Pin 6	資料備妥(Data Set Ready)
RTS	Pin 7	Pin 4	要求傳送(Request To Send)
CTS	Pin 8	Pin 5	清除以傳送(Clear To Send)
RI	Pin 9	Pin 22	響鈴偵測(Ring Indicator)

　　而 CD、DTR、DSR、RTS、CTS、RI 為硬體電路偵測傳輸狀態所需之腳位，是屬於控制信號，且較少使用；目前大多數只要利用 RxD 與 TxD 傳輸特定位元，即可判斷傳輸狀況，因此只要使用 RxD、TxD、Ground，3 條線即可傳輸資料。

1-1-3 RS-232 串列介面標準

目前 RS-232 是電腦主機與行動通訊中應用最廣泛的一種串列介面。RS-232 被定義為一種在低速率串列通訊中增加通訊距離的單端標準。典型的 RS-232 信號介於在正負電壓準位之間，在發送資料時，發送端元件輸出正電壓準位在 + 5 至 + 15 V，負電壓準位在 − 5 至 − 15 V。

接收器典型的工作電壓準位在 + 3 至 + 12 V 與 − 3 至 − 12 V，由於發送電壓準位與接收電壓準位的差僅為 2V 至 3V 左右，所以其共模抑制能力較差，再加上雙絞線上的分佈電容，其 RS-232 傳送距離最長約為 15 公尺，最高速率為 20Kbps。RS-232 是為點對點通訊而設計的(即只用一對收、發設備)，其驅動器負載為 3kΩ〜7kΩ。所以 RS-232 適合本地設備之間的通信。

RS-232 標準規範訂定最大的負載電容為 2500pF，這個電容限制了傳輸距離和傳輸速率，由於 RS-232 的發送器和接收器之間具有公共信號之地線，屬於非平衡電壓型傳輸電路，不使用差分信號傳輸，因此不具備抗共模干擾的能力，在不使用調變解調器時，RS-232 能夠進行數據傳輸的最大通信距離為 15 公尺，若 RS-232 須進行遠程通信時，則必須利用調制解調器進行遠程通信連接。

現在個人電腦所提供的串列的傳輸速度一般都可以達到 115200bps 甚至更高，標準串列能夠提供的傳輸速度主要有 1200bps、2400bps、4800bps、9600bps、19200bps、38400bps、57600bps、115200bps 等。在行動通訊與個人電腦進行資料傳輸時，鮑率(Baud Rate)為 9600bps 是最常見的傳輸速度，因此當傳輸距離較近時，則能使用最高傳輸速度。傳輸距離與傳輸速度的關係成反比，適當地降低傳輸速度，可以延長 RS-232 的傳輸距離，提高通信的穩定性。

RS-232 之主要優點則有以下幾點：

1. 基本電路構造簡單，價格便宜。
2. 規格之歷史較悠久，使用此介面之行動裝置相當多。
3. 傳送方式之複雜度，可因應用途而自由選擇。
4. 備有豐富之應用軟體支援。

而 RS-232 主要的缺點則有下列幾點：

1. 傳送距離較短(15m 以下)。
2. 傳送速度較慢(20kbit/s 以下)。
3. 耐雜訊特性較差。

1-1-4　RS-232 驅動 IC 元件

在此一小節介紹 RS-232 IC 的包裝類型，如圖 1-5 所示。例如，傳統的設計可以使用 N 型(Plastic Package)的 RS-232 IC，若是 PCB 空間的大小被限制，則可能必須選擇 D 型(Micro Package)、W 型(Micro Package Large)或者是 T 型(Thin Shrink Small Outline Package；TSSOP)的 RS-232 IC。

N 型
(Plastic Package)

D 型
(Micro Package)

W 型
(Micro Package Large)

T 型
(TSSOP Package)

圖 1-5　RS-232 IC 包裝

圖 1-6 為 RS-232 IC 之 16 隻腳位順序，且表 1-3 為 RS-232 16 隻 IC 腳位之定義。

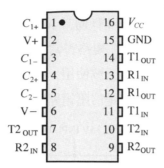

圖 1-6　RS-232 腳位順序

表 1-3　為 RS-232 16 隻 IC 腳位之定義

腳位	腳位符號	腳位功能
1	C_{1+}	做為第一極 Charge Pump 電容之正極終端
2	V+	雙電壓終端
3	C_{1-}	做為第一極 Charge Pump 電容之負極終端
4	C_{2+}	做為第二極 Charge Pump 電容之正極終端
5	C_{1-}	做為第二極 Charge Pump 電容之負極終端
6	V −	反向電壓終端
7	$T2_{OUT}$	第二極發射輸出電壓
8	$R2_{IN}$	第二極接收輸入電壓
9	$R2_{OUT}$	第二極接收輸出電壓
10	$T2_{IN}$	第二極發射輸入電壓
11	$T1_{IN}$	第一極發射輸入電壓
12	$R1_{OUT}$	第一極接收輸出電壓
13	$R1_{IN}$	第一極接收輸入電壓
14	$T1_{OUT}$	第一極發射輸出電壓
15	GND	接地
16	V_{CC}	電源

圖 1-7 為 RS-232 IC 的內部架構，通常 IC 製造廠商會將 RS-232 IC 內部架構圖或者是典型的應用電路圖放在規格書當中，提供研發人員在電路設計時之參考。C_5 電容的功用是作為電源濾波使用，而 C_1、C_2 分別為倍壓電路以及負壓電路的工作電容，C_3、C_4 分別是倍壓電路以及負壓電路的輸出濾波電容。

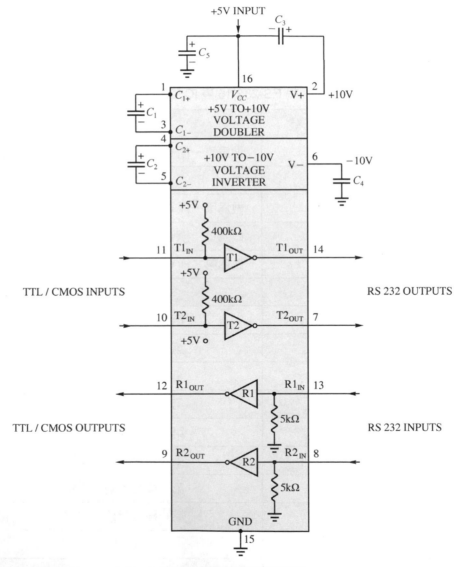

圖 1-7　RS-232 IC 的內部架構圖及應用電路(RS-232 Datasheet)

　　圖 1-8 為設計 RS-232 傳輸介面之設計電路，其中 C_5 電容值為 0.1μF，主要的功能是在作電源濾波，用來消除一些電源訊號之小雜訊干擾，C_1、C_2 分別是倍壓電路以及負壓電路的工作電容；C_3、C_4 分別是倍壓電路以及負壓電路的輸出濾波電容。C_1、C_2、C_3、C_4 的電容值都是使用 1μF，且在線路佈局圖上(Layout)，所有的電容都必須擺放的越近越好，否則將失去電源濾波之作用。圖 1-8 電路的 DB-9 即為 RS-232 的連接埠，RS-232 IC 的 PIN11(訊號名稱：TX_1)及 PIN12(訊號名稱：RX_1)為連接到 CPU 的腳位(即 CPU 的 TX 和 RX)，PIN13 的 RX 與 PIN14 的 TX 則為外部連接埠的腳位。

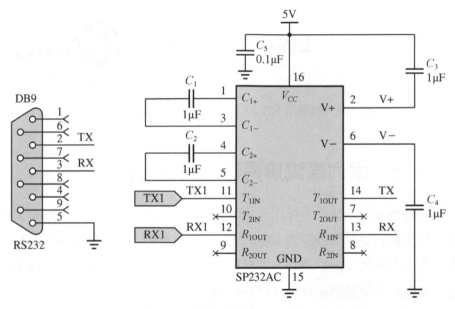

圖 1-8　RS-232 設計電路(RS-232 Datasheet)

　　若是設計的空間上不允許，或是有成本上的考量，圖 1-9 是用來替代 RS-232 IC 的簡易型電路。

　　在圖 1-9 中的 R_2 以及 R_4 電阻值皆為 1kΩ，其功用為 Pull-High 電阻。Q_1 以及 Q_2 電晶體(NPN Transistor)為 MMBTA06，其功用為信號的開關。R_1 以及 R_3 的功用為限流(Limiting)電阻，D_1 為 1N4148 二極體(Diode)，其功用是用來當接收外來的信號時，將一些小雜訊的突波吸收掉，以免產生誤動作。

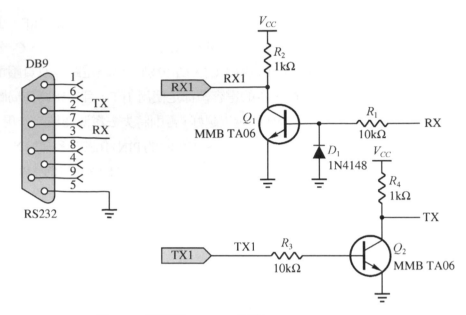

圖 1-9　簡易型 RS-232 電路(RS-232 Datasheet)

1-2　串列匯流排傳輸介面(I²C)

　　微處理控制器系統大多採用並列匯流排(Parallel Bus)，然而，近年來可以看到一些比較新型的微控制器，除了並列匯流排之外，也利用串列匯流排(I²C)來進行介面之溝通；而目前許多智慧型行動電話內的 IC 介面，也都採用串列匯流排來進行介面溝通與介面之資料傳輸。

　　I²C 匯流排是一種工業電腦上常用的串列匯流排，I²C 全名為 Inter-Integrated Circuit，意思是介於積體電路元件之間溝通的匯流排傳輸介面，亦可翻譯為積體電路間通訊模式；而唸法為「I-squared-C」。

　　串列匯流排傳輸介面－I²C，是由荷蘭菲利浦(Philips)公司在 1980 年所提出的雙向二線式串列匯流排介面，最初是為了用在電視應用的相關設計(TV Set)上，能讓 CPU 與週邊晶片間獲得快速的資料傳輸互通，之後於 1992 年正式發表 I²C-Bus 傳輸介面。相較於傳統並列匯流排(Parallel Bus)所使用的並列架構，如 8bit 或 16bit 而言，串列匯流排不僅結構相當簡單，只需二條線信號線，即串列資料線(Serial Data Line；SDA)、串列時脈線(Serial Clock Line；SCL)，有些也寫成 SCK，就能傳送資料，同時也省去了並列匯流排所需的解碼電路與複雜之電路；另外，也降低了並列匯流徘可能因為並列接線過多而造成的電磁干擾和靜電放電等現象。圖 1-10 為 I^2C 標誌符號，書寫時當寫成「I 平方 C，I^2C」。

圖 1-10　I^2C 標誌符號(Philips I^2C Datasheet)

1-2-1　串列匯流排傳輸介面之傳輸協定

I^2C 傳輸介面是一種串列式的傳輸方式，所需的接腳數目較少，只需要兩個信號(SCL & SDA)，而這兩個信號組成了 I^2C 匯流排，所有積體電路元件想要互相通訊，只要連接到此匯流排即可。I^2C 提供兩種定址模式與四種傳速模式，定址方面分成 10bit 長定址與 7bit 短定址，表示在同一個 I^2C 匯流排上能允許的晶片連接數，長定址為 1024 個(2^{10})，短定址為 128 個(2^7)。

傳輸速率方面有 I^2C 種傳速模式，在 1982 年發表了速率為：

1. 10kbps 的低速模式。
2. 位址為 7bit，速率為 100kbps 的標準模式，通訊距離可達 2 公尺。
3. 於 1993 年又發表快速模式，位址為 10bit，速度為 400kbps，通訊距離 0.5 公尺。
4. 之後又發表高速模式(High Speed；HS)，速度為 3.4Mbps。

因此 I^2C 傳輸距離並不長，適合作為微處理器與週邊設備之通訊，而不適合長距離傳輸通訊。

　　I^2C 串列匯流排之腳位，分別為串列資料線(SDA)做為輸入和輸出功能，串列時脈線(SCL)做為控制和參考 I^2C 匯流排，其架構圖如圖 1-11 所示。由架構圖可知，如果微控制器(Micro Controller)要對記憶體(Memory)傳送資料時，此時微控制器為主控元件(Master)，記憶體為從屬元件(Slave)。

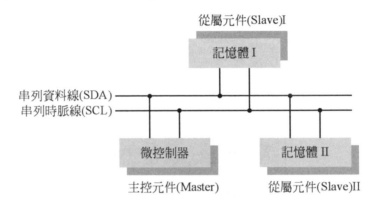

圖 1-11　I^2C 架構圖

　　I^2C 匯流排是一種同步傳輸協定，主要是利用串列時脈(SCL)輸入時脈訊號，由 Master 端發出，藉以同步 Master 和 Slave 之間的時序順序。而 SDA(Serial Data)為雙向輸入資料，其資料傳輸傳送格式(Data Frame)包括了：開始(Start)、位址(Address)、讀／寫(Read/Write)、資料(Data)、確認(Acknowledge)和停止(Stop)等，其資料格式圖如圖 1-12 所示。因此 I^2C 介面允許處理器透過 I^2C 匯流排來控制 master 和 slave 裝置。

圖 1-12　資料格式示意圖

而 I²C 匯流排的串列時脈時序，必須按照下列的正確時序才能將資料正確的寫入。

1.　開始(Start)訊號。主控端(Master)必須送出開始信號才能取得 I²C 匯流排的控制訊號。當 I²C 沒有動作時，由於在 SDA 與 SCL 兩訊號線上都加入提升電阻(Pull-up resister)，使未導通狀態下 SDA 與 SCL 都保持在邏輯高準位(High, Hi)狀態。當主控端先在 SDA 送出低電位，經一小段時間後，再將 SCL 變成低電位，即稱為開始(Start)訊號，如圖 1-13 所示。

2.　位址(Address)與讀／寫(Read/Write)訊號。由於 I²C 元件都有固定的位址，因此主控端送出開始信號之後，會對匯流排上所有元件發佈從屬端的位址及讀／寫信號。

3.　確認(Acknowledge)訊號。當從屬端收到位址及寫入的信號之後，會馬上發出一個確認的信號給主控端，表示已經收到資料。此時從屬端會將 SDA 拉至低電位(Low)狀態。

4.　資料(Data)訊號。當主控端收到確認的信號之後，就可以傳送資料給從屬端。且主控端一定要收到從屬端的確認信號之後，才會送出下一筆資料訊號。

5.　停止(Stop)訊號。當 SCL 為高準位狀態時，SDA 由低準位向高準位切換時，即稱為停止訊號，如圖 1-13 所示。

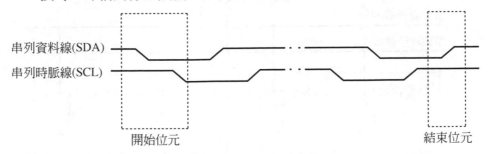

圖 1-13　開始與停止訊號波形圖

I^2C 匯流排之信號變化為，當 SDA 若要變化時，只有在 SCL 為低電位時才能進行信號轉變。而當 SCL 在高電位時，其對應到 SDA 的狀態為高電位或低電位，即是所傳送的位元為 1 或 0 之信號，如圖 1-14 所示。

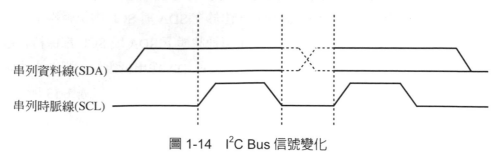

圖 1-14　I^2C Bus 信號變化

1-2-2　串列匯流排傳輸硬體之設計

I^2C 在硬體電路連接上相當簡單，僅有兩條線路，SDA(Serial Data Line) 資料線與 SCL(Serial Clock Line)時脈線，所有後端 I^2C 裝置元件都並接這兩條線路，同時 I^2C 介面本身為開汲極(Open Drain)式的 I/O 接腳，因此在應用的時候須要外加電源與提升電阻才能動作，其 I^2C 硬體架構圖如圖 1-15 所示。

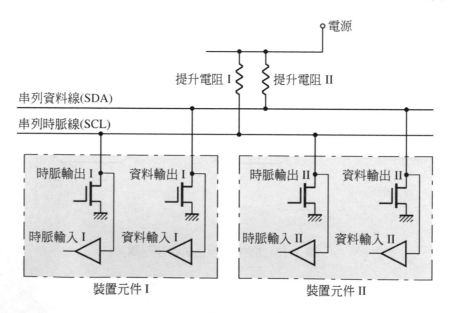

圖 1-15　I^2C 硬體架構圖

接腳內部的電晶體在導通時為接地的邏輯低準位(Low, Lo)狀態，而不導通時則形同斷線浮接，不過 I^2C 並不是要使用浮接狀態，而是要使用真正的邏輯高準位，所以在 SDA、SCL 兩線上都加入提升電阻(Pull-up Resister)，使未導通狀態下線路會處於邏輯高準位(High, Hi)狀態。若直接連接是無法動作的，因此由圖 1-15 電路中可以看到，不外加電源與提升電阻，IC 就沒有電力去推動匯流排上的 SDA 與 SCL 兩條訊號線。若不動作時，SDA 與 SCL 兩條訊號線均被正電源及提升電阻作用，變成高電位；若 I^2C 動作時，則將 IC 內的電晶體導通，使原來的高電位降為低電位。

設計 I^2C 硬體電路架構時，必須考慮的因素有 I^2C 匯流排上元件的數目、匯流排的長度，因為這些因素都會影響匯流排的總電容值，而匯流排上到底要加多少的提升電阻，則會依照電容值大小去決定的。連接 I^2C 匯流排的元件數目，從元件位址最多以 10bit 為例，最多可以達到 1024 個元件，但實際上會有一些電路特性的限制，一般來說會受限於匯流排的總電容值，在 I^2C 規範中訂定匯流排總電容值必須小於 400pF。

I^2C 匯流排的上升時間是取決於匯流排的傳輸速率。若傳輸速率為 400KHz，則上升時間最大為 300ns；傳輸速率為 100KHz，則上升時間最大為 1000ns。再配合總線路的電容負載(C_b)，即可計算出最適合的提升電阻值，其計算公式如 1-1 所示。研發人員在設計 I^2C 匯流排電路的提升電阻，建議值可採用 4.7kΩ 電阻。

$$提升電阻值計算公式\ R_{\text{Pull-up}} = \frac{t_R}{2.2 \times C_b} \quad\cdots\cdots\cdots\cdots\cdots\cdots\cdots\cdots (1\text{-}1)$$

I^2C 匯流排的標準模式與快速模式電路特性如表 1-4 所示。其中，I^2C 標準模式傳輸速度為 100KHz，快速模式傳輸速度為 400KHz。圖 1-16 為 I^2C 標準模式與快速模式之時序圖。

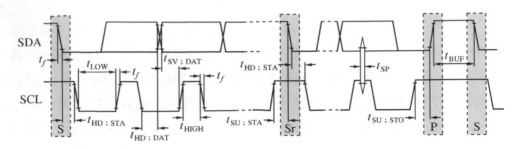

圖 1-16　I²C 標準模式與快速模式之時序圖(I²C Datasheet)

表 1-4　I²C 標準模式與快速模式電路特性

參　　數	符　號	標準模式		快速模式		單位
		最小值	最大值	最小值	最大值	
SCL 頻率	fSCL	0	100	0	400	KHz
起始條件的保持時間	tHD；STA	4	—	0.6	—	μs
SCL 低電位週期	tLOW	4.7	—	1.3	—	μs
SCL 高電位週期	tHIGH	4	—	0.6	—	μs
重覆起始條件的建立時間	tSU；STA	4.7	—	0.6	—	μs
資料保持時間	tHD；DAT	5.0	3.45	0	0.9	μs
資料建立時間	TSU；DAT	250	—	100	—	μs
SDA 和 SCL 信號的上升時間	tr	—	1000	—	300	μs
SDA 和 SCL 信號的下降時間	tf	—	300	—	300	μs
停止條件的建立時間	tSU；STO	4.0	—	0.6	—	μs
停止和開始條件之間的空閒時間	tBUF	4.7	—	1.3	—	μs
總線路的電容負載	Cb	—	400	—	400	pF

1-2-3　串列匯流排之優點

1.　I^2C 介面的 IC 均可視為獨立模組，可以容許 I^2C 匯流排上連接多個週邊元件，如圖 1-17 所示。因此在產品設計時，設計者可以利用方塊圖(Block Diagram)做為設計考量之用，I^2C 電路和方塊圖相似，一旦方塊圖完成後，採用 I^2C 元件可立即變成實際電路，減少研發設計之開發時間。

2.　不須要設計 IC 的介面和解碼電路，因為 I^2C 元件已經將介面整合在 IC 內，可使得電路簡單化。

3.　I^2C 資料傳輸的協定可以用軟體控制，具有高度的便利性。

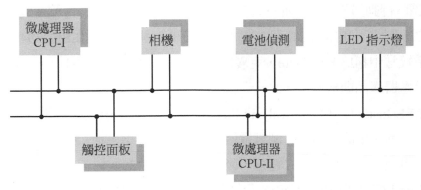

圖 1-17　I^2C 匯流排連接多個週邊元件

4.　I^2C 由於是兩線式匯流排，因此研發人員在設計與偵錯(Debug)較為容易與方便。

5.　由於 I^2C 只使用 2 條線就能在 IC 之間傳送資料，因此 IC 的接腳減少，印刷電路板(PCB)所須的面積與層數均可減少，可使電路更節省空間與降低電路複雜性。

1-3 IEEE1394

　　IEEE1394 主要是由美國麥金塔電腦公司針對高速傳輸所發展的一項傳輸介面，並於 1995 年獲得美國電機電子工程師協會認可，因此，IEEE1394 成為傳輸介面之標準規範。「IEEE-1394」又稱「Fire Wire」，是由 IBM、TI(德州儀器)、Sony、Philips 等幾家涵括電腦與消費性電子產品領域的大廠所共同發展，主要目的是希望藉由統一的介面，來整合市場上的電腦、消費性電子產品、通訊設備等資料傳輸模式。因此，IEEE-1394 就成為資料傳輸的標準，希望將電腦、家電、行動通訊產品等進行資料交換與整合之目的。隨著傳輸速度的需求，且在之後制定了 IEEE1394a 與 IEEE1394b 等更高速的版本。IEEE 1394 在 Apple 電腦系統當中稱為 Fire Wire，定義為高傳輸率。而 IEEE1394 在 Sony 電腦系統或是電器產品則稱為 i-Link。

　　IEEE(Institute of Electrical and Electronics Engineers)，全名為電機電子工程學協會，其主要的任務在於制訂電機電子業相關標準，而 1394 此數字係指該技術於電機電子工程協會之編號，因此稱為 IEEE1394。

　　IEEE1394 的應用範圍包含了資訊產品、家電產品與電腦週邊，其傳輸速度快慢將影響電腦與電腦週邊相連時之訊號傳輸效率，IEEE 1394 傳輸模式為點對點(Peer to peer)的傳送資料，可使產品週邊之間，不需要透過個人電腦主機，即可進行串接及資料傳輸。

　　因此，IEEE 1394 不僅是電腦與電腦週邊的連接規格，由於數位式高速傳輸的特性，對於 VCD、DVD 等影像信號的傳送也可勝任，然而，目前許多數位相機或移動式攝影機，皆有支援 IEEE1394 傳輸。

1-3-1　IEEE1394 工作原理

　　IEEE1394 的通訊協定是由實體層、資料連接層及傳輸層之三層協定所組成的，其架構圖如圖 1-18 所示。

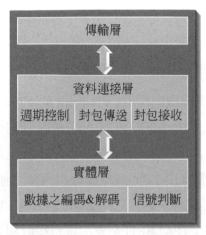

圖 1-18　IEEE1394 架構圖

　　實體層定義了傳輸訊息的電子訊號及機械的連接端，它位於整個傳輸架構的最底層，主要的功能包含了數據的編碼、解碼與信號的判斷，使得達到每個時間點只有一個訊號在匯流排上，且將序列匯流排的資料與訊號準位傳送鏈結層。資料連接層主要功能為封包接收、封包傳送與週期控制。做為同步訊號的時脈控制。傳輸層則是定義請求(request)及響應協定，並做為微處器匯流排的讀取、寫入及鎖住三個基本的傳輸動作。

　　在標準的 IEEE1394 連接線方面，採用 6-pin 的連接頭與 6 條連接線，其中一條線供應電源、一條線為地線，其他四條線則包裝成兩條線，負責傳輸信號，最後再把電源線、地線和兩對雙絞線包成一條 IEEE 1394 Cable，如圖 1-19 所示。

　　IEEE 1394 Cable 厚度約為 6.1mm，最大長度是 4.5 公尺，電壓範圍是 8～40V 的直流電壓，最大電流 1.5A。兩對雙絞線的特性抗阻為 110 歐姆，電源線則為 0.75 歐姆的低阻抗。

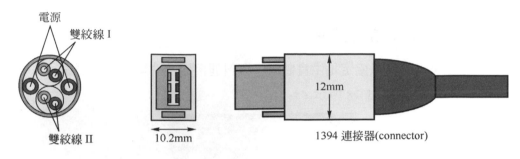

圖 1-19 IEEE-1394 連接器結構(IEEE-1394 Datasheet)

　　而 Sony 的數位式攝影機則採用較小 4-pin 的 1394 連接頭，這種 4-pin 的 1394 連接頭僅有兩組信號的接腳，去除掉電源接腳部分，主要是提供給一般使用電池電源的週邊產品所使用，這一類的產品本身已經透過產品本身的電池提供了電源，因此不需要經由 1394 連接線取得電源供應。表 1-5 為 IEEE-1394 Cable 腳位，其中 VP 為電源，VG 表示接地，TPB*和 TPB 表示接收控制器與資料傳送，具差動信號；TPA*和 TPA 表示資料接收與傳送控制器，具差動信號。而 4pin IEEE-1394 的則沒有 VP 和 VG。

表 1-5 IEEE-1394 連接器腳位

接點	信號名稱
1	VP
2	VG
3	TPB*
4	TPB
5	TPA*
6	TPA

1-3-2 IEEE1394 傳輸規格與特性

　　在 1995 年時，被 IEEE 學會採用，並正式定義為 IEEE-1394 標準。IEEE-1394a 的資料傳輸率是 100、200 和 400Mbps；IEEE-1394b 傳輸速率可達

800Mbps、1.6Gbps 或是 3.2Gbps，連線距離可以超過 100 公尺，甚至有採用光纖傳輸的實體規格出現。

隨著通訊技術的不斷進步，也發展出更快的傳輸速度和規格。2000 年發展出的 IEEE 1394a，也稱為 Fire Wire 400，和 1995 年提出的 IEEE 1394 幾乎相同，只是改良數個通訊協定之後制定的新規格。2002 年發展出的 IEEE1394b，也稱為 Fire Wire 800，Fire Wire 800 即是傳輸最高速為 800Mbps 的傳輸速率，相容於 IEEE 1394a，但是接頭的形狀由 IEEE 1394a 原本 6Pin 變成 9Pin，因此需要經由轉接線連接。2006 年發展出 IEEE 1394c，也稱為 FireWire S800T，Fire Wire S800T 提供了一個重大的技術改進，新的接頭規格和 RJ45 相同，並使用 CAT-5(5 類雙絞線)和相同的協定，可以使用相同的埠來連接任何 IEEE1394 裝置。而在 2007 年 12 月宣佈，將可以在 2008 年底使用新的規格 S1600，傳輸速率可達到 1.6Gbps；S3200 模式，傳輸速率可達到 3.2Gbps。這是為了迎戰 USB3.0 規格所作的技術演變。

目前 IEEE 1394.a 的規格來說，具有以下幾項優點：

1. 傳輸速率

    IEEE-1394a 資料傳輸率為 100Mbps、200Mbps、400Mbps；其 IEEE 1394b 可將傳輸頻寬延伸至 800Mbps 及 1.6Gbps 或 3.2Gbps。

2. 點對點的通訊架構(Peer-to-Peer Communication Architecture)

    由於 IEEE1394 具備點對點的傳輸模式，IEEE1394 週邊裝置間互傳資料時，不透過電腦，即可串接及進行資料傳輸，因此不會增加電腦的負載。

3. 支援熱插拔(Hot Plugging Support)

    IEEE1394 支援熱插拔(Hot-Plug)與支援隨插即用(Plug-and-Play)，在電腦作業系統的已開機的狀態中，隨時可以插入或拔除，而不需再另外關閉電源。可直接加入新的裝置，該裝置則會自動取得一個辨認碼，如此將可以節省定址的工作，且自動偵測並完成安裝軟體，即可開始使用新的產品裝置。

4.　支援多連點

　　IEEE1394 可同時連接消費性電子與電腦週邊，最多支援 63 個節點的串連。且在整個 IEEE1394 網路上可以連結 1024 個次網路。

5.　支援同步與非同步資料傳輸

　　IEEE 1394 可同時提供同步(Synchronous)和非同步(Asynchronous)的資料傳輸方式。同步傳輸可支援具有時效性的應用領域，並將資料依通道數量傳送出去；而非同步傳輸則是將資料傳送到特定的位址。因此，IEEE1394 可在同一個介面上同時提供同步和非同步的傳送模式，而傳送即時(Real-Time)訊息的產品，如：視聽產品、影像、聲音，及傳送非即時(Non-Real-Time)訊息的產品，如：印表機、掃描器等，就可以在同一個匯流排(bus)上動作。

1-4　通用序列匯流排(USB)

　　通用序列匯流排(Universal Series Bus；USB)是一種全球通用的資訊產品串列式標準界面，目前主要用於電腦與其它週邊產品之連接介面。目前很多電腦的週邊產品都採用 USB 介面傳輸，例如滑鼠、鍵盤、隨身碟、印表機及通訊產品等，且 USB 最大的特點也支援熱插拔(Hot-Plug)和隨插即用(Plug-and-Play)等特性。因此，在此一小節將介紹 USB 發展、原理、架構、應用等相關重要原理，可讓研發人員對於 USB 傳輸介面有更深入的了解。

1-4-1　通用序列匯流排發展時期

　　通用序列匯流排(USB)最初於 1996 年由英特爾(Intel)與微軟(Microsoft)公司共同發表的傳輸介面，其技術發展可分成三個時期：1996 年至 2000 年 USB 技術發展期，2000 年至 2004 年追趕 IEEE1394 技術的追趕期，而 2005 年後至今則是超越 IEEE 1394。第一個時期通用序列匯流排規範為 USB 1.x，包含了 USB 1.0、1.1 技術階段，這個階段 USB 快速低價化、普及化，USB 1.0 傳輸速率為 1.5Mbps 此速率也稱為低速(Low-Speed)、USB 1.1 傳輸速率為

12Mbps，此速率也稱為全速(Full-Speed)，但是在資料傳輸速率為了達到與 IEEE 1394 一樣快速，因此於 2000 年之後，USB 實體協會(USB Implementers Forum；USBIF)負責 USB 規範制訂，並開發新的傳輸技術，包括 2001 年底發表 USB 2.0 技術規範，其 USB 2.0 傳輸速率為 480Mbps，此速率也稱為高速(Hi-Speed)，與 USB 1.1 相比，將傳輸率提高 40 倍，並相容於 USB 1.0 與 USB 1.1 之技術規範，以及發表讓 USB 裝置直接相互連接的 USB OTG(On-The-Go)，而週邊產品上會標示 USB OTG 符號，如圖 1-20 所示。

　　由於 USB 1.1 的傳輸率僅 12Mbps，無法與 IEEE1394a 傳輸率為 400Mbps 相比，而 USB 2.0 技術其傳輸速率達 480Mbps，超越 IEEE1394a，因此 USB 2.0 也被稱為高速(Hi-Speed)USB。由於傳統 USB 僅允許各 USB 週邊裝置與電腦互相連接，不允許各 USB 週邊裝置不經由電腦而自行互接，但 IEEE 1394 卻提供此功能，因此 2001 年底發表了 USB OTG 技術規範。當然，USB OTG 也是因應手持式行動裝置，讓手持行動裝置能在戶外時，不須透過電腦也能夠相互傳遞資料。

　　到了 2004 年，由於全球的 USB 用量與 USB 行動裝置使用量已發展非常快速，因此 USB 無線化技術已漸漸被提出，因此 USB-IF 於 2005 年 5 月 12 日正式發佈無線通用序列匯流排(Wireless USB；WUSB)技術，此規範技術稱為 Wireless USB 1.0，而週邊產品若有支援 Wireless USB 1.0 將會標示 USB OTG 符號，如圖 1-21 所示。

圖 1-20　USB OTG 符號
(USB Datasheet)

圖 1-21　Wireless USB 符號
(USB Datasheet)

另外，為了讓針對 USB 硬體所開發的韌體、軟體達到更大化的發揮效益，

USB-IF 也增訂了內接用的 USB，讓 USB 從過去的外接銅纜線，轉變成在印刷電路板(PCB)上的銅箔線，使 USB 從行動裝置外部連接，進而發展至機內晶片間的互連，此稱為 Inter-Chip USB(IC-USB)。隨著 USB1.0、USB 1.1、USB 2.0 的技術成熟，USB 技術的發展已經開始往行動裝置運用的 USB OTG、HI-SPEED USB OTG、Wireless USB、以及 Inter-Chip USB 等技術發展。另外 USB 3.0 也在 2009 年技術發表，其傳輸速率達 5.0Gbps 比 USB 2.0 快上 10 倍。

1-4-2 通用序列匯流排原理架構

在通用序列匯流排原理架構中，當兩個裝置互相連結時，必須有一個裝置產品扮演主控端(Master)，而另一個裝置產品必須扮演從屬端(Slave)，其架構圖如圖 1-22 所示。在通用序列匯流排架構中，電腦主機會扮演主控端(Master)的角色，並負責控制匯流排介面的資料傳輸，且通用序列匯流排最多可以連接 127 個週邊設備。

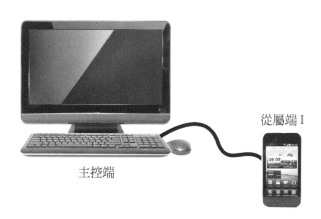

從屬端 I

主控端

圖 1-22 通用序列匯流排主從架構

當 USB 產品連接至通用序列匯流排主控端時，主控端電腦會要求連接的 USB 產品必須表明自己的身份，而每個 USB 裝置都有一組獨一無二的產品識別碼(Identification Code)。當識別完成之後，主控端會為該 USB 產品尋找已安裝在電腦內的 USB 驅動程式。通常比較常見的 USB 產品，例如：滑鼠、鍵盤、外接式儲存設備、隨身碟以及印表機等，都能使用內建於 Windows 作業系統中的驅動程式(Driver)進行資料傳輸；然而較新型或行動通訊的 USB 產品，則必須先安裝配件包所附贈的專屬驅動程式，才能順利進行資料傳輸。

　　通用序列匯流排架構可分為三個主要的部分：

1.　通用序列匯流排主機控制器。

2.　通用序列匯流排集線器。

3.　通用序列匯流排裝置。其架構圖如圖 1-23 所示。

　　通用序列匯流排系統上，其介面溝通方式是由軟體搭配電腦主機而產生資料傳輸。而電腦主機硬體包含了通用序列匯流排主機控制器與通用序列匯流排集線器。USB 集線器(USB HUB)是不可能同時連接上 127 個 USB 週邊產品，而集線器的功用主要是提供另外的 USB 連接埠供我們串接裝置，因此整個 USB 連接裝置方式，為階層式的星狀連接，類似金字塔型的架構，如圖 1-24 所示。

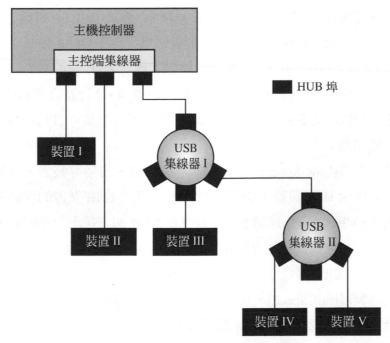

圖 1-23　通用序列匯流排架構

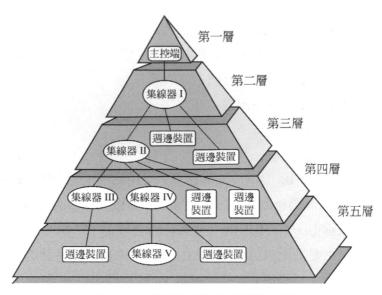

第一層

主控端

第二層

集線器 I

第三層

週邊裝置

週邊裝置

集線器 II

第四層

集線器 III 集線器 IV 週邊裝置 週邊裝置

第五層

週邊裝置 集線器 V 週邊裝置

圖 1-24 通用序列匯流排連接架構

　　每一個連接器上，呈現了一個 USB 連接埠。對於 USB1.0 規格之集線器，不斷地接收在電腦主機與 USB 裝置端的資料量。而 USB2.0 規格之集線器支援了高速的特性，不僅須要不斷地接收電腦主機與 USB 裝置端的資料量外，還必須因應不同 USB 裝置的速率規格，切換成低速、全速及高速的傳輸速率。

　　通用序列匯流排裝置是指各種類型的 USB 週邊產品，可以將 USB 裝置分為以下三種類型：

1. 低速裝置(Low-Speed)，其週邊產品如鍵盤、滑鼠等裝置，而週邊產品上會標示 USB 符號，如圖 1-25 所示。低速 USB 裝置的傳輸速率最高為 1.5Mbps。而低速週邊產品裝置在 USB 的支援上也受限制，例如當電腦主機在執行高速處理動作時，低速裝置是無法動作的，此現象是避免高速的訊號被低速的集線器所影響。

2. 全速裝置(full-Speed)，其週邊產品如網路攝影機、外接式硬碟等裝置。全速 USB 裝置的傳輸速率最高為 12Mbps。

3. 高速裝置(High-Speed)，其週邊產品如高速隨身碟或外接式行動硬碟等
   裝置，而 USB 高速產品上會標示 USB 符號，如圖 1-26 所示。高速 USB
   裝置的傳輸速率最高為 480Mbps。

圖 1-25　USB 符號　　　　　　　　圖 1-26　USB 高速符號
(USB Datasheet)　　　　　　　　　　(USB Datasheet)

1-4-3　通用序列匯流排硬體規格

通用序列匯流排的資料傳輸方式是採用串列的方式，類似於 RS-232 串列
傳輸的方式。利用串列的傳輸方式，可以降低使用的訊號線數目與減少電路的
複雜性，並且可讓訊號傳輸距離增加。通用序列匯流排的接頭類型可分為 USB
Type A 型，其 USB Type A 型公座外觀圖如圖 1-27 所示，且為長方扁平形狀；
USB Type A 型母座外觀圖如圖 1-28 所示。

圖 1-27　USB Type A 型公座外觀圖　　圖 1-28　USB Type A 型母座外觀圖
(USB Datasheet)　　　　　　　　　　(USB Datasheet)

USB Type A 型 4Pins 接頭(長方扁平形狀)可插入電腦的 Host 端或 USB 集
線器。USB Type A 型連接線內部有四條線，其中一條為電源線(V_{BUS})+5 伏特，
另一條為地線(GND)，另外二條則是差動的資料線 D＋與 D－訊號，用來傳遞
差動資料，在 USB2.0 規範，其長度最長可以達到 5 公尺。

在電源的供應上，一般為輸出 5V ±0.25 V。利用通用序列匯流排，所連接的裝置可以根據不同的配置方式，提供 100 至 500mA 的電流量。為了達到可以連接各種不同週邊產品，USB 最多可以提供 127 個週邊產品。

另外，還有 USB Type B 型接頭，其 USB Type B 型公座外觀圖如圖 1-29 所示，且為正方形；USB Type B 型母座外觀圖如圖 1-30 所示。B 型接頭(4Pins) 則是插入 USB 裝置，如印表機裝置或大型測試儀器等。

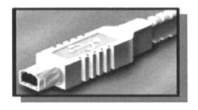 

圖 1-29　USB Type B 型公座外觀圖　　圖 1-30　USB Type B 型母座外觀圖
　　　　　(USB Datasheet)　　　　　　　　　　　(USB Datasheet)

而 USB-IF 在發表 USB 2.0 技術規範時，由於支援行動通訊產品裝置，因此設計了 Mini USB Type B 型接頭，其 Mini USB Type B 型公座外觀圖如圖 1-31 所示，具有 5 支腳位；Mini USB Type B 型母座外觀圖如圖 1-32 所示。此 Mini USB Type B 連接器之體積只有原本 B 型連接器的一半。此種 Mini USB Type B 連接器是應用消費性電子產品上，例如數位照相機、行動電話、PDA、MP4 等手持式產品。而不論使用的是一般 USB Type B 型連接器或是 Mini USB Type B 型連接器，連接至電腦的另一端都需要 USB Type A 型公座連接器。

圖 1-31　Mini USB Type B 型公座外觀圖　圖 1-32　Mini USB Type B 型母座外觀圖
　　　　　(USB Datasheet)　　　　　　　　　　　(USB Datasheet)

表 1-6 為 USB 連接器的腳位與纜線顏色，其中，Mini USB Type B 連接器則增加了第 4Pin-辨識(Identification；ID)腳位，其腳位順序如圖 1-33 所示。若是支援 USB On-The-Go(OTG)規格，則必須使用 ID 腳位，以用來辨識裝置預設的模式，例如是主機模式或是裝置模式。由於 OTG 規格已經修改了 USB 點對點的方式連接，使得 USB 裝置不再限定電腦主機就是整個 USB 匯流排上的唯一 "主" 裝置；利用 OTG 規格，所有的 USB 裝置皆具備了主／從切換的特性。

表 1-6　USB 連接器的腳位與纜線顏色

USB 腳位	Mini USB 腳位	纜線顏色	腳位定義
1	1	紅色	V_{BUS}(+5 伏特)
2	2	白色	D－
3	3	綠色	D＋
4	4	無	ID
－	5	黑色	GND

　　另外，隨著智慧型行動電話產品裝置，提供了可用電腦之 USB 充電，且現在智慧型行動電話產品裝置追求輕巧、超薄型，因此，發展出 Micro USB 連接器，其 Micro USB 外觀圖如圖 1-34 所示。

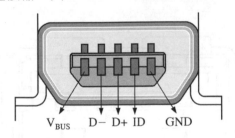

圖 1-33　Mini USB 腳位順序

圖 1-34　Micro USB 外觀圖

　　Micro USB 5Pin 連接器比傳統的 Mini USB 5Pin 的體積減小了 60%，特別適用於 USB2.0 高速(Hi Speed)傳輸(480Mbps)和充電功能，可用於連接小型設備，如手機、數位相機、PDA 及便攜式音樂播放器等。且將 Micro USB 公座及母座的插拔次數延長到了 10000 次插拔以上。

1-4-4　通用序列匯流排 USB3.0

　　USB 3.0 傳輸速率為 5.0Gbps，此速率也稱為超高速(Super-Speed)；USB 3.0 Super-Speed 的傳送速度將比 USB 2.0 快上 10 倍。並且 USB 3.0 向下相容於現有的 USB 2.0，而且有能在大約 70 秒內傳輸 25GB 的藍光高畫質(High Definition；HD)電影。而目前，利用 USB 2.0 傳送藍光高畫質電影，需要將近 14 分鐘，才能完成資料傳輸。

　　未來將發展藍光高畫質(High Definition；HD)電影，因此，USB-IF 提出 USB3.0 超高速傳輸規範，並預計 2010 年，將出現相關消費性產品，如：外接式隨身硬碟、快閃裝置或其他消費性產品。

　　通用序列匯流排 USB3.0 的接頭類型可分為 USB3.0 Standard A 型，其 USB 3.0 Standard A 型公座外觀圖如圖 1-35 所示，且為長方扁平形狀；USB3.0 Standard A 型母座外觀圖如圖 1-36 所示。

　　USB3.0 Standard A 型 9Pins 接頭(長方扁平形狀)可插入電腦的 Host 端或 USB 集線器。USB3.0 Standard A 型連接線內部有 9 條線，其接腳定義如表 1-7 所示。

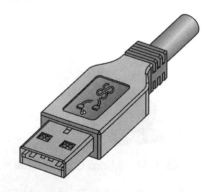

圖 1-35　USB3.0 Standard A 型
　　　　公座外觀圖

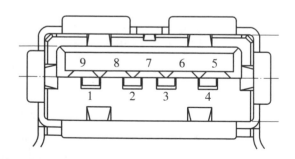

圖 1-36　USB3.0 Standard A 型
　　　　母座外觀圖

表 1-7　USB3.0 Standard A 型接腳定義

USB3.0 腳位	腳位定義	腳位功用
1	V_{BUS}(+5 伏特)	提供電源
2	D −	USB3.0 差動資料
3	D +	
4	GND	接地
5	StdA_SSRX −	超高速接收端差動資料
6	StdA_SSRX +	
7	GND_DRAIN	接地信號流出
8	StdA_SSTX −	超高速發射端差動資料
9	StdA_SSTX +	

　　另外，還有 USB3.0 Standard B 型接頭，其 USB3.0 Standard B 型公座外觀圖如圖 1-37 所示，共有 9 支腳位，腳位順序如圖 1-38 所示，且為正方形；USB3.0 Standard B 型母座外觀圖如圖 1-39 所示，共有 11 支腳位，腳位順序如圖 1-40 所示。USB3.0 Standard B 型母座其 11 隻腳位接腳定義如表 1-8 所示。

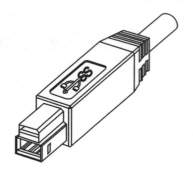

圖 1-37　USB3.0 Standard B 型
　　　　　公座外觀圖

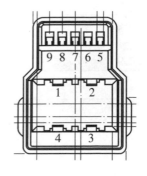

圖 1-38　USB3.0 Standard B 型
　　　　　公座腳位順序

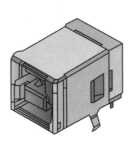

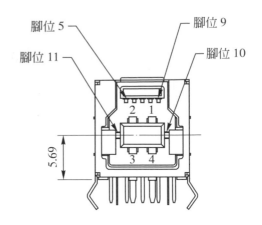

圖 1-39　USB3.0 Standard B 型
　　　　母座外觀圖

圖 1-40　USB3.0 Standard B 型
　　　　母座腳位順序

表 1-8　USB3.0 Standard B 型接腳定義

USB3.0 腳位	腳位定義	腳位功用
1	V_{BUS}(+5 伏特)	提供電源
2	D −	USB3.0 差動資料
3	D +	
4	GND	接地
5	StdA_SSRX −	超高速接收端差動資料
6	StdA_SSRX +	
7	GND_DRAIN	接地信號流出
8	StdA_SSTX −	超高速發射端差動資料
9	StdA_SSTX +	
10	DPWR	提供裝置電源
11	DGND	DPWR 之接地

1-4-5　通用序列匯流排 OTG

　　USB OTG(On-The-Go)1.0 版是在 2001 年 12 月發表的新技術規格，並在 2003 年 6 月發表 USB OTG 1.0a 技術規格，更之後在 2006 年 4 月發表 USB OTG 1.2 版。USB OTG 之所以能讓 2 個 USB 裝置直接互接對傳，是將兩個 USB 裝置中其中個 USB 產品暫時轉變成主控端(Host)，讓另一個 USB 產品裝置誤以為自己是連到主控端(Host)，因此就切換成從屬端(Slave)，而進行資料傳輸。

　　而當成主控端(Host)的 USB 裝置，仍然可與電腦主機連接，與電腦主機連接時，會恢復成原有的裝置型(Device)受控角色，這種既可以成為主控端(Host)也可為裝置型(Device)的裝置被稱為 DRD(Dual-Role Device)，反之無論在何種情況下都只是裝置型(Device)則稱為 POD(Peripheral-Only Device)。圖 1-41 的手機即是典型 USB OTG 中的 DRD，當手機與電腦主機相連時，手機成為從屬端(Slave)角色，電腦主機為主端角色，而當手機與數位相機相連時，手機成為主控端(Host)，數位相機則成為從屬端(Slave)角色。

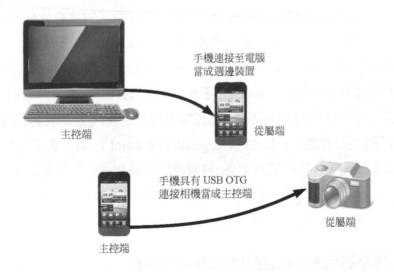

手機連接至電腦
當成週邊裝置

主控端　　　　從屬端

手機具有 USB OTG
連接相機當成主控端

從屬端

主控端

圖 1-41　USB OTG 裝置連接圖

　　而 USB OTG 為判別何者 USB 裝置為對接時的主控端(Host)或從屬端(Slave)，則是利用 USB OTG 所新增的接腳－辨識(Identification；ID)腳位，在

USB 原有 4 個接腳 V$_{BUS}$、D－、D＋、GND5 之外，再增加一個 ID 接腳。若 ID 接腳的阻值為零時，則此裝置為主控端(Host)，反之 ID 接腳的阻值為無窮大時，則此裝置為從屬端(Slave)。當某一 USB 裝置被視為主控端(Host)時，也必須負責傳統 USB 主控端(Host)供電角色，在傳統 USB 規範中，USB 埠必須對外供應最少 100mA，最高不超過 500mA 的 5V 電源，然而 USB OTG 的裝置多為使用電池供電的手持式裝置，由於手持式產品本身供電有限，若再向從屬端(Slave)供電，將會使得本身手持式裝置更加耗電，因此 USB OTG 訂定標準規範為，將主控端向外供電的要求加以放寬，最高仍不可超過 500mA，但最低只要不低於 8mA，則合乎規範。

UTB OTG 之傳輸速度為 USB 1.0 中的低速(Low-Speed)，傳輸速度為 1.5Mbps、全速(Full-Speed)，傳輸速度為 12Mbps、高速(Hi-Speed)，傳輸速度為 480Mbps。USB OTG 為了對接也增訂兩種新協定：HNP(Host Negotiation Protocol)與 SRP(Session Request Protocol)。HNP 可以讓 USB OTG 對接時，當主控端電力不足時，可與從屬端協調，使主從角色互換，以便持續傳輸。至於 SRP，是為了對接的電能精省而設立，USB OTG 為了對傳時能夠節省電源，所以當未有傳輸時，則系統會進入省電狀態，使 USB 埠停止運作；若 USB 須開始傳輸資料時，SRP 則是由從屬端向主控端發出訊號，呼叫主控端，使得從屬端進行資料傳輸服務。另外，由於手持式裝置的軟硬體資源有限，無法像電腦一樣支援各種 USB 裝置，因此在驅動程式的支援上受限制，因此 USB OTG 主控端裝置會建立一份 TPL(Targeted Peripheral List)，當接入 USB OTG 的從屬端裝置後，會先檢測該 USB 裝置屬於內建程式中的何種類型，若合乎類型則加以進行資料傳輸，未有合乎類型則發出相關警告訊息，告知使用者因裝置不合而無法進行資料傳輸之訊息。

1-4-6　無線通用序列匯流排(Wireless USB)

Wireless USB 1.0 技術規範是在 2005 年 5 月 12 日正式發佈，其通訊協定架構如圖 1-42 所示。在 Wireless USB 通訊協定架構中，實體層(PHY Layer)、媒體存取控制層(Media Access Control；MAC Layer)是使用 MBOA(Multi-Band OFDM Alliance)組織所訂立的超寬頻(Ultra-wideband；UWB)技術，在 PHY 層、MAC 層之上再搭建一層 WiMEDIA Alliance 所訂立的聚合層(Convergence Layer, IEEE 802.15.3a)，在聚合層之上再依據不同的無線傳輸應用而訂立不同的協定應用層(Protocol Adaptation Layer；PAL)，最後才將 WUSB 的通訊建立於最上端，因此完成 Wireless USB 通訊協定架構。一般而言，只要 PHY 層、MAC 層等基礎確立後，即可實現 Wireless USB 無線應用，而為了讓日後的各種無線應用能夠直接相容互通，包括 Wireless1394、Bluetooth 3.0 等，所以增加聚合層(Convergence Layer)與協定應用層(PAL)，其他的無線應用只要一樣具備與聚合層(Convergence Layer)連接的協定應用層(PAL)，即可與 WUSB 相通。因此 Wireless USB 透過協定應用層與聚合層的轉化，即能與其它的無線應用，如 Wireless 1394、Bluetooth 3.0 等相容互通。

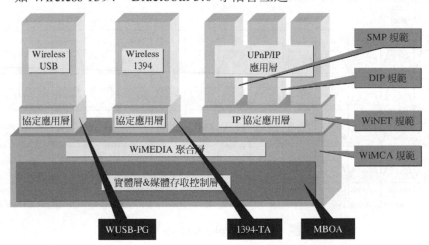

圖 1-42　Wireless USB 通訊協定架構

目前，Wireless USB 最遠可達 10 公尺的傳輸距離，最快則可達到與 USB 2.0 相同的 480Mbps 傳輸速率。不過，480Mbps 傳輸速率僅限於 3 公尺距離內，3 公尺至 10 公尺距離中，傳輸速率會降至 110Mbps。此外，Wireless USB 與傳統 USB 相同，最多都可以連接 127 個裝置，而 Wireless USB 已經無線技術，因此不需要使用集線器(USB Hub)，所以連接拓樸也會有所改變，以往 USB

架構是階層式的星狀連接，而 Wireless USB 則是直接從電腦端與各 Wireless USB 裝置進行無線連接而傳輸，屬星狀連接。

Wireless USB 規格標準已漸完成，因此未來的電腦將盡可能預裝配備 Wireless USB 的主控器，以利 Wireless USB 的推廣普及，不過業界也很重視如何讓現有電腦也支援 Wireless USB，因此提出了 HWA(Host Wire Adaptor)與 DWA(Device Wire Adaptor)等配接器，只要將 HWA 連接在現電腦的 USB 埠上，以及將現有實線式 USB 裝置的接線接上 DWA，如此 HWA 與 DWA 間即可用 Wireless USB 來互相連接而進行資料傳輸，使現有實線 USB 透過轉接升級成無線運作。

Wireless USB 的頻譜在 3.168GHz 至 10.296GHz，如圖 1-43 所示，並將此區間劃分成 5 個頻寬，除了最後的第 5 個頻寬內只有 2 個頻段外，每個頻寬內都有 3 個頻段，總共 14 個頻段，每頻段佔用 528MHz 頻寬。

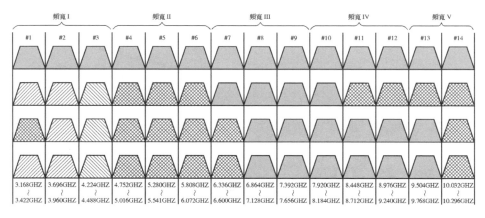

圖 1-43　Wireless USB 頻譜

1-4-7　Inter-Chip 通用序列匯流排(IC-USB)

Inter-Chip USB 1.0 是在 2006 年 3 月發表的技術規格，專用於電路板上的晶片間連接，也用在電路板上，因此許多連接規則都與傳統 USB 不同。首先，IC-USB、Wireless USB 與 USB OTG 一樣，不能使用集線器(USB Hub)，所以IC-USB 與 Wireless USB 一樣，其架構為星狀的連接拓樸，每個從屬端都用一組 USB 接線與主控端相連。其次，IC-USB 在線路長度上也加以限制，一般 USB 允許最長 5 公尺的接線長度，但 IC-USB 僅能有 10 公分的銅箔線路。然而，IC-USB 由於只用於產品裝置內，一般產品內的裝置，晶片不會有進行熱插拔、熱置換的需求，因此 IC-USB 也就不用支援傳統 USB 的隨插即用功能。

然而 IC-USB 由傳統銅纜線改成銅線箔以及半導體技術的進步，使得 IC-USB 的供電線路的電壓也有所不同，傳統 USB 的供電電源為在 1996 年制定 5V 電壓，而現 IC 半導體技術不斷進度，晶片需求的工作電壓已不斷降低，從 5V 降至 3.3V、從 3.3V 降至 2.5V，如今更有 1.8V、1.3V，很明顯的，IC-USB 若持續使用 5V 電壓，並不合乎實際需求。

因此，IC-USB 降低了電壓準位，不再使用 5V，而是另行提供 5 種電壓值：3.3V、1.8V、1.5V、1.2V、1V 等，至於 IC-USB 進行資料傳輸時要使用哪一種電壓值，則由相連的晶片間自行定義。

IC-USB 也將接腳名稱進行調整，過去稱為 V_{BUS}、D－、D＋、GND 的接腳，被依序改名為 IC-VDD、IC-DM(IC Data Minus)、IC-DP(IC Data Plus)、GND(未改)。

1-4-8　IEEE1394 與 USB 比較

IEEE1394 與傳統 USB 相同之處是兩者傳輸介面皆支援熱插拔及隨插即用功能，而其最大差異性在於是否需透過電腦進行執行動作，IEEE1394 提供的點對點(Peer to Peer)的傳輸功能，使其不一定需要使用電腦即可進行裝置間的資料傳輸，只要有任何一個新的裝置的加入，該裝置則會自動取得一個辨認碼，如此將可以節省定址的工作，在傳輸方面，同時可支援非同步傳輸及等時傳輸的功能。

以兩者速度比較來說，IEEE1394.a 的規格目前傳輸速度最大可至 400Mbps，而 IEEE 1394.b 規格則最大可達 3.2Gbps，而 USB1.1 的傳輸速度僅為 12Mbps，　USB2.0 規格最高速度可達 480Mbps。而針對兩者之市場定位也有差異，IEEE1394 是橫跨電腦及家電產品平台的介面，並十分適用於高速傳輸的產品上，如數位相機、數位攝影機及未來數位電視等，而 USB 則是一種使用於電腦與週邊設備的介面，如鍵盤、滑鼠、外接式硬碟等。

　　積極推動 USB 規格架構的國際電腦大廠英特爾(Intel)，將發現 USB 架構在電腦週邊產品，而將 IEEE1394 定位在消費性電子產品。在傳輸速度方面，USB 2.0 的傳輸速度達 480Mbps 較 IEEE 1394 傳輸速度 400Mbps 快，使得 IEEE 1394 過去傳輸速度上的優勢減少。而在成本方面，USB 2.0 在產品裝置與主控端(Host)的成本較低且沒有權利金的問題，而相對的 IEEE1394 的成本較高且收取權利金，不過 IEEE1394 在點對點不必透過電腦，即可高速傳輸為最大的優點，非常適合資訊家電的傳輸，因此 USB 2.0 及 IEEE 1394 的發展各有優勢。表 1-9 為 USB 和 IEEE1394 特性之比較。

表 1-9　USB 和 IEEE1394 特性之比較

	USB1.1	USB2.0	IEEE1394a	IEEE1394b
設計架構	電腦與週邊間的介面		數位影音電器間的介面	
目前最高傳送速度	12Mbps	480Mbps	400Mbps	3.2Gbps
最多連接裝置	127		63	
連接線最長距離	5 公尺		4.5 公尺	100 公尺
裝置間連接關係	HOST 為中心		對等式連接	
熱插拔	有		有	
內建週邊連接器	有		有	
隨插即用	有		有	
應用領域及週邊裝置	鍵盤、滑鼠、搖桿、條碼掃描器掃描器、印表機	高速掃描器、數位相機、外接式儲存裝置	DVD 攝影機、高解析度數位相機	
目前製造成本	低		高	

1-5　USB3.1

1-5-1　USB3.1 簡介

　　USB (Universal Serial Bus；通用序列匯流排)已經是現在各種電子裝置最常用的外接介面，支援熱插拔的隨插即用特性，帶來很大的便利性。USB 從推出至今，已經成為各種電腦系統幾乎都必備的連接介面。隨著傳輸資料量大幅成長，USB 的版本亦更新數次，傳輸速度提升非常多。現在市場上的產品規格最快已經支援至 USB 3.1 版本，最快傳輸速度達到 10Gbps。

　　USB 3.1 新規格當中，除了既有的 Type-A 與 Type-B 之外，又增加了 Type-C，Type-C 擁有多項新功能與規範，將成為全新一代連接介面，甚至有可能取代現有各個裝置上的 Type-A/Type-B 等連接規格。在 Type-C 規格當中，目前大家最熟悉的部分應該就是連接線不論正反都可以用，連接器也是正反都可以插入，非常方便。連接器的厚度雖然比現有的 Micro-B 略厚，但是 2.4mm 的高度，不論是一般電腦或是行動裝置都很適合。Type-C 連接器可同時傳輸 USB 或 DisplayPort 訊號，最大為 20V/5A(100W)的電力供應。如圖 1-44 為 USB Type C 外觀結構圖。

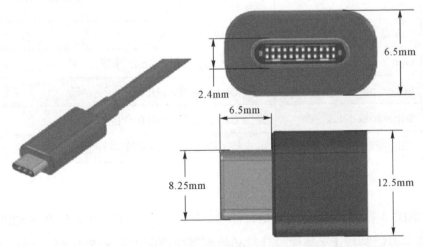

圖 1-44　USB Type C 外觀結構圖

1-5-2 USB3.1 規格介紹

在 USB 3.1 規格裡定義了一些新名詞，將運作在 5Gbps 的 USB 標準稱爲 Gen 1，運作在 10Gbps 的方案則稱爲 Gen 2；而 Gen X 則代表可運作在 5Gbps 或 10Gbps。如同 USB 2.0 介面叫做 HighSpeed，USB 3.0 介面稱爲 SuperSpeed，未來運行在 10Gbps 的介面稱之爲 SuperSpeedPlus。圖 1-45 爲 USB 3.1 Logo 標示，而 Enhanced SuperSpeed 則是指可以支援 Gen 1 或更高速度的統稱。USB 3.1 名詞定義如表 1-10 所示。

圖 1-45　USB 3.1 SuperSpeedPlus Logo(圖片來源 USB-IF)

表 1-10　USB 3.1 的名詞定義

專有名詞	說明
Gen 1	運作在 5Gbps 速率
Gen 2	運作在 10Gbps 速率
Gen X	運作在 5Gbps 或 10Gbps 速率
SuperSpeed	支援 Gen 1 速度的 USB 介面或系統
SuperSpeedPlus	支援 Gen 2 速度的 USB 介面或系統
Enhanced SuperSpeed	可支援 Gen 1 或更高速度的 USB 介面或系統

資料來源：USB.IF

USB3.1 設計改變最大的是實體層結構。爲能達到 10Gbps 的高速傳輸效能，在半導體製程上，晶片設計就必須選擇更高階的製程來相應。此外，5Gbps 版本採用 8b/10b 編碼，但在10Gbps 版本採用的則是 128b/132b 編碼。128b/132b

編碼的位元數較多，其擁有更佳的傳輸效率與較低的編碼損耗，因而能達成更高的傳輸性能。

　　USB 3.0 內部採用 8b/10b 編碼的訊號處理方式，因此資料傳輸時，表面上是 10bit，實際上傳輸的訊號則是 8bit，其資料通訊有 20%的編碼損耗，因此 USB 3.0 實際的最高資料傳輸速度為 5Gbps×8/10=4Gbps=500MB/s。

　　而 USB 3.1 內部採用 128b/132b 編碼的訊號處理方式，因此資料傳輸時，表面上是 132bit，實際上傳輸的訊號是 128bit，其資料通訊的編碼損耗只有 3%，因此 USB 3.1 實際的最高資料傳輸速度為 10Gbps×128/132=9.697Gbit/s ≒1,212MB/s，是 USB 3.0 的 2.4 倍，表 1-11 為 USB3.0 與 USB3.1 規格比較，表 1-12 為各種 USB 推出時間規格比較。

表 1-11　USB 3.1 和 USB 3.0 規格比較

USB 版本	USB3.1	USB3.0
傳輸速率	10Gbps	5Gbps
傳輸訊號線	4 條差分訊號線，雙向傳輸	4 條差分訊號線，雙向傳輸
編碼方式	128b/132b	8b/10b
編碼損失	3%	20%
建議 Cable 長度	1 公尺	3 公尺
建議 PCB 走線長度	8 英吋	12 英吋

表 1-12　各種 USB 推出時間規格比較

規格	最大傳輸速率	USB 名稱	供電電流	發表時間
USB1.0	1.5 Mbps	Low Speed	500 mA	1996 年 1 月
USB1.1	12 Mbps	Full Speed	500 mA	1998 年 9 月
USB2.0	480 Mbps	High Speed	500 mA	2000 年 4 月
USB3.0	5 Gbps	Super Speed Gen 1	900 mA	2008 年 11 月
USB3.1	10 Gbps	Super Speed Gen 2	Max. 100W	2013 年 8 月

1-5-3　USB3.1 Type-C 發展

　　著眼於現在行動電子產品輕薄化設計的趨勢，USB 3.0 推廣小組在 2013 年 12 月宣布將開發新一代 USB 連接器，稱為 Type-C 連接器，Type-C 連接器是以 USB 3.1 及 USB 2.0 技術為基礎所設計。除支援 USB 3.1 資料傳輸速度 10Gbps，連接器尺寸將與 USB 2.0 Micro 連接器相當，接口也不再有方向性，同時 Type-C 也將支援可擴展充電(Scalable Power Charging) 的功能，適用於未來智慧型手機等行動裝置的充電與高速資料傳輸。新的 Type-C 連接器和 USB 既有的 Type-A/B、Mini-A/B、Micro-A/B 連接器最大的改變是連接器與接口不再有方向性，類似蘋果(Apple)所推出的 Lightning 連接器，將有正反面均可插入的功能，避免 USB 連接器因為正反面插錯而造成損壞。圖 1-46 為 USB 各類型連接器外觀圖。表 1-13 為 USB Type C 公頭連接器接腳定義。

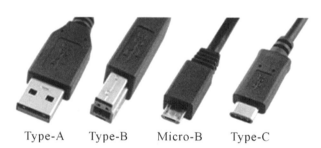

Type-A　　Type-B　　Micro-B　　Type-C

圖 1-46　USB 各類型連接器外觀圖

表 1-13　USB Type C 公頭連接器接腳定義

A12	A11	A10	A9	A8	A7	A6	A5	A4	A3	A2	A1
GND	RX2+	RX2-	VBUS	SBU1	D-	D+	CC	V_{BUS}	TX1-	TX1+	GND
GND	TX2+	TX2-	VBUS	VCONN			SBU2	V_{BUS}	RX1-	RX1+	GND
B1	B2	B3	B4	B5	B6	B7	B8	B9	B10	B11	B12

　　USB Type C 接腳定義，A1、A12、B1、B12 接地功能，A2、A3、A10、A11、B2、B3、B10、B11 高速資料傳輸功能，A4、A9、B4、B9 V_{BUS} 電源功

能，A6、A7 USB2.0 資料傳輸功能，A8、B8 Type C 預留接腳，A5、B5 Type C 配置功能。

　　Type-C 連接器的主要目標，是希望能取代現有的 USB 2.0 Micro-B 連接器，做為各式行動裝置的標準傳輸線規格。過去 USB 2.0 Micro-B 連接器，被許多智慧型手機等行動裝置採用，但到了 USB 3.0 時代，雖然傳輸速度大幅提昇，但 USB 3.0 Micro-B 連接器的寬度超過 USB 2.0 的兩倍，少有智慧型手機大廠採用 USB 3.0 Micro-B 連接器。因此，USB-IF 協會希望能透過推出新一代 Type-C 連接器，來統一行動裝置的傳輸線規格。期望 Type-C 能成為所有裝置在資料傳輸、電力供應、影音訊號上都可通用的唯一介面標準。

1-5-4　USB 電源供電(Power Delivery)

　　而身為手機時代，一定就經歷過這種體驗，就是每更換一支新手機時，就意謂著手邊得多一款手機充電器。不同廠牌具有不同手機充電器，換言之，全球手機充電器不相容的問題已經產生每年數千噸的電子垃圾，造成消費者的不便，也對整體環境保護造成莫大的影響。

　　為了杜絕此種科技進步所帶來的資源浪費，歐盟組織宣布與 SONY、Nokia、Apple、Samsung 及 LG 等數十家知名廠商簽署合作備忘錄，未來將陸續讓手機充電器的規格全面性的統一，因而訂定充電器通用介面規格標準。

　　USB 3.0 電流量為 900mA，而 USB 3.1 再一次強化，將電流增至 1.5A、2A、3A 或 5A 等電流量，電壓也不再固定 5V，而開始導入 12V、20V 等更高電壓。如此，USB 供電從 5V 與 900mA 的 4.5W，開始增至 10W、18W、36W、60W 及 100W。

　　USB 3.1 電力供應規範- USB Power Delivery(USB PD)，設計上相容現有的 USB 2.0 和 USB 3.0 線材和連接器。USB PD 支援更高的電壓和電流，以滿足不同的應用裝置。USB PD 為埠對埠的架構，電力的供應是透過主機端和裝置端的 VBUS 通訊協定來溝通，如果裝置支援，則可依型態(Modes)的電壓和電流，提供更高的瓦數供應。

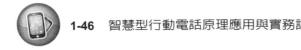

　　USB PD 依裝置不同分成 5 種模態，皆需要使用新的可偵測線材，才能提供大於 1.5A 或 5V 的電力。

模態 1：　5V 與 2A(10W)，基本的電力輸出，此型態針對手機裝置產品。

模態 2：　5V 與 2A 或 12V 與 1.5A(最大 18W)，此型態可為平板和筆電充電。

模態 3：　5V 與 2A 或 12V 與 3A，此型態可提供較大的筆電，最大 36W 的
　　　　　電力。

模態 4：　20V 與 3A(60W)，但限制使用 Micro-A／B 連接器。

模態 5：　20V 與 5A(100W)的電力供應，但限制使用 Type-A／B 連接器。

本章研讀重點

1. RS-232 的設備可以分爲數據終端設備(DTE)和數據通信設備(DCE)兩類，這種分類定義了不同的線路用來發送和接受信號。

2. 二台個人電腦進行 RS-232 之串列資料傳送，需準備一條 9pin D 型接頭(二頭皆母接頭)之傳輸線，而此 RS-232 傳輸接線必須將其第二及第三條線對調。

3. RS-232 是屬於序列式的(serial)傳輸資料，亦即資料是一個位元(bit)接一個位元(bit)之傳輸方式。

4. 接收端(RxD)與發射端(TxD)是在高電位，一端的發射端(TxD)接到另一端的接收端(RxD)，當有資料要傳輸時，一端的發射端(TxD)會先被拉至低電位，而另一端的接收端(RxD)接收到低電位訊號，即開始接收資料，這個動作叫做送起始位元(Start bit)。

5. RS-232 最常用的編碼格式是非同步(Non-synchronous)傳輸格式，在 RS-232 標準中定義了邏輯 1 和邏輯 0 的電壓準位，以及標準的傳輸速率和連接器類型。

6. RS-232 被定義爲一種在低速率串列通訊中增加通訊距離的單端標準。

7. RS-232 傳送距離最長約爲 15 公尺，最高速率爲 20Kbps。

8. RS-232 標準規範訂定最大的負載電容爲 2500pF，這個電容限制了傳輸距離和傳輸速率。

9. 傳輸距離與傳輸速度的關係成反比，適當地降低傳輸速度，可以延長 RS-232 的傳輸距離，提高通信的穩定性。

10. I^2C 匯流排是一種工業電腦上常用的串列匯流排，I^2C 全名爲 Inter-Integrated Circuit，意思是介於積體電路元件之間溝通的匯流排傳輸介面。

11. 串列匯流排結構相當簡單，只需二條線信號線，即串列資料線(SDA)、串列時脈線(SCL)。

12. I^2C 提供兩種定址模式，定址方面分成 10Bit 長定址與 7Bit 短定址，表示在同一個 I^2C 匯流排上能允許的晶片連接數，長定址為 1024 個(2^{10})，短定址為 128 個(2^7)。

13. I^2C 種傳速模式(1)10Kbps 的低速模式。(2)位址為 7Bit，速率為 100Kbps 的標準模式，通訊距離可達 2 公尺。(3)快速模式，位址為 10bit，速度為 400Kbps，通訊距離 0.5 公尺。(4)高速模式(High Speed；HS)，速度為 3.4Mbps。

14. I^2C 匯流排是一種同步傳輸協定，主要是利用串列時脈(SCL)輸入時脈訊號，由 Master 端發出，藉以同步 Master 和 Slave 之間的時序順序。

15. SDA 與 SCL 兩訊號線上都加入提升電阻(Pull-up resister)，使未導通狀態下 SDA 與 SCL 都保持在邏輯高準位(High, Hi)狀態。當主控端先在 SDA 送出低電位，經一小段時間後，再將 SCL 變成低電位，即稱為開始(Start) 訊號。

16. I^2C 元件都有固定的位址，因此主控端送出開始信號之後，會對匯流排上所有元件發佈從屬端的位址及讀／寫信號。

17. 設計 I^2C 硬體電路架構時，必須考慮的因素有 I^2C 匯流排上元件的數目、匯流排的長度，因為這些因素都會影響匯流排的總電容值。

18. I^2C 規範中訂定匯流排總電容值必須小於 400pF。

19. I^2C 匯流排的上升時間是取決於匯流排的傳輸速率。若傳輸速率為 400KHz，則上升時間最大為 300ns；傳輸速率為 100KHz，則上升時間最大為 1000ns。

20. IEEE 全名為電機電子工程學協會，其主要的任務在於制訂電機電子業相關標準，而 1394 此數字係指該技術於電機電子工程協會之編號，因此稱為 IEEE1394。

21. IEEE 1394 傳輸模式為點對點(Peer to peer)的傳送資料，可使產品週邊之間，不需要透過個人電腦主機，即可進行串接及資料傳輸。

22. IEEE1394 的通訊協定是由實體層、鏈結層及傳輸層之三層協定所組成。

23. 在標準的 IEEE1394 連接線方面，採用 6-pin 的連接頭與 6 條連接線，其中一條線供應電源、一條線爲地線，其他四條線則包裝成兩條線，負責傳輸信號，最後再把這兩條電源線和兩對雙絞線包成一條 IEEE 1394 Cable。

24. IEEE 1394 Cable 厚度約爲 6.1mm，最大長度是 4.5 公尺，電壓範圍是 8～40V 的直流電壓，最大電流 1.5A。兩對雙絞線的特性抗阻爲 110 歐姆，電源線則爲 0.75 歐姆的低阻抗。

25. IEEE-1394a 的資料傳輸率是 100、200 和 400Mbps；IEEE-1394b 傳輸速率可達 800Mbps、1.6Gbps 或是 3.2Gbps，連線距離可以超過 100 公尺，甚至有採用光纖傳輸的實體規格出現。

26. IEEE1394 支援熱插拔(Hot-Plug)與支援隨插即用(Plug-and-Play)，在電腦作業系統的已開機的狀態中，隨時可以插入或拔除，而不需再另外關閉電源。

27. IEEE1394 可同時連接消費性電子與電腦週邊，最多支援 63 個節點的串連。且在整個 IEEE1394 網路上可以連結 1024 個次網路。

28. IEEE 1394 可同時提供同步(Isochronous)和非同步(Asynchronous)的資料傳輸方式。

29. USB 1.0 傳輸速率爲 1.5Mbps 此速率也稱爲低速(Low-Speed)、USB 1.1 傳輸速率爲 12Mbps，此速率也稱爲全速(Full-Speed)、USB 2.0 傳輸速率爲 480Mbps，此速率也稱爲高速(Hi-Speed)。

30. 通用序列匯流排架構中，電腦主機會扮演主控端(Master)的角色，並負責控制匯流排介面的資料傳輸，且通用序列匯流排最多可以連接 127 個週邊設備。

31. USB Type A 型連接線內部有四條線，其中一條爲電源線(VBUS)+5 伏特，另一條爲地線(GND)，另外二條則是差動的資料線 D＋與 D－訊號，用來傳遞差動資料，在 USB2.0 規範，其長度最長可以達到 5 公尺。

32. 利用通用序列匯流排，所連接的裝置可以根據不同的配置方式，提供 100 至 500mA 的電流量。為了達到可以連接各種不同週邊產品，USB 最多可以提供 127 個週邊產品。

33. Wireless USB 最遠可達 10 公尺的傳輸距離，最快則可達到與 USB 2.0 相同的 480Mbps 傳輸速率。

34. Wireless USB 的頻譜在 3.168GHz 至 10.296GHz。

35. USB3.1 最大傳輸速率 10Gbps。

習　題

1. 請敘述 RS-232 傳輸方式。

2. 請敘述同位位元(Parity Bit)傳送方式。

3. 請敘述 RS-232 DB-9 與 DB-25 所使用的腳位定義。

4. 請敘述 RS-232 之優缺點。

5. 請敘述 I^2C 匯流排資料格式。

6. 請敘述 I^2C 匯流排之優點。

7. 請敘述 IEEE1394 的通訊協定。

8. 請敘述 IEEE1394 之優點。

9. 請敘述通用序列匯流排架構。

10. 請敘述 USB 連接器的腳位與纜線顏色。

11. 請敘述 USB3.0 Standard A 型接腳定義。

12. 請敘述 USB 和 IEEE1394 特性之比較。

13. 請敘述 USB3.1 規格。

參考文獻

1. *RS-232 介面程式控制*－資料手冊。

2. *通訊介面介紹*－資料手冊。

3. Guadalupe Hernandez, Sumantra Dasgupta, Abdullah Cerekci, Gonzalo Rodriguez *Firewire*(*IEEE 1394*).

4. *IEEE-1394*－資料手冊。

5. USB Implementers Forum, *Universal Serial Bus Specification Revision 1.0*, California, Jan., 1996.

6. USB Implementers Forum, *Universal Serial Bus Specification Revision 2.0*, California, Apr., 2000.

7. Jan Axelson 編著，徐瑞明、陳黎光譯，*USB 2.0*、*Wireless USB*、*USB OTG 技術徹底研究*，旗標出版公司，台北，2005。

8. USB Implementers Forum, *Wireless Universal Serial Bus Specification Revision 1.0*, California, May, 2005.

9. 賴俊亨編著，*USB-IF 電池充電規格與測試*，台北，2009。

10. USB Implementers Forum, *Universal Serial Bus 3.0 Specification*, California, Nov., 2008.

11. USB Implementers Forum, *Universal Serial Bus Micro-USB Cables and Connectors Specification Revision 1.01*, California, Apr., 2007.

12. 邱顯堯，*I^2C 網路通訊在分散式單晶片系統上的應用開發*，元智大學機械工程碩士論文，2004。

13. *USB2.0 的差動傳輸技術*－資料手冊。

14. *I^2C 介面之線路實務*－資料手冊。

第二章　儀器設備使用

2-1　概述

　　智慧型行動電話產品設計時，研發人員必須具有電路分析、偵錯(Debug)與解決問題之能力。在電路分析與偵錯同時，研發人員必須會操作基本儀器。在本章節中，將介紹在電路檢測時，經常會使用到的基本工具，例如：數位電表、數位溫控烙鐵、熱烘槍、數位示波器、直流電源供應器、資料記錄器、軟體燒錄治具、手機綜合測試儀等。

2-2　數位電表

　　數位電表是研發人員在電路分析與檢測時，不可或缺的基本工具。數位電表也就是早期俗稱的三用電表，主要做為量測電壓(Voltoge)、電流(Current)與電阻(Resistance)，此三種主要功能，故稱為三用電表。數位電表除了量測上述

三大項之外，還可檢測電容、二極體、電晶體、短路(Short)測試等。圖 2-1 為
數位電表。

圖 2-1 數位電表(Agilent)

一、電阻量測

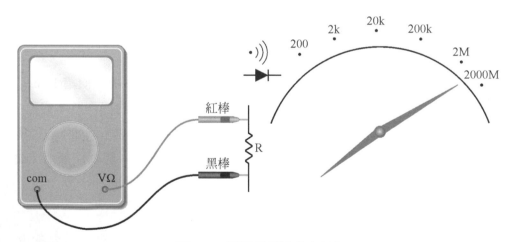

圖 2-2 電阻量測檔位之操作

　　將紅色測試探棒插入 "VΩ" 孔，黑色測試探棒插入 "COM" 孔，旋轉開
關至「Ω」區，如圖 2-2 所示。一般數位電電阻檔量測範圍為 200 至 2000M 歐
姆(Ohm)，若不知待測電組之值為何，可先轉至最高檔(2000M Ohm)，在逐漸

往下旋轉至適當的檔位，以得到最佳的解析度。若待測電阻值超過檔位上限時，電之螢幕上會顯示 "1" 或 "OL"，"1" 示高阻值，"OL" 示開迴路(Open Loop)，此顯示皆示超過量測範圍。

二、短路測試

　　短路量測方法與電阻量測之方式一樣，當待測物阻值很低時，即可視為短路。此量測方式，可將旋轉開關切置「 ⎯▷⎮⎯ 」區，若待測物兩端阻值很低或通路時，數位電會發生 "嗶" 聲，示短路現象。

　　由於在手機內部之印刷電路板(Printed Circuit Board；PCB)所使用之電阻、電容、電感、IC、連接器等零件之腳位(Pin)，有上千個，因此，研發人員在檢測時，皆會利用數位電之短路測試，來檢測元件是否有和印刷電路板連接或元件與元件之間是否有導通。

三、電壓測量

　　數位電之電壓量測，可將電壓檔位切至「V」區，數位電之直流電壓範圍一般為 200mV 至 1000V。量測時，若未知電壓準位，應先將電壓檔位切至最大值，再依序向下切換至適當檔位。

四、電流量測

　　量測電流時須將紅色探棒插入至 "mA" 或 "20A" 孔，為了達到電流量測之精準性，數位電表通常有一個電流量測插孔，若電流不超過數百毫安培(mA)時，使用 "mA" 孔，若電流大於安培(A)等級，則使用 "20A" 孔。量測電流時，電表須與探測物串聯，如圖 2-3 所示。在量測電流時切記，先使用安培數較大的插孔，若量測電流值較低，則可將紅色探棒轉換至 "mA" 孔，以免電流損壞。

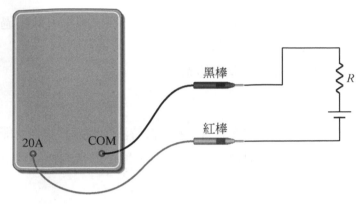

圖 2-3　電流量測操作圖

　　由於電表內部是經由電池供電而動作，若電池電位較低時，會造成量測之電流值有誤差。因此，建議使用電流表頭，如圖 2-4 所示，來量測待測物之電流。

圖 2-4　數位式電流表頭

五、二極體量測

　　數位電表上之二極體檔之功能，可測量二極體之順向電壓(Forward Voltage)，以測量二極體正常與否。量測方式可將紅色探棒接至"VΩ"孔，黑色探棒接至"COM"孔，將旋鈕切至─▷─檔，之後將紅色探棒接至二極體正端(A)，黑色探棒接至負端(K)，即可由數位電表量測出二極體之導通順向電壓，約 0.2V 至 0.7V 之間。發光二極體(LED)之好壞，也可由此方式判定，當發光二極體發亮時，即表示導通，發光二極體是正常的。

研發人員也可利用二極體檔，來量測 IC 元件之腳位好壞，可將紅色探棒接至印刷電路板的地端(Ground)，黑色探棒接至元件之腳位(Pin)，此時，若數位電表顯示 0.5V 至 0.7V 時，表示此 IC 腳位是正常的，反之，若數位電表顯示"1"或"OL"時，則表示此 IC 腳位是開路。量測 IC 元件腳位之好壞時，必須先將手機電路板電源切斷，以免影響量測之準確性。

六、電容量測

　　數位電表也有提供量測電容之功能，一般量測之範圍爲 2nF 至 200μF。量測時，將檔位切至"F"區，在選擇適當電容值檔位，即可在數位電表上顯示出電容值。

⏻ 2-3　數位溫控烙鐵

　　數位溫控烙鐵是研發人員在焊接元件時，不可或缺的重要工具，如圖 2-5 所示。數位式溫探啓鐵，可調整溫度範圍，一般溫度範圍可設定在 200℃～450℃。烙鐵使用時，溫度不宜過高，溫度越高，烙鐵頭的壽命越短，一般建議溫度設定在 350 度左右。

　　正常情況下，當烙鐵使用溫度爲 350 度，烙鐵頭使用壽命一般爲 3 萬個焊點左右。若烙鐵不用時，建議將烙鐵頭加上焊錫，將烙鐵頭包住，可防止烙鐵頭氧化，可增加使用壽命與吃錫能力。

圖 2-5　數位溫控烙鐵

2-4 熱烘槍

　　熱烘槍是研發人員在拆拔表面黏著技術(Surface Mount Technology；SMT)元件時，重要的工具，如圖 2-6 所示。熱烘槍，可調整風速與溫度，一般溫度範圍為 150℃～450℃，利用熱烘槍，能快速拆拔 SMT 元件，例如：0201(0.6mm×0.3mm×0.3mm)元件、0402(1mm×0.5mm×0.5mm)元件、IC 元件、連接器等。

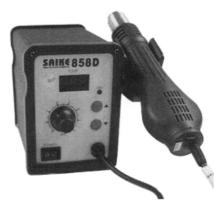

圖 2-6　熱烘槍

2-5 數位示波器

　　研發人員在電路分析與檢測時，可利用示波器觀測信號波形，測量交流電壓、時間週期、頻率、測量直流電壓準位等。示波器外觀圖如圖 2-7 所示。

　　示波器的操作，隨機型不同而有些差距，本書以 Agilent 示波器，利用觸發(Trigger)功能，來加以說明。圖 2-8 為示波器觸發功能之面板選項，其中，『Slope』主要是做為選擇觸發的模式，例如：高準位至低準位或低準位至高準位。也可利用『Sweep』來切換觸發選項；「Auto」之功能主要是將量測信號設定成自動的被觸發，且示波器螢幕上之劃面會不斷連續的被更新。「Trig'd」之功能主要是符合在『Slope』上選擇觸發為高準位至低準位或低準位至高準位之條件，信號才會執行觸發，且示波器螢幕上之畫面，連續顯示於螢幕上。「Single」之功能主要是當示波器之畫面出現符合第一個觸發條件之信號，即會停止觸發；此方式適用於只要抓第一筆高準位至低準位或低準位至高準位之資料時。『Source』為選擇示波器要利用哪一個通道做為觸發。

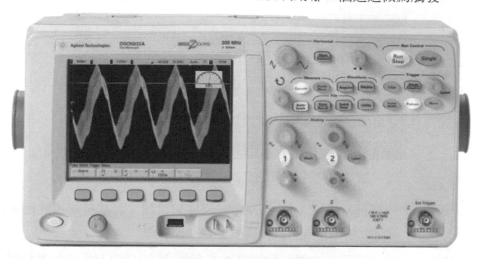

圖 2-7　數位示波器(取自於 Agilent 儀器網站)

圖 2-8　示波器觸發面板選項(取自於 Agilent 儀器網站)

步驟 1： 先確認測量訊號的探棒是否為良好。按 Auto scale，此時訊號應
為一方波，如圖 2-9 所示。若此時波形顯示不理想時，則可調整
探棒前端之旋轉處，做校準之動作，使其方波達到正常。

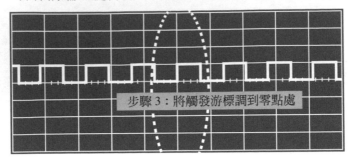

圖 2-9　檢測探棒之方波(步驟 1 之方波訊號)

步驟 2： 探棒通常使用 1 倍、1MΩ 的條件來量測。而當量測訊號較小時
則可使用 10 倍的放大倍率來量測。

步驟 3： 接著確認示波器上的時間軸(X 軸)，將觸發的游標調到零點處。

步驟 4： Y 軸 T 則為觸發之電壓準位，此觸發電壓準位條件須符合量測
之訊號電壓範圍。若高於觸發信號之電壓，即無觸發到資料，如
圖 2-10 所示。

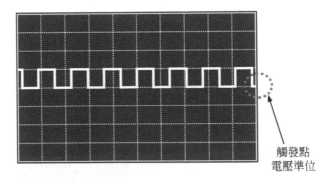

觸發點
電壓準位

圖 2-10　步驟 4 中觸發的電壓軸，須符合測量信號之電壓

步驟 5： 可根據所要測量之訊號條件，來調整觸發的位置，可選擇高準位
至低準位或低準位至高準位。

步驟 6： 上述皆調整好後，則可將探棒接於要量測之電路。此時螢幕上即可抓到所要觸發之訊號。

2-6　直流電源供應器

直流電源供應器主要之功能為提供一個恆定的電壓與電流，也可將直流電源供應器做為一個可以調整電壓與電流的理想電池，其外觀圖如圖 2-11 所示 (Agilent 66321B)。因此在手機設計之研發人員，可利用直流電源供應器，模擬電池，可對手機提供電源。

圖 2-11　直流電源供應器(圖來自於 Agilent 66321B)

本書以 Agilent 66321B 來說明。此直流電源供應器可提供直流電源 0 至 15V。電流範圍為 0 至 3A，並且，具有通用介面匯流排(General Purpos Interface Bus；GPIB)，可提供研發人員利用 GPIB 卡連接至電腦，並詳細紀錄量測時之電壓與電流值。另外，66321B 直流電源供應器還提供了一項功能，可模擬電池或電池的內部電阻，方便於手機研發人員模擬對電池充電量測。

2-7　數位萬用表

研發人員可利用數位萬用錶。來記錄電壓與電流之變化，如圖 2-12 所示。

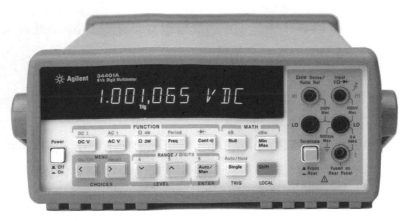

圖 2-12　數位萬用表(圖來自於 Agilent 34401A)

　　此儀器可利用 GPIBf 介面卡或 RS-232 傳輸線，將量測之電壓或電流變化之數據傳送到電腦，讓研發人員將所得到之資料，做完整的分析與應用。

2-8　資料記錄器

　　手機研發人員在研發階段須長時間紀錄手機電壓、電流與元件溫度之變化。因此可以利用資料記錄器，將量測之數據計錄下來。本書利用 XL124 資料記錄器來說明，如圖 2-13 所示。

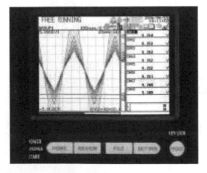

圖 2-13　資料記錄器(XL124 儀器網站)

　　此記錄器具有 16 個通道，即可同時量測 16 組數據，可用來量測手機內元件之長時間電壓之變化或記錄手機充電時，電流之變化，也可用來記錄手機再充電或通話時，手機內部元件之變化溫度，其標準爲在手機長時間通話時，溫度不可超過 45 度；此量測會依每家手機製造商，訂定不同規範標準。

　　而此資料記錄器可直接將量測數據記錄於記憶卡或隨身碟，不須利用傳輸線或介面卡連接至電腦，研發人員可減少時間來處理傳輸線或介面卡與電腦不相容之問題，方便始於研發人員使用。

 2-9　軟體燒錄製治具

　　研發人員在手機開發時，須不斷更新使用之軟體或偵錯，手機內的記憶體主要儲存程式軟體之元件。而爲了將軟體寫入記憶體，必須透過 IC 燒錄器。但由於將記憶體從手機電路板上拆拔，即會破壞元件之錫球，並且經由燒錄器燒錄程式碼後，在放回手機電路板上，將相當的麻煩；因此可透過軟體燒錄治具(Trace32)來將軟體寫入記憶體，也可利用 Trace32 來偵測錯軟體或硬體異常之動作行爲。圖 2-14 爲 Ttrace32 之連結架構圖。

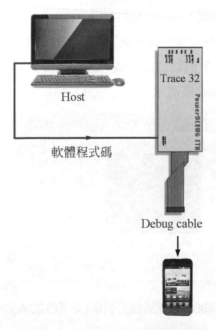

圖 2-14　Trace32 之連接架構圖

而軟體燒錄治具中，主要是利用 JTAG(Jant Test Action Group)來做為記憶體與中央處理器(CPU)之間的溝通介面，因此，軟體研發人員可利用軟體燒錄治具，很方便地將程軟體程式碼寫入手機記憶體中，方便測試與檢測。

⏻ 2-10 無線通信分析儀

　　由於目前智慧型行動電話會因應不同客戶或販賣之國家區域，皆支援不同的頻寬(Band)，因此硬體或射頻研發人員在智慧型行動電話開發階段，皆須要利用 8960 無線通信分析儀之儀器，來切換不同系統或頻道，而模擬基地台信號之測試，其外觀圖如圖 2-15 所示。

　　無線通信分析儀會依客戶須求，即可支援不同的頻率或通訊系統，例如：W-CDMA、HSDPA、HSUPA、CDMA2000、1xEV-DO、IS-95、GSM、GPRS、EDGE、PHS 和 AMPS 等行動電話通訊系統技術。

　　無線通信分析儀，硬體平台所測量的頻率範圍為 30MHz 至 2.7GHz，並搭配專用的測量軟體及硬體，可以支援行動電話通訊系統技術之發送或接收測試項目。並支援標準 GPIB 介面，使無線通信分析儀能夠應用至智慧型行動電話自動化生產線上，對於手機製造商來說，這可以降低測試成本和提高生產速度與良率，以滿足客戶的手機需求。

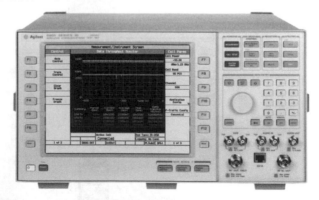

圖 2-15　8960 無線通信分析儀(圖來自於 Agilent 8960)

研發人員在研發階段中，模擬基地台測試，除了使用 8960 無線通信分析儀之外，另外也可以使用另一種無線通信基地台儀器 8820A，其外觀圖如圖 2-16 所示。

　　MT8820A 是針對第三代行動通訊所設計的無線通信分析儀，可支援不同的頻率或通訊系統，研發人員須依照手機使用者使用區域的頻帶或通訊系統，可自行擴該充無線通信分析儀之軟體與硬體設備，以達到不同的頻率或通訊系統之研發測試。

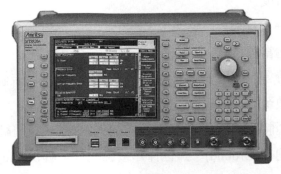

圖 2-16　8820A 無線通信分析儀(圖來自於 Anritsu 8820A)

　　MT8820A 無線通信分析儀可完成終端的調變分析測量。以全球移動通信系統(Global System for Mobile Communications；GSM)為例，可以同時量測與顯示調變頻率，頻率誤差，峰值相差比。也可量測寬頻分碼多工(Wide band Code Division Multiple Access；WCDMA)之發射機和接收機特性。其中，發射機測試包括發射功率，頻率誤差，使用頻寬，調變之精準度。也可測量日本個人數位封包(Personal Digital Cellular；PDC)之行動通訊系統，所使用之發射與接收特性；其中發射量測包括了發射功率，使用頻寬，通道功率，調變精準度，傳輸速率等；接收量測可測量解調變後，接收端所回傳的射頻信號之位元錯誤率。

　　因此，在此一章節主要介紹了一般研發人員在智慧型行動電話之開發設計階段，大致上會使用到的儀器與操作介紹，而隨著不同之測項與規範，會使用到不同之品牌儀器，在使用之前熟讀使用手冊，即可了解如何使用與操作儀器產品。

本章研讀重點

1. 數位電表是研發人員在電路分析與檢測時，不可或缺的基本工具。數位電表也就是早期俗稱的三用電表，主要做為量測電壓(Voltoge)、電流(Current)與電阻(Resistance)，此三種主要功能，故稱為三用電表。

2. 電阻量測時，可先轉至最高檔，在逐漸往下旋轉至適當的檔位，以得到最佳的解析度。

3. 電壓量測時，若未知電壓準位，應先將電壓檔位切至最大值，再依序向下切換至適當檔位。

4. 電流量測時，先使用安培數較大的插孔，若量測電流值較低，則可將紅色探棒轉換至"mA"孔，以免電流損壞。

5. 可利用二極體檔，來量測 IC 元件之腳位好壞，可將紅色探棒接至印刷電路板的地端(Ground)，黑色探棒接至元件之腳位(Pin)，此時，若數位電表顯示 0.5V 至 0.7V 時，表示此 IC 腳位是正常的，反之，若數位電表顯示"1"或"OL"時，則表示此 IC 腳位是開路。

6. 烙鐵使用時，溫度不宜過高，溫度越高，烙鐵頭的壽命越短，一般建議溫度設定在 350 度左右。正常情況下，當烙鐵使用溫度為 350 度，烙鐵頭使用壽命一般為 3 萬個焊點左右。若烙鐵不用時，建議將烙鐵頭加上焊錫，將烙鐵頭包住，可防止烙鐵頭氧化，可增加使用壽命與吃錫能力。

7. 熱烘槍，可調整風速與溫度，一般溫度範圍為 150℃～450℃，利用熱烘槍，能快速拆拔 SMT 元件。

8. 示波器可觀測信號波形，測量交流電壓、時間週期、頻率、測量直流電壓準位等。

9. 無線通信分析儀可支援不同的頻率或通訊系統，例如：W-CDMA、HSDPA、HSUPA、CDMA2000、1xEV-DO、IS-95、GSM、GPRS、EDGE、PHS 和 AMPS 等行動電話通訊系統技術。

10. 無線通信分析儀，硬體平台所測量的頻率範圍爲 30MHz 至 2.7GHz，可以支援行動電話通訊系統技術之發送或接收測試項目。並支援標準 GPIB 介面。

11. 無線通信分析儀可完成終端的調變分析測量，可以同時量測與顯示調變頻率，頻率誤差，峰值相差比。

12. 迴焊爐是利用加熱與冷卻功能，將錫膏與元件焊接。

13. 迴焊爐機台完成元件與印刷電路板焊接之後，即會經由 3D 自動光學檢測機台，檢測迴焊接後焊接之品質、零件是否偏移、元件是否空焊、元件與元件之間是否短路等現象。

14. 表面黏著技術可以讓研發人員在電子線路設計上較爲便捷，也會減少線路在傳送訊號時之互相干擾。

習　題

1. 請敘述數位電表之使用功能。
2. 請敘述數位溫控烙鐵使用之注意事項。
3. 請敘述如何量測二極體。
4. 請敘述示波器觸發使用方式。
5. 請敘述無線通信分析儀。
6. 請敘述軟體燒錄製治具。

參考文獻

1. *三用電表之認識*－使用手冊。
2. *數位三用電表使用方式*－資料手冊。
3. XL124 Portable Data Station Communication Function User's Manual.
4. *Anritsu MT8820A 無線通信分析儀*－使用手冊。
5. *三用電表、示波器電路檢測基本工具操作介紹*－使用手冊。
6. *Agilent 8960 無線通信分析儀*－使用手冊。

第三章　表面黏著技術

3-1　概述

　　近年來電子通訊產品發展不斷地突飛猛進、求新求變，電子通訊產品愈來愈小型化，含蓋功能愈來愈強，而對於電子通訊產品的製造而言，印刷電路板(Printed Circuit Bord；PCB)之生產是最重要的環節。而目前工廠端的印刷電路板製造與生產，皆利用表面黏著技術來完成。因此，在本章節將詳細敘述表面黏著技術之製成與生產流程。

3-2　表面黏著技術簡介

　　將印刷電路板表面黏著上電子元件，例如電阻器、電容器、電晶體、積體電路(Integrated Circuit；IC)、連接器等元件接腳焊接在印刷電路板同一層上，此種技術稱為表面黏著技術(Surface Mount Technology；SMT)。此技術在工廠端之生產設備發展上，已經與小型化電子產品及電子元件互相緊密聯係著。目前電子產品如行動電話、筆記型電腦、家電產品等，其功能愈來愈強，但產品體積則強調愈來愈小型化與重量愈來愈輕，因此，必須將電子元件的尺寸和體積進一步微型化，以及將積體電路的封裝技術不斷加以改良，並搭配上表面黏著技術才能實現體積小、重量輕之電子通訊產品。

為了達到電路板體積微小化，因此必須發展表面黏著技術，此技術經由錫膏焊接於電路板上，而在使用在表面黏著技術上的元件稱為表面黏著元件(Surface Mount Device；SMD)。此技術為美國 60 年代末期，為發展太空科技而研發之技術，後被日本業者加以改良，因此目前所使用的表面黏著技術之機台與材料，有百分之 95 以上都是來自日本品牌與產品。

　　而目前電子產品皆要求小型化、輕量化以及高功能，因此必須縮小零件及印刷電路板的體積，而傳統電阻器、電容器、電晶體元件因有正負極性接腳之分，必須將電路板穿孔，才能將元件焊接，且沒有附加許多產品功能，因此沒有複雜之電路走線；而目前有些元件沒有正負接腳之分，也不必將電路版穿孔，因此電路板上的線路設計可以更密集，電路板亦可使用多層板走線，可使得產品功能增強，因此，利用表面黏著技術可使得在相同面積的電路板可以黏裝更多的元件，功能亦能提升，並且可降低成品之不良率，而目前許多表面黏著技術之生產線，每日之生產印刷電路板數量須 8000 片以上，且良率要 99.5%以上之標準。

3-3　表面黏著材料

一、錫膏

　　錫膏(Paste)組成是由焊錫粉末(Powder)在搭配上助銲劑(Flux)，調合到所特定黏度範圍的膏狀銲錫，錫膏內部組成如圖 3-1 所示，其中焊錫粉末是由錫鉛合金在添加特殊金屬，如銀、銅等特殊金屬物所組成。助銲劑成份主要由揮發型成份與定型成份所組成；其中溶劑為主要揮發型之成份，可做為錫膏黏稠度之調節與定型成份之分離，另外，定型成份包含樹脂與活性劑，其中樹脂具有催化助銲功能，活性劑具有去除氧化之特性。然而，錫膏內部之焊錫粉末與助銲劑之比例各別為 50%含量，比例不均勻會造成印刷電路板上之焊接不良現象。

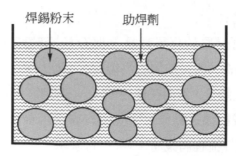

圖 3-1　錫膏內部組成

二、錫膏之具備條件

1. 製造完成後，擺放時間減少小

由於錫膏具有細微且含蓋表面積大的粉末，經長時間擺放，內部之助焊劑會發生化學變化，這時錫膏黏著度會提高，因而會影響塗抹在鋼板上之均勻性與印刷電話板在經過迴焊爐之銲著性。

2. 焊錫粉粒度要均勻

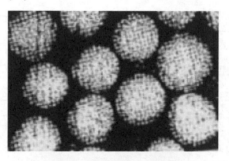

圖 3-2　均勻型焊錫粉粒

圖 3-2 為均勻型焊錫粉粒，由於焊錫粉粒是球形狀，因此在產品要求上必須球徑大小須規則狀，較適合於塗抹在印刷電路板上，另外球型狀粉末在不活性氣體中製造，產生出焊錫氧化率也會較低。若焊錫粉粒度的不均勻將會產生出黏著度偏差，然而將會造成印刷後的錫球崩裂而造成與其他焊錫點短路，若均勻型之焊錫粉粒度，則適合於印刷作業使用，且手機經由落摔實驗測試後，內部錫球不會造成崩裂，而影響手機正常使用功能。

3. 錫膏使用方式

　　由於錫膏是屬於化學製品，保存於冷藏庫中(5～10℃)可降低活性，增長使壽命，避免放置於高溫處，而使得錫膏劣質化。且經由冷藏時活性化大大降低，然而在使用前，一定要將錫膏置於室溫中，恢復其活化性而完成回溫之動作，才能使錫膏呈現最佳焊接狀態。回溫完成後，須經由攪拌流程將錫粉末與助焊劑均勻混合，如攪拌時間過長會破壞錫粉末形狀甚至影響黏著度，然而經攪拌完成後，應盡快使用，避免錫膏的助焊劑在空氣中揮發，造成迴焊後的不良。另外須特別注意不同型號、廠牌之錫膏請勿混合使用，以避免發生不良之現象。

三、助焊劑

　　助焊劑之種類大致上依使用用途可分為三類，(1)液態，較常使用於傳統雙排腳包裝元件之 IC 元件生產線上。(2)固態，較常出現於錫絲中，或是做為圓球狀陣列封裝(Ball Grid Array；BGA)元件焊接修補使用。(3)半固液態，較常使用於高速表面黏著之錫膏中。且助焊劑功用可以分為下列幾點：(1)除氧化功能。可去除金屬表面因化學作用而產生的氧化膜，使焊接點成為較容易焊接的表面。(2)降低表面張力。降低過迴焊爐後的表面張力，增加焊錫擴散性，具有催化助焊之功能。(3)防止二度氧化作用。在進行過迴焊爐後焊接時，焊錫與焊點金屬表面會與空氣接觸形成氧化作用，助焊劑在做完除氧化後，會覆蓋焊接點與焊點金屬表面，來防止焊接點產生二度氧化。

⏻ 3-4　表面黏著元件技術

　　在生產表面黏著元件時，通常會分為單面黏著元件與雙面黏著元件技術，此二種技術方式，取決於電子產品所使用之元件，能否在單一面印刷電路板上黏著完成，因此，在此章節將介紹此二種技術之生產方式。

1.　單面黏著元件技術

　　圖 3-3 為單面黏著元件技術之元件擺設圖，首先經由全自動錫膏印刷機將錫膏印刷在印刷電路板元件的焊點上，然後在利用高速機將元件貼裝到印刷電路板之適當位置，然而錫膏本身附有黏著力可暫時固定元件，最後將印刷電路板用高溫迴焊爐熔錫焊接元件，如圖 3-4 所示。

圖 3-3　單面黏著元件之擺設圖

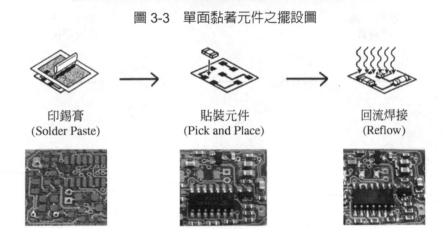

印錫膏
(Solder Paste)

貼裝元件
(Pick and Place)

回流焊接
(Reflow)

圖 3-4　單面黏著元件製作過程

2.　雙面黏著元件技術

　　圖 3-5 為雙面黏著元件技術之元件放置圖，首先經由全自動錫膏印刷機將錫膏印刷在印刷電路板元件的焊點上，然後在利用高速機將元件貼裝到印刷電路板之適當位置，之後將印刷電路板用高溫迴焊爐熔錫焊接元件，完成之後，翻轉至反面，再將錫膏印刷在反面上，並將元件貼裝到反面，再利用高溫迴焊爐熔錫焊接反面之元件，生產流程如圖 3-6 所示。而目前由於智慧型行動電話追求體積小、功能強之特性，因此，印刷電路板設計上皆電路設計成正反面皆有元件，俗稱陰陽板。

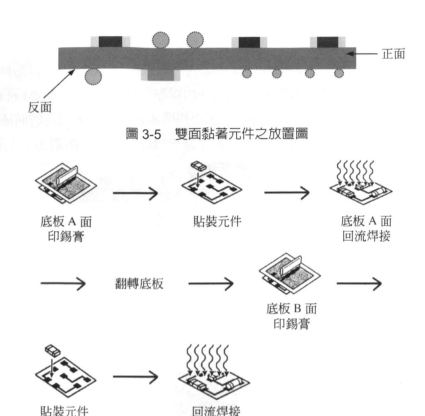

圖 3-5　雙面黏著元件之放置圖

底板 A 面
印錫膏

貼裝元件

底板 A 面
回流焊接

翻轉底板

底板 B 面
印錫膏

貼裝元件

回流焊接

圖 3-6　雙面黏著元件製作過程

3-5　表面黏著技術生產流程

　　此一章節將敘述表面黏著技術生產流程，包含印刷機、光學檢查機、高速機、大型機、迴焊爐、X 光檢測機、維修站等表面黏著技術生產流程。(由於不同工廠之生產線，流程會有差異)

1.　前置作業

　　　　此前置作業工作站，是先將待投入生產線之印刷電路板貼上序號標籤，如圖 3-7 所示。將每一片印刷電路板貼上序號標籤，可做為工廠端之管制檢查。另外，在投入生產線之前置作業還須包含檢查機型、印刷電路板之版本是否正確。

圖 3-7　序號標籤

2. 印刷機站

　　完成前置作業流程後，接下來就要將錫膏印象於電路板上，此時必須要準備一個鋼板，圖 3-8 所示。此鋼板是一片鋼片而將對應電路底板上表面黏著元件的焊點處開孔，因此利用鋼板將錫膏印刷於印刷電路板上。

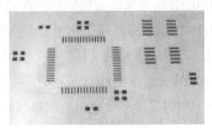

圖 3-8　鋼板圖

3. 光學檢查機

　　在前一站完成錫膏印刷於電路板上，之會就會將印刷電路板放置於輸送帶流至下一站光學檢測，此這一站流程，是利用 3D 的自動光學檢測(Automatic Optical Inspection；AOI)，如圖 3-9 所示。檢查在前一站刷錫膏之印刷品質是否完善，並也可檢測錫膏用量，以免之後放置元件時而出現錫少之問題現象。

圖 3-9 光學檢查機

4. 高速機

在前一站利用 3D 的光學檢查機檢測錫膏完成後，就會流經下一站高速機，如圖 3-10 所示。高速機之功用是做為小零件之高速放置，小零件包含了電阻、電容、小顆 IC 包裝、發光二極體等。此儀器內有二組旋轉頭共 24 個吸嘴，如圖 3-11 所示。並且可依元件產品調整吸嘴與放置元件之速度，利用高速機吸取與放置每個元件只須要約 0.25 秒，即可完成。另外，利用高速機放置小零件之拋料率必須低於 0.2%以下，以免造成元件成本之浪費。

圖 3-10 高速機裝置

圖 3-11　高速機吸嘴

5. 泛用機

由於智慧型手機上大小元件有上百顆以上，因此工廠端在執行表面黏著技術時，生產線上會將元件依體積大小類別做區分，前一站高速機就進行小零件之高速放置，完成之後即會經由輸送帶將印刷電路板送至下一站－泛用機。泛用機主要之功用做為放置大型元件之機台，例如：手機系統架構中的中央處理器(CPU)、記憶體(Memory)、電源元件、不規則狀零件等，或是機構的鐵鍵(Shielding Case)、SIM 卡、電池連接器等大型機構之元件等，皆可利用泛用機來完成置放。

由於泛用機將會放置中央處理器(CPU)、記憶體(Memory)、電源元件等圓球狀陣列封裝(BGA)元件，由於這類元件將有許多腳位，因此，泛用機在放置此類元件時，速度會較慢，避免造成元件腳位偏移，而造成手機系統不正常動作，增加生產線之維修時間。然而利用泛用機吸取與放置大型元件，積體電路(IC)如果是四方平面封裝(Quad Flat Package；QFP)之 48 腳位，放置每個元件只須 0.56 秒，元件包裝如圖 3-12 所示。

若是具有 225 腳位之圓球狀陣列封裝(BGA)，利用泛用機放置每個元件只須 0.74 秒，即可完成，元件包裝如圖 3-13 所示。

圖 3-12　QFP 元件　　　　　圖 3-13　BGA 元件

6. 迴焊爐

　　表面黏著生產技術經由前面高速機、泛用機等機台，皆已經完成所有元件放置印刷電路板上，之後就會經由迴焊爐將錫膏加熱與冷卻而將元件焊接完成，迴焊爐機台如圖 3-14 所示。

　　而在進行迴焊爐之前，研發人員必須將印刷電路板上已放置完成之零件，做詳細的腳位判斷，例如，零件是否有缺少放置、IC、二極體、連接器等腳位是否有打反，以及造成手機系統不正常動作，可避免許多檢測與維修時間。

　　研發人員完成零件腳位檢查之後，即會將印刷電路板經由 3D 的自動光學檢測機台，檢測元件與印刷電路板上之腳位是否有偏移，以免造成兩兩元件腳位之間互相短路。

圖 3-14　迴焊爐機台裝置

所有檢測工作完成之後，即會將印刷電路板經由輸送帶送入迴焊爐加熱與元件焊接，如圖 3-15 所示。

印刷電路板

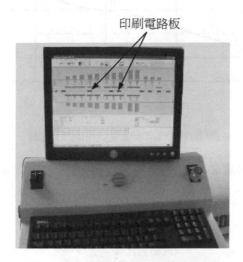

圖 3-15　迴焊爐內印刷電路板狀態

　　圖 3-16 為迴焊爐內之溫度曲線分佈圖，迴焊爐是利用加熱與冷卻功能，而將錫膏與元件焊接。在溫度曲線分佈圖中，會有預加熱、迴焊與冷卻之三階段，其中，前三分鐘為預加熱階段，每秒鐘大約會提升 1 度左右，提升至 150 度至 180 度左右；時間第三至四分鐘為迴焊之加熱時間，每秒鐘大約會提升 1.2 度左右，大約提升至 250 度左右；另外會有 30 秒之時間會將溫度提升至 260+/−5 度左右，此時，錫膏已經預熱成液體狀，可將元件焊接；之後，在經由冷卻流程，每秒鐘大約會降 3 至 3.5 度左右，持續時間為一分鐘左右；此過程即完成印刷電路板之迴焊流程，因此，將印刷電路板送入迴焊爐之完成時間約 5 分 30 秒，此時間長短會依元件承受溫度之特性而有所變更，因此，生產線人員，會依每個機種所使用之元件特性，而將迴焊爐之溫度與時間長度做適當地調整。

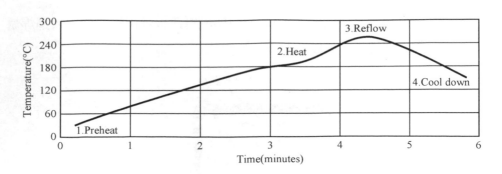

圖 3-16　迴焊爐溫度曲線分佈圖

完成迴焊爐之作業流程，元件即會藉由焊錫與印刷電路板黏著完成，如圖 3-17 所示。

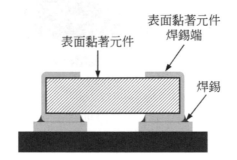

圖 3-17　表面黏著技術元件焊接圖

7.　迴焊爐後光學檢查機

　　利用迴焊爐機台完成元件與印刷電路板焊接之後，即會經由 3D 自動光學檢測機台，檢測迴焊爐後焊接之品質、零件是否偏移、元件是否空焊、元件與元件之間是否短路等現象。若發生異常現象，產線人員即會進行不良品維修之動作，此不良品現象與維修那些元件，皆會經由條碼機經由印刷電路板上之序號標籤貼紙記錄下來，做為之後檢測之記錄。

8.　X 光機

　　完成迴焊爐後光學檢測之後，在生產線上之作業大致完成，接下來就會進行 X 光機檢測，X 光機如圖 3-18 所示。利用 X 光機可檢查出印刷電路板焊點之品質狀況，現在目前許多 IC 的腳位皆在包裝底下，因此無法用目視方式檢測出焊點是否完善，因此，可以利用 X 光機機台來檢測出印刷電路板之焊點是否有短路，如圖 3-19 所示，若發生短路情況，則必須進行維修作業。

圖 3-18　X 光機外觀圖

圖 3-19　X 光機檢測 IC 腳位圖

9.　裁板機

　　完成 X 光機檢測之後，即會將聯板之印刷電路板進行裁板動作，如圖 3-20 所示。裁板完成之後，即會形成單一片之印刷電路板，而進行測試與組裝。

圖 3-20　裁板機

完成上述之生產流程，即完成整個表面黏著技術生產流程，因此在手機生產時，利用表面黏著技術可以讓研發人員在電子線路設計上較為便捷，也會減少線路在傳送訊號時之互相干擾。而表面黏著技術之元件其體積較小，可減少元件擺放在電路板上所佔之面積，這樣一來可減小電路板在生產時之成本。而隨著目前資訊快速發展進步，在資訊產業上要求更快速化，因此產品開發時程便必須要縮短，生產成本要更低，並且加速產品研發、製程改善及生產管理改善，才能提升市場之佔有率與競爭力。

3-6 CPU POP 製程

目前智慧型行動電話，在外觀強調越來越薄，重量越來越輕，電池容量越來越大；而在電路板空間設計上就必須越來越小，因此，CPU IC 設計上逐漸朝向 POP(Package on Package)製程。

圖 3-21 為零件 CPU 與記憶體正面外觀圖，圖 3-22 為零件 CPU 與記憶體反面外觀圖，此顆 CPU 有 756 個腳位，每個錫球腳位有 0.25mm，錫球與錫球之中心點距離有 0.4mm；此顆記憶體有 220 個腳位，每個錫球腳位有 0.325mm，錫球與錫球之中心點距離有 0.5mm。POP 是一種很典型的 3D 貼裝技術，主要是將 CPU 利用表面貼裝技術方式先貼裝在電路板上，之後再將記憶體 IC 垂直堆疊在 CPU 上方，以減少元件佔用空間。

圖 3-21 CPU 與記憶體正面外觀圖　　　圖 3-22 CPU 與記憶體反面外觀圖

圖 3-23 為 CPU 與記憶體表面貼裝 POP 流程，首先必須先將 PCB 上印刷錫膏，接著將 CPU 先貼裝在 PCB 板上面，接著再將記憶體錫球沾黏些許錫膏或助焊劑，並利用表面貼裝技術放置在 CPU 上方，再一起經過高溫迴焊爐，即完成 CPU 與記憶體 POP 方式。

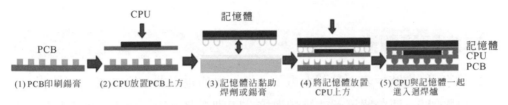

圖 3-23　CPU 與記憶體表面貼裝 POP 流程

完成 CPU POP 製程方式，由於每一顆元件錫球大小與腳位數量不一致，因此，在 SMT 完成後會針對 POP 製程的可靠度做詳細驗證，測試方式如下。

(1) 振動測試

測試目的主要模擬貨品運送過程中的沖擊，驗證產品抗沖擊之能力。測試條件利用 X、Y、Z 三軸震動。測試時間每一軸方向各測試 15 分鐘。

(1) 高溫高濕測試

測試目的主要用以分析助焊劑對銅箔之影響，驗證產品的可靠性。測試條件在溫度 85 度與濕度 85%RH。高溫高濕測試時間為 24 小時。

(1) 溫濕度循環測試

測試目的主要用以分析產品焊料的老化，驗證產品的可靠性。測試條件在溫度– 40~85 度之間、濕度標準為 85%～92%RH、溫升斜率為每分鐘 15 度且– 40 度與 85 度個別停留 15 分鐘，測試 10 個週期。判定標準為錫洞小於 25%與錫絲小於 25um。

由於目前手機發展趨勢為輕薄為主，且晶片設計穩定性越來越高，因此目前許多 CPU 晶片製造商大多設計為 POP 製程，因此，手機設計研發人員可直接利用 SMT 技術方式將 CPU 與記憶體晶片垂直堆疊在一起，以減少元件佔用空間。

本章研讀重點

1. 將印刷電路板表面黏著上電子元件，例如電阻器、電容器、電晶體、積體電路、連接器等元件接腳焊接在印刷電路板同一層上，此種技術稱爲表面黏著技術。

2. 表面黏著元件，此技術爲美國 60 年代末期，爲發展太空科技而研發之技術，後被日本業者加以改良，因此目前所使用的表面黏著技術之機台與材料，有百分之 95 以上都是來自日本品牌與產品。

3. 利用表面黏著技術可使得在相同面積的電路板可以黏裝更多的元件，功能亦能提升，並且可降低成品之不良率，而目前許多表面黏著技術之生產線，每日之生產印刷電路板數量須 8000 片以上，且良率要 99.5%以上之標準。

4. 錫膏(Paste)組成是由焊錫粉末(Powder)在搭配上助銲劑(Flux)，調合到所特定黏度範圍的膏狀銲錫。

5. 焊錫粉末是由錫鉛合金在添加特殊金屬，如銀、銅等特殊金屬物所組成。

6. 助銲劑成份主要由揮發型成份與定型成份所組成；其中溶劑爲主要揮發型之成份，可做爲錫膏黏稠度之調節與定型成份之分離，另外，定型成份包含樹脂與活性劑，其中樹脂具有催化助銲功能，活性劑具有去除氧化之特性。

7. 焊錫粉粒是球形狀，因此在產品要求上必須球徑大小須規則狀，較適合於塗抹在印刷電路板上。

8. 由於錫膏是屬於化學製品，保存於冷藏庫中(5～10℃)可降低活性，增長使壽命，避免放置於高溫處，而使得錫膏劣質化。

9. 助焊劑之種類大致上依使用用途可分爲三類，(1)液態，較常使用於傳統雙排腳包裝元件之 IC 元件生產線上。(2)固態，較常出現於錫絲中，或是做爲圓球狀陣列封裝(Ball Grid Array；BGA)元件焊接修補使用。(3)半固液態，較常使用於高速表面黏著之錫膏中。

10. 助焊劑功用可以分為下列幾點：(1)除氧化功能。(2)降低表面張力。(3)防止二度氧化作用。

11. 進行迴焊爐之前，必須將印刷電路板上已放置完成之零件，做詳細的腳位判斷，例如，零件是否有缺少放置、IC、二極體、連接器等腳位是否有打反，以及造成手機系統不正常動作，可避免許多檢測與維修時間。

12. 迴焊爐是利用加熱與冷卻功能，而將錫膏與元件焊接。

13. 迴焊爐機台完成元件與印刷電路板焊接之後，即會經由 3D 自動光學檢測機台，檢測迴焊爐後焊接之品質、零件是否偏移、元件是否空焊、元件與元件之間是否短路等現象。

14. 表面黏著技術可以讓研發人員在電子線路設計上較為便捷，也會減少線路在傳送訊號時之互相干擾。

習　題

1. 請敘述何謂表面黏著技術。
2. 請敘述表面黏著錫膏材料之特性。
3. 請敘述助焊劑之特性。
4. 請敘述錫膏使用方式。
5. 請敘述單面黏著元件技術。
6. 請敘述雙面黏著元件技術。
7. 請敘述表面黏著技術生產流程。
8. 請敘述迴焊爐內之溫度曲線分佈圖。

參考文獻

1. *SMT 製程技術簡介*－使用手冊。
2. *SMT 生產系統的最佳化模擬*－資料手冊。
3. *表面貼裝元件器材介紹*－資料手冊。
4. *表面貼裝生產技術*－資料手冊。

第四章　發光二極體與電激發光元件

 ## 4-1　光源的演進

　　早於 9 世紀，已有使用煤油燈的記載，因此早期的人類即開始利用煤油之方式獲取光源，於西元前 3000 年左右，便利用油性硬果將外層包上一層油脂形成圓柱狀蠟燭，之後在發展成利用密蠟製成類似今日之蠟燭，而獲取光源照明。甚至古代人也利用夜間發光的螢火蟲做為光源之照明。

西元 1879 年，美國愛迪生將纖維絲放置透明圓球狀玻璃中，並利用幫浦將圓球狀玻璃中的空氣抽光，在供給電源，則使得燈絲發亮，即發明燈泡，如圖 4-1 所示，使得發光之光源技術更進一大步。

圖 4-1　燈泡

西元 1938 年，美國伊芳曼發明家改良水銀燈製造出日光燈，日光燈的構造，為一個長型的圓柱管，包含了極微量的汞和及少量的氬或氖氣之惰性氣體，如圖 4-2 所示。導電後，燈管兩端的電極引發高壓放電，激發汞蒸氣發射出短波長的紫外光。而在燈管內壁的螢光粉即會吸收紫外光，而轉換成可見光之發光光源，。日光燈與傳統的燈泡相比較，具有使用壽命長、發光效率高、照光面積範圍大、省電等優點。

圖 4-2　日光燈

光源之技術在人類的發明演進過程中，佔有重要指標依據，從火的應用、煤油的發明、蠟燭的使用，到近年來發展到鎢絲燈泡及目前家家戶戶常用的日光燈，人類在光源的演進皆不斷地求變求新，近年來更追求能發展出高效率、高亮度、低損耗、低成本之照明光源。而在二十一世紀，人們即開始重視節能之光源，因此，發光二極體將成為新時代照明之重要發明，圖 4-3 為發光二極體與傳統光源發展之對照圖。

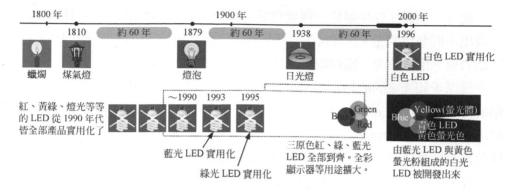

圖 4-3　發光二極體與傳統光源發展之對照圖

4-2　發光二極體基本原理

　　發光二極體(Light Emitting Diode；LED)係利用半導體材料之電子電洞結合時，能量帶(Energy Gap)位階之改變，以發光顯示其所釋放出的能量。LED 為 Ⅲ-Ｖ族半導體材料所製成之發光元件，在半導體中，加入少量的三價原子，即為 P 型半導體；在半導體中，加入少量的五價原子，即為 N 型半導體，並將 P 型半導體與 N 型半導體接合形成 P-N 接面。元件具有兩個電極端子，具有微細的固態光源，可將電能轉換為光能，當施加電流時，電子(－)與電洞(＋)結合，則能量帶位階將發生變化，以發光顯示其所釋放出的能量，即發光二極體之基本發光原理，發光二極體內部結構圖，如圖 4-4(a)所示，其等效電路圖，如圖 4-4(b)所示。

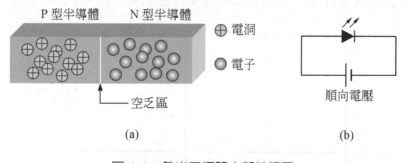

圖 4-4　發光二極體內部結構圖

發光二極體元件是屬於一種通電後可以發光的半導體晶片，不同種類的晶片發出不同顏色的光，其經封裝為不同型式的包裝後，可用於照明、指示燈、顯示看板、儀表背光、遙控器等用途。

　　當原子和光之間的相互作用時，可發現有三種不同的基本過程：光的自發輻射(Spontaneous Emission)、光的受激輻射(Stimulated Emission)和光的受激吸收(Stimulated Absorption)；此三種方式是發光元件的基本工作原理。因此，在此分別介紹此三種輻射場與物質相互作用之發展過程。

　　光原子中的能階為 E_1 和 E_2，而光原子中每一離散的能階各有相應的離散諧振頻率，若在此諧振頻率或其上下附近頻率上給予激勵，就會引起響應，因此必須滿足：

$$E_2 - E_1 = h_1 v_{21} = hf \quad\text{...} (4\text{-}1)$$

式中 h 是蒲朗克常數，其值為 $6.626 \times 10^{-34}\,\text{J} \cdot \text{S}$。

1. 光的自發輻射(Spontaneous Emission)

　　　處於較高能階 E_2 上的原子，會向低能階 E_1 躍遷。在沒有任何外界作用的條件下，也可能自發地產生從高能階 E_2 到低能階 E_1 的躍遷，這叫做自發輻射(Spontaneous Emission)，如圖 4-5 所示。在光與能的轉換時，將光視為粒子，此能量轉換現象稱為光子(Photon)，光子為具有能量的粒子，當電子由高能階 E_2 到低能階 E_1，須釋放出能量 E

$$E = E_2 - E_1 = hf \quad\text{...} (4\text{-}2)$$

因此在自發輻射時，會有多餘的能量釋放出來，其大小為 $E = E_2 - E_1$。

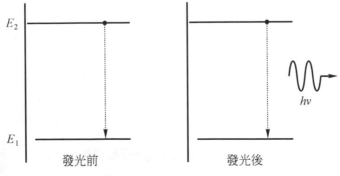

圖 4-5　光的自發輻射

一般有兩種釋放能量的形式：一種是無輻射躍遷，即能量變為熱能；另一種則叫自發輻射躍遷，即以光的形式輻射出去。自發輻射光的頻率 v_{21} 大小為

$$v_{21} = \frac{E_2 - E_1}{h} \quad\text{..} \quad (4\text{-}3)$$

　　自發輻射光的特點為，不同原子可能在不同能階之間產生躍遷，因而頻率各不相同，即使在同一能階上產生躍遷，它們發光頻率相同，但光在振動方向和振動相位上則是隨機(Random)的，發光二極體就是根據自發輻射原理而產生光源。

2.　光的受激輻射(Stimulated Emission)

　　如圖 4-6 所示，受激輻射不同於自發輻射，它是在外來光影響下產生的，一個處於高能階 E_2 上的原子在外來一個頻率為 $v_{21} = \frac{E_2 - E_1}{h}$ 的光子激發下，由高能階向低能階躍遷而產生受激輻射。受激輻射產生的光子與外來光子具有完全相同的特徵，即它們的頻率、相位、振動方向的傳播方向均相同，稱為全同光子。

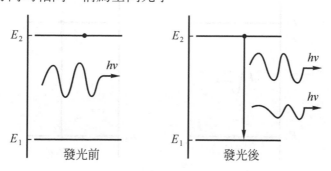

圖 4-6　光的受激輻射

　　在受激輻射過程中，外來一個光子作用下，可得到兩個全同光子，若這兩個全同光子再引起其他原子產生受激輻射就能得到更多的全同光子，這種現象稱為光放大。多個原子發出的光子其頻率、相位、傳播方向都相同，因而受激輻射發出的是同調光。

假定在單位體積內，dt 時間中，因受激從高能階 E_2 躍遷到低能階上的原子數為 dN_{21}^3。則 dN_{21}^3 應與時間間隔 dt、E_2 能階上原子密度 N_2 和頻率為 $v_{21} = \dfrac{E_2 - E_1}{h}$ 的入射光能量密度 ρ_1 成正比，即

$$dN_{21}^3 = A_{21}' N_2 \rho_1 dt \quad\text{.....................}\text{(4-4)}$$

式中 A_{21}' 為受激輻射係數。若令 $R_{21} = A_{21}'\rho_1$，則由(4-4)式可得：

$$R_{21} = \frac{dN_{21}^3}{N_2 dt} \quad\text{.....................}\text{(4-5)}$$

式中 R_{21} 表示每個處於高能階上的原子在單位時間內可能發生受激輻射的機率。光的受激輻射是雷射二極體產生光的條件之一。

3. 光的受激吸收(Stimulated Absorption)

受激吸收是受激輻射的反過程。它是指處於低能階 E_1 上的原子在外來光子激發下，該原子吸收這個光子能量($E = E_2 - E_1 = h_1 v_{21}$)，而躍遷到高能階 E_2 上去的現象。如圖 4-7 所示。

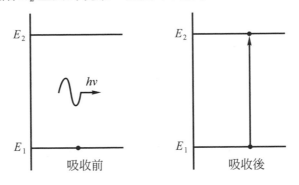

圖 4-7　光的受激吸收

即電子由較低能階 E_1 躍遷到較高能階 E_2 時，便吸收能量，即電子吸收入射光子而轉態，稱為光的吸收。

假設在單位體積中，dt 時間段內，從低能階 E_1 上吸收外來光子能量 $h_1 v_{21}$ 而躍遷到高能階上的原子數為 dN_{21}^3，並假設 E_1 能階上原子密度

為 N_1，則 dN_{21}^3 應與 dt、N_1 以及頻率 $v_{21} = \dfrac{E_2 - E_1}{h}$ 的入射光能量密度 ρ_2

成正比，即

$$dN_{21}^3 = A_{21}' N_2 \rho_2 dt \quad\cdots\cdots\cdots\cdots\cdots\cdots\cdots\cdots\cdots\cdots\cdots\cdots\cdots\cdots\cdots\cdots (4\text{-}6)$$

式中 A_{21}' 稱為受激吸收係數，令 $R_{12} = A_{12}' \rho_2$，則

$$R_{12} = \dfrac{dN_{21}^3}{N_1 dt} \quad\cdots\cdots\cdots\cdots\cdots\cdots\cdots\cdots\cdots\cdots\cdots\cdots\cdots\cdots\cdots\cdots\cdots (4\text{-}7)$$

R_{12} 表示每個處在低能階上原子在單位時間內能夠發生受激吸收的機率。

發光二極體元件之優點，包含了下列幾項：

1. 發熱量少、使用壽命時間長

　　發光二極體元件產品具有，發熱量少(約數 uw)、長時間使用；所以元件壽命比鎢絲燈泡長約 50～100 倍，約有 10^5～10^6 小時以上。

2. 反應速度快

　　發光二極體點亮照明時，無需暖燈時間，因此點亮反應速度比一般燈泡快(約 3～400ns)。

3. 耗電量低

　　發光二極體電光轉換效率高，耗電量小，比傳統燈泡約省 1/3～1/100 的能源消耗。

4. 單色光發光

　　發光二極體能製作出單一顏色光發光，且具有色彩飽和度佳。

5. 體積小、易小型輕量化

　　發光二極體具有小型化、薄型、輕量化、無形狀限制，因此容易生產製造，且具有耐震性佳、可靠度高、系統製作成本低，能做為各式應用。

發光二極體元件具有上幾項重要優點。且目前發光二極體已普通使用於資訊、通訊及消費性電子產品指示器與顯示裝置上，早已成為日常生活中不可或缺重要元件。

⏻ 4-3 發光二極體發光顏色範圍

發光二極體產品依發光波長分為可見光發光二極體與不可見光發光二極體等兩類。表 4-1 為發光二極體發光顏色波長範圍，可見光可分為紫、藍、綠、黃、紅等各種顏色，而可見光發光二極體之產品，可應用於智慧型行動電話與個人數位助理(Personal Digital Assistant；PDA)之面板背光光源及手機鍵盤按鍵、資訊與消費性電子產品的指示燈、工業儀表設備、汽車用儀表指示燈與煞車燈、大型廣告看板、交通號誌等。不可見光波長範圍為 850～1150nm。可分為短波長紅外線(波長 850～940nm)應用於通訊為主，另外可分為長波長紅外線(940～1150nm)應用於遙控器、感測器、無線通訊等通訊之光源。

表 4-1 發光二極體發光顏色波長範圍

發光種類	發光顏色	發光波長
可見光	紫色	380～440nm
	藍色	455～480nm
	綠色	510～540nm
	黃色	545～580nm
	紅色	625～780nm
不可見光	短波長紅外線	850～940nm
	長波長紅外線	940～1150nm

波長 100nm～380nm 的光源稱為紫外線，而波長在 380nm～780nm 之間電磁波的光是人類眼睛感覺得到的光源，因此這一部份的光源稱為可見光。可見光從短波長到長波長的方向，是由紫色、藍色、綠色、黃色、橙色到紅色，

比可見光更短的電磁波稱為紫外線，有殺殺菌之效果；此外更長的電磁波為紅外線有加熱之效果，紫外線與紅外線是眼睛看不見的，但在人體、生物或工業領域或應用範圍很廣泛。

 ## 4-4　發光二極體製造方法及生產流程

　　發光二極體元件依其生產過程可分為上游、中游、下游生產，其流程圖如圖 4-8 所示。上游生產主要是生產單晶片與磊晶片；其中使用的製程技術包含了光罩、蝕刻、真空蒸鍍、烘烤及晶粒切割等；中游生產主要是晶粒製作，將上游生產之磊晶片經過電極製作、P-N 電極熱處理、平臺蝕刻、切割等程式，生產出發光二極體晶粒；下游生產主要是將發光二極體做封裝製造，將中游生產之晶粒黏貼至導電架，在封裝成小燈泡型發光二極體，如圖 4-9 所示。或是封裝製造成數字顯示型發光二極體，如圖 4-10 所示。下游封裝廠也將發光二極體封裝成表面黏著型元件，可應用於智慧型行動電話鍵盤按鍵或面板背光之光源，如圖 4-11 所示。

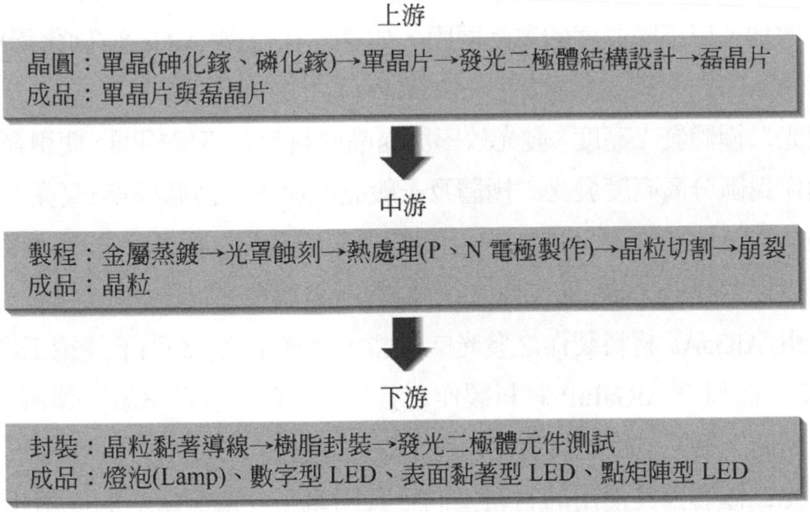

上游

晶圓：單晶(砷化鎵、磷化鎵)→單晶片→發光二極體結構設計→磊晶片
成品：單晶片與磊晶片

中游

製程：金屬蒸鍍→光罩蝕刻→熱處理(P、N 電極製作)→晶粒切割→崩裂
成品：晶粒

下游

封裝：晶粒黏著導線→樹脂封裝→發光二極體元件測試
成品：燈泡(Lamp)、數字型 LED、表面黏著型 LED、點矩陣型 LED

圖 4-8　發光二極體元件生產流程圖

圖 4-9 小燈泡型發光二極體　　圖 4-10 數字顯示型發光二極體

圖 4-11 表面黏著型發光二極體

一、上游發光二極體製造方法

　　發光二極體上游生產產品為單晶片及磊晶片，單晶片為製造發光二極體的基板，多採用二元化合物 GaAs(砷化鎵)與 GaP(磷化鎵)材料；磊晶片則是在單晶片上增加多層不同厚度的單晶薄膜，如三元化合物 AlGaAs(砷化鋁鎵)、四元化合物 AlGaInP(磷化鋁鎵銦)、AlGaInN(氮化鋁鎵銦)等。

　　發光二極體發光亮度、發光效率與磊晶層材料有直接相關，使用磊晶層材料種類作為區分高亮度發光二極體及一般亮度發光二極體標準，高亮度發光二極體是指以 AlGaInP 及 AlGaInN 化合物所製成發光二極體，一般亮度發光二極體是指以 GaAs、GaP 及 AlGaAs 等材料所製成發光二極體。

　　利用 AlGaAs 材料製作之發光二極體，能在室溫(25℃)下連續工作 $10^5 \sim 10^6$ 小時，而利用 AlGaInP 材料製作之發光二極體，能在室溫下連續工作 10^7 小時，因此，發光二極體具有使用壽命長之優點。

　　發光二極體因其使用的材料不同，其內電子、電洞所佔的能階也有所不同，因此，能階的高低差將影響結合後光子的能量而產生出不同波長的光源，也就是不同顏色的光，如紅、橙光、黃、綠、藍或不可見光等。

常用的磊晶成長技術有液相磊晶成長法(Liquid Phase Epitaxy；LPE)、氣相磊晶成長法(Vapor Phase Epitaxy；ＶＰＥ)及有機金屬氣相磊晶法(Metal Organic Vapor Phase Epitaxy；MOVPE，又稱爲 MOCVD)等。

　　而液相磊晶成長法(LPE)之製造方式是利用熔融態的液體材料直接和基板接觸而沈澱，此生產方法之優點，具有生產方式簡單、磊晶成長速度快，可發展應用於傳統發光二極體。氣相磊晶成長法(VPE)之製造方式是利用氣體材料傳輸至基板，使得表面粒子凝結，此生產方法之磊晶成長速度比液相磊晶更快，但具有磊晶平整度較差之生產缺點。而目前磊晶製造方式大多利用有機金屬氣相磊晶法(MOVPE)，此生產製造方式是將有機金屬以氣體型式擴散至基板，使得表面粒子凝結，具有磊晶平整度、薄度較佳之優點，可發展應用於雷射二極體、高亮度發光二極體。

　　在產品應用上，氣相磊晶成長法與液相磊晶成長法等技術已相當成熟，皆可生產一般亮度的發光二極體，而有機金屬氣相磊晶法技術除可生產高亮度紅、黃、橙、綠、藍光發光二極體外，並可生產微波通訊用的砷化鎵元件、IrDA(Infrared Data Association)、雷射二極體(Laser Diode；LD)等產品，應用層面相當廣泛。

　　圖 4-12 爲發光二極體晶粒製造流程圖，其磊晶成長技術採用：

1.　有機金屬氣相磊晶法(MOVPE)。

2.　晶片製程

　　　　其中，晶片製程包含了退火(Anneal)。蒸鍍(Deposition)；藉由眞空鍍膜的方法，於晶片表面形成金屬或化合物層。蝕刻(Etching)；藉由酸鹼或有機等藥水，將晶片表面物質去除。黃光微影(Photolithography)；藉由光阻的塗佈，曝光與顯影，在晶片表面形成特定之圖案。因此，藉由蒸鍍、蝕刻與黃光微影等作業，將晶粒(chip)之圖案製作於磊晶片之表面，形成單晶半導體層結構之過程。

　　　　外觀檢測；檢測發光二極體之發光晶片是否由達到製程規格。

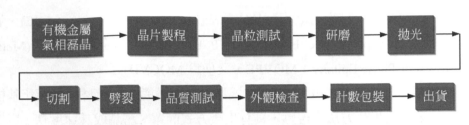

圖 4-12 發光二極體晶粒製造流程圖

3. 晶粒測試

　　藉由點測系統(probing system)，針對晶片表面所有晶粒之光電特性，進行高速之量測與記錄。

4. 研磨(Lapping)

　　研磨是藉由高壓方式，將晶片與磨盤接觸，並透過超高硬度之研磨顆粒之磨耗，藉此降低並控制晶片之厚度。

5. 拋光(Polishing)

　　拋光是藉由拋光絨布與拋光液之交互作用，將晶片研磨後之粗糙表面進行平整化與鏡面化之處理。

6. 切割(Scribing)

　　切割是藉由鑽石刀頭將研磨後之晶片表面切割開，並依照晶粒外觀尺寸依序重複切割。

7. 劈裂(Breaking)

　　劈裂是沿切割所劃開之痕跡，施以瞬間之衝擊力，藉以將晶粒分開之過程。

8. 品質測試

　　發光二極體晶粒製造在品質測試中，包含了焊線測試(Bonding Test)，利用焊線機進行晶粒抽樣銲線測試，藉以確認焊線與焊接點之附著性。可靠度測試(Reliability Test)，可藉由不同電流、溫度與時間下之加速測試分析晶粒之異常狀況。抗靜電測試(ESD Test)，可藉由靜電模擬機進行晶粒抽樣之破壞測試，以分析晶粒抗靜電之能力。

9. 外觀檢查

藉由光學顯微鏡(Optical Microscope)，以人工目視的方法，將外觀不符合規格標準之晶粒加以挑除。

10 計數包裝

計數(Counting)是利用自動影像辨識之方法，進行晶粒數量之計算。包裝(Package)為防止晶粒遭靜電破壞，利用抗靜電之金屬夾鏈帶進行產品之包裝。

11 出貨

完成了發光二極體晶粒製造，即準時出貨至客戶手中。

二、中游發光二極體製造方法

中游發光二極體生產廠商，會依元件結構的需求製作發光二極體晶粒，將磊晶片經過電極製作、熱處理、平臺蝕刻、切割等程式，切割出發光二極體晶粒，而電極的大小及形狀會影響發光二極體的發光效率及亮度。

三、下游發光二極體製造方法

下游發光二極體生產廠商是最為後端的封裝與測試生產，將發光二極體晶粒黏著在導線架，再封裝成小燈泡型發光二極體、數字顯示型或表面黏著型等成品。

表 4-2 為下游廠商製造完成之可見光發光二極體材料分類，其中發光效率(lm/w)係指每一瓦電力所發出的光束，lm/w 數值越高表示光源效率越佳，一般鎢絲燈泡的發光效率在 6-25lm/w 之間，家用日光燈的發光效率在 44-95lm/w 之間。

表 4-2　可見光發光二極體材料分類

基板材料	發光層材料	磊晶法	發光顏色	波長 (nm)	發光效率 (lm/w)
磷化鎵 (GaP)	磷化鎵；氧化鋅	液相磊晶法	紅光	700	0.4
	磷化鎵；氮	液相磊晶法	黃綠光	565	2.4
	磷化鎵	液相磊晶法	黃綠光	555	0.6
磷化鎵 (GaP)	磷砷化鎵	氣相磊晶法	紅光	650	0.15
	磷砷化鎵	氣相磊晶法	橙光	630	1
	磷砷化鎵	氣相磊晶法	黃光	585	1
砷化鎵 (GaAs)	磷砷化鋁銦鎵	有機金屬氣相磊晶法	紅光	635	20
	磷砷化鋁銦鎵	有機金屬氣相磊晶法	紅橙光	620	16
	磷砷化鋁銦鎵	有機金屬氣相磊晶法	黃光	590	20
藍寶石	氮化鎵	有機金屬氣相磊晶法	黃綠光	520	17
	氮化鎵	有機金屬氣相磊晶法	藍光	465	5

　　圖 4-13 為表面黏著元件(SMD)發光二極體結構圖，其內部結構，利用固晶方式，將發光二極體晶粒以導電型或非導電型之黏著劑固定於 PCB 基板上。並利用焊線(wire bonding)的方式接通晶粒 P/N 接面，連接至 PCB 板基底(substrate)之電極。並利用環氧樹脂(epoxy resin)或點膠密封覆蓋之壓模(Transfer Molding)方式，保護 LED 晶粒(chip)免於遭使用環境之干擾或破壞，透過封裝方式可改變亮度增益、外部發光效率、混色、發光角度等特性，藉此滿足客戶不同應用面之需求。完成之後，即進行切割(sawing)，切割制程方式是將半成品 PCB 分割成客戶需求之單顆尺寸。測試(sorting)與包裝(Taping)，根據客戶需求使用光電性測試儀器將生產之 SMD 型發光二極體進行亮度、波長、阻抗、色座標等特性做分類，測試成品經捲帶包裝後即可供客戶表面黏著技術(SMT)使用。

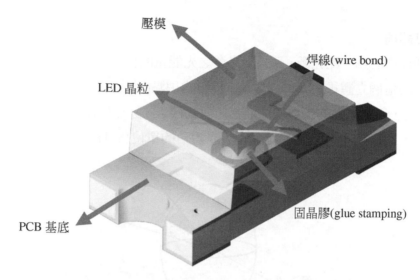

壓模

焊線(wire bond)

LED 晶粒

固晶膠(glue stamping)

PCB 基底

圖 4-13　表面黏著元件(SMD)發光二極體結構圖

 4-5　發光二極體單位名詞定義

一、光通量(Luminous flux)

　　人眼所能感覺到的輻射能量，它等於單位時間內某一波段的輻射能量和該波段的光視效能 $k(\lambda)$(luminous efficacy)之乘積的總和。

　　由於人眼對不同波長光的光視效能不同，所以不同波長光的輻射功率相等時，其光通量並不相等。光通量之簡單定義為，由一光源所發射並被人眼感知之所有輻射能量總和，即光源放射出光能量的功率。

　　光通量的單位為"流明"(Lumen；lm)，通常用 ϕ 來表示光通量，在理論上其功率可用瓦特來表示。

　　1 Lumen 為強度 (I) 的均勻光在 1 球面度立體角(Ω)內發出的光通量 (ϕ)。因此可定義光通量 $(\phi) = I \times \Omega$ (Lumen)。100 瓦(W)的燈泡可產生約 1750(Lumen)，40W 冷白色日光燈管可產生 3150(Lumen)的光通量。

二、立體角

　　圓球中心為一點光源，而該點光源之光能量的傳播是在立體圓錐內進行，光學中將這個立體錐角稱為立體角。以錐的頂點(點光源)為球心，作一半徑為 r 的球面，用立體角的邊界在球面上曲面面積 A，除以半徑平方來表示立體角的大小，以 ω 表示，如圖 4-14 所示。立體角的單位為"球面度(steradian, sr)"。

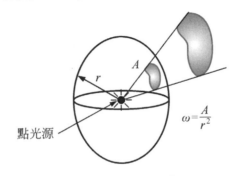

圖 4-14　立體角之球面

三、發光強度(Luminous intensity)

　　發光強度(Luminous intensity)為點光源在某一方向上單位立體角內，所發出光通量的大小，如同光源所發出光通量在空間某選定方向上的分佈密度；發光強度單位為燭光(cd)。

　　其發光強度光源原理圖如圖 4-15 所示。發光強度的單位為燭光(candela, cd)，以 I 表示。

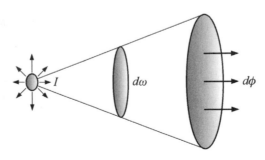

圖 4-15　發光強度光源原理圖

$$I = d\phi / d\omega \,(\text{cd})$$

$d\phi$ ：單位立體角所發出光通量

$D\omega$ ：單位立體角

　　燭光定義為將點光源，在某一方向上立體角內，每單位立體角所發出的光通量，定義為此點光源在該方向上的「發光強度」I，單位為「流明／立體角」。一燭光(cd)等於波長為 555.016nm(頻率 540×10^{12}Hz)單色之光強度，在給定的方向上每球面度之輻射通量為 683 分之 1 瓦特之發光強度。

四、照度(Illuminance)

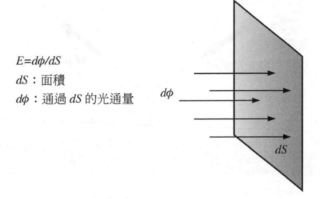

$E=d\phi/dS$

dS：面積

$d\phi$：通過 dS 的光通量

$d\phi$

dS

圖 4-16　照度原理圖

　　一表面受到光照射時，每單位面積上入射的光通量，稱為其照度，如圖 4-16 所示。

　　1 lm 的光通量均勻分佈在 1 平方公尺(m^2)的表面，即產生 1 勒克斯(lux, lx)的照度照度的單位為勒克斯(lux, lx)，$1ux = 1m/m^2$，以 E 表示。

五、輝度(Luminance)

　　一光源或一被照物每單位面積在某一方向上所發出或反射的發光強度。亦即人眼從某一方向所看到此光源或被照物之明亮程度，其輝度原理圖，如圖 4-17 所示。

輝度的公制單位為每平方公尺的燭光值(cd/m²)，此單位過去被稱為"nit"，或以英制的呎-朗伯(footlambert,fL)來表示。輝度一般會隨觀察方向而變，但有某些光源如太陽、黑體、粗糙的發光面，其輝度和方向無關，這類光源稱為朗伯(Lambertian)光源。

輝度的單位為尼特(nit)，即輝度＝燭光/平方公尺(cd/m²)，用 L 表示。

$$L = cd/m^2$$

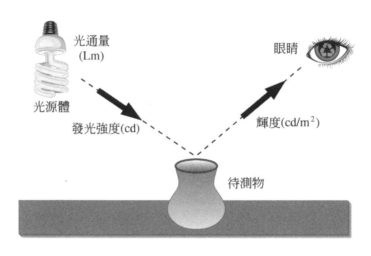

圖 4-17　輝度原理圖

4-6　發光二極體參數特性

在使用發光二極體元件時，有幾個發光二極體之參數特性，在選用時必要注意考量，例如：發光強度(Luminous Intensity)、順向電壓(Forward Voltage)、逆向電流(Reverse Current)、工作溫度範圍(Operating Temperature)等。

一、發光強度(Luminous Intensity)

發光強度之單位，一般以 mcd(毫燭光)標示，1cd＝1000 mcd。一般發光二極體亮度測試是利用照度器，在元件導通發光時，將儀器放置元件正面而量測發光二極體之亮度，一般測試條件為元件導通之順向電流為 20 毫安培(mA)情況下，所測得發光二極體之發光強度。表 4-3 為不同材料情況下，所量測的發光二極體之發光強度，因此，研發人員可經由發光二極體之發光強度大小，來挑選適當之發光二極體元件。

表 4-3　發光二極體之發光強度

測試條件	最小發光強度	最大發光強度
順向電流 (20mA)	810mcd	840mcd
	840mcd	870mcd
	900mcd	930mcd
	950mcd	980mcd

二、順向電壓(Forward Voltage)

順向電壓為利用順向電流為 20 毫安培時，點亮發光二極體之固定電流，所測得發光二極體之順向電壓，表 4-4 為量測發光二極體之順向電壓。一般研發人員在挑選發光二極體之順向電壓時，會選擇較小的發光二極體之順向電壓。

表 4-4　發光二極體之順向電壓

測試條件	最小順向電壓	最大順向電壓
順向電流 (20mA)	2.8V	2.9V
	3.1V	3.2V
	3.3V	3.4V
	3.4V	3.5V

三、逆向電流(Reverse Current)

發光二極體內部元件是二極體特性，因此逆向時只有微小漏電流流動，因此逆向電流用來表示特定條件下之反向漏電流值，測試條件為反向電壓為 5V 時，所測得之逆向電流值，一般發光二極體之逆向電流會小於 50μA。

四、工作溫度範圍(Operating Temperature)

發光二極體元件之正常工作溫度範圍為－30度至＋85度，具有較高之工作溫度範圍，主要原因為智慧型行動電話會因客戶的須求，會出貨至比較寒冷或炎熱之國家地區，因此發光二極體元件必須有耐高溫的特性。

而另外發光二極體元件在表面黏著技術(SMT)時，可短暫耐更高的工作溫度，其耐高溫的溫度範圍為＋300度(120秒)。

 ## 4-7 鍵盤光源測試流程

一、使用之儀器

發光二極體導通後，本身元件所發光之亮度，若由人們之眼睛去觀測發光二極體之亮度，會有較大之誤差，因為每個人對亮度之感覺是有非常大之差異，因此，需要一台可以量測元件之亮度儀器，稱為照度器，如圖4-18所示。此儀器可準確地量測物體所發光之亮度。

圖 4-19 為照度器之觀測範圍，首先可將照度器移至要量測之發光光源目標上，調整儀器與元件之適當距離，此距離為儀器垂直至元件面約 10 公分，然後在按下量測按鈕，即可在觀測範圍得到發光元件之輝度值，其單位為 cd/m^2。

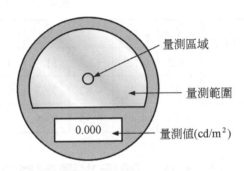

圖 4-18　照度器(取材於 Chroma Meter)　　圖 4-19　照度器之觀測範圍

二、測試環境

　　圖 4-20 為實際量測之說明圖，照度器必須垂直於量測之待測物，且儀器保持與待測物之適當距離(約 10 公分)，即可在儀器上方顯示出發光之亮度值，研發人員在量測此實驗時，四周環境必須是全暗的情況下，才能量測到正確之亮度值，一般都是在光學暗房內，量測待測物之發光亮度。

三、實驗量測結果

　　圖 4-21 為手機鍵盤之外觀圖，將待測物置於光學暗房內，並將照度器置於每一個鍵盤之按鍵上，並垂直於待測物，即可量測到手機鍵盤上之每一個按鍵發光亮度值。表 4-5 為實際量測結果值。(由於選用不同的發光二極體，以及發光二極體之擺放位置不同，其發光亮度會有所差異)

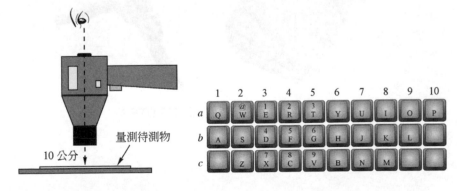

　　圖 4-20　照度器量測圖　　　　　　　　圖 4-21　鍵盤之外觀圖

表 4-5　手機鍵盤亮度值

	1	2	3	4	5	6	7	8	9	10
a	10.2	11.9	13.5	11.3	9.12	5.32	5.14	4.93	5.13	8.27
b	8.17	7.43	9.87	9.63	9.96	5.24	4.34	3.79	3.35	5.23
c	5.16	5.47	8.55	8.75	9.11	5.25	2.91	2.32	1.94	1.83

4-8　面板光源測試流程

一、使用之儀器

　　色彩分折儀為研發人員量測手機面板上，光源發光亮度之主要工具，如圖 4-22 所示，此儀器可在面板上切換所要量測之項目，例如可量測面板之發光亮度、對比性、亮度閃爍、色度等，如圖 4-23 所示。量測到之實驗數據，會直接顯示在面板上，如圖 4-24 所示。

圖 4-22　色彩分折儀(取材於 DTPS)

圖 4-23 色彩分折儀量測切換
(取材於 DTPS)

圖 4-24 色彩分折儀顯示面板
(取材於 DTPS)

二、測試環境

　　圖 4-25 為色彩分析儀量測面板光源之量測圖。測試環境四周不可有任何光源，才能量測到準確亮度值，並將儀器切換至亮度模式，並將儀器垂直於待測物上。

　　將手機面板初割為九宮格，如圖 4-26 所示。並將儀器垂直於每一個方框內，並緊貼於面板上，才能正確量測到面板發光亮度之數值，如圖 4-27 所示。

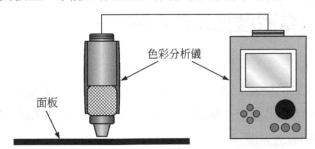

圖 4-25 色彩分析儀量測圖

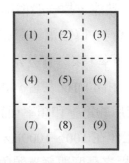

圖 4-26 面板九宮格

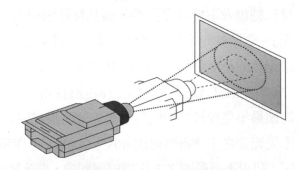

圖 4-27 面板量測示意圖

三、實驗量測結果

圖 4-28(a)至(d)為不同顏色之面板，所量測之發光亮度數值，利用發光光源在單位面積內在某一方向上散出或反射出發光強度，而量測到被照物之明亮程度，其單位為輝度(cd/m^2)。(選用不同之面板，發光亮度會有差異)

白色面板			紅色面板			綠色面板			藍色面板		
162.8	153.4	149.9	39.6	45.7	39.9	122.7	126.5	131.7	17.7	19.4	13.5
142.9	145.7	142.1	41.3	38.9	37.6	112.6	113.1	99.1	11.4	12.8	13.9
134.5	139.3	134.1	40.1	38.6	39.9	101.1	92.4	98.2	10.1	10.8	10.5
(a)			(b)			(c)			(d)		

圖 4-28　(a)至(d)為不同顏色之面板

4-9　電激發光元件介紹

1879 年愛迪生發明瞭燈泡，讓人類的生活不在有黑暗。從此，人們開始追求更有效率、更低能量之光源，因而發明瞭日光燈。發展出日光燈之後，再經由技術演進，發展出發光二極體，而近年來，新一代的光源產品－電激發光，已成為新一代照明之光源。

電激發光(Electro Luminescent；EL)，它是一種電能轉換成光能的現象，具有轉換效率極高之特性，而其轉換過程中不會產生熱能，故一般俗稱「冷光」。電激發光元件之製程，可利用固態化學、介質材料、真空電鍍等結合；冷光片的亮度與顏色，可經由電路設計而改變電壓和頻率，來調整發光亮度。

冷光(E.L.)光源一般的工作電壓及頻率是 AC110V 和 400Hz 左右，這種平均值最早是源於早期使用冷光光源的飛機儀表板所使用的電壓和頻率，而目前冷光光源之工作電壓可由 40V～200V，工作頻率可工作在 100～1000Hz 之範圍；利用不同範圍之工作電壓與頻率，來改變冷光面板之亮度與發光顏色。冷光光源經過一個相當長週期的使用後，冷光的亮度將會逐漸遞減，電壓、頻率、介質材料、溫度、溼氣等都是影響冷光壽命的重要因素。

冷光(E.L.)的最大特性是相同於傳統點或線的發光，是一種平均整面發光的光源，對視覺不會造成刺眼，無傷害的光源，重量輕、厚度極薄(可生產出只有 0.1～0.8mm 厚度)、耐震動、耐衝擊，較短光波長，聚光性強，因此於夜間特別顯得明亮、醒目，省電低耗電力(工作電流約 10 毫安培)，更是其最大特色之一。

4-10　電激發光結構

電激發光面板是具有輕薄、可彈性發光光源，如圖 4-29 所示。電激發光面板上有二個電極做為電路連接使用，而電激發光面板正常工作時，需要高的交電壓流，才能產生出發光效果。

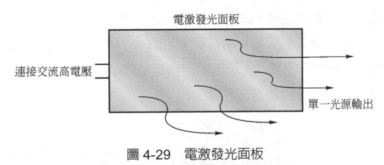

圖 4-29　電激發光面板

電激發光面板內部結構圖，如圖 4-30 所示。

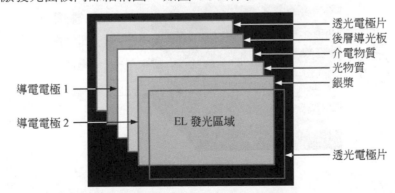

圖 4-30　電激發光結構圖

其內部結構主要是利用磷光物質為基底，將其置於兩層導電電極之間，當元件接通交流電源之後，即會產生偏壓電場，使發光中心電子受到激勵而形成激態。由於不同的磷光物質與摻雜物，即會產生不同的能階狀態。由於能階高低的不同，當電子回到基態時，所發出的能量也不同，能量以光波的形式放射出，因此會產生不同顏色的冷光。由於電激發光面板內部摻雜了許多磷光物質與介電物質之特性，因此電激發光面板具有電容負載效應，每平方英吋為 4～6nF 電容值。磷光層主要以無機材料為主，搭配二至六族的離子化合物與添加物而形成。離子化合物為鈣、鍶、鋇、鋅等，添加物為錳、銅、銀、鈰、鈰、銩等過渡金屬。因此，磷光層以硫化鋅摻雜錳呈現黃橙色發光，硫化鋅摻雜銩為藍色發光，因此改變磷光物質，可產生不同之發光顏色。電激發光結構，除了添加磷光物質外，還摻雜雜了介電物質、銀漿，並貼上透光電極片，並於最外層上貼上前後保護層，其電激發光推疊結構圖，如圖 4-31 所示。

電激發光面板結構完成，即在兩端電極接上交流高電壓，此時電子受到高壓激發後，即將能量散射入磷光物質層，如圖 4-32 所示。此時，電子受到激勵產生出能量，當電子能量從高能階返回到低能階時，即電激發光面板即會釋放出光能量，因而產生出高亮度光源。

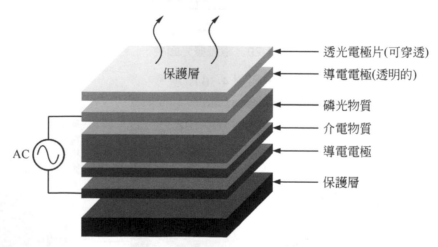

圖 4-31　電激發光堆疊結構圖

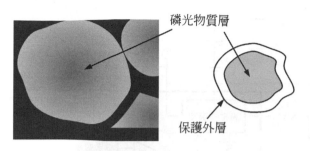

磷光物質層

保護外層

圖 4-32　電激發光面板磷光物質

4-11　電激發光電路設計

電激發光電路方塊圖如圖 4-33 所示。其中輸入端為低準位電壓輸入，其範圍為 2.6V 至 4.2V，並經由直流轉換電路產生高準位直流電壓，其高準位直流電壓約 95V，在經由直流轉換交流電路，將直流電壓準位轉換為交流準位，並接上電激發光面板、即可產生高亮度發光元件。

低電壓輸入　　直流轉換電路　　直流轉換交流電路　　高亮度發光

圖 4-33　電激發光電路方塊圖

圖 4-34 為驅動電激發光元件之積體電路(IC)方塊圖。其中 R_1、C_1、L_1、D_1 與電壓轉換器等元件，主要做為直流轉換之功能；產生出高準位直流電壓，做為控制電激發光面板之發光亮度。R_2、振盪器、EL 驅動等元件，主要做為直流轉換之功能，產生出交流準位，其中 R_2 電阻值為設定電激發光工作之頻率與電激面板之發光顏色。

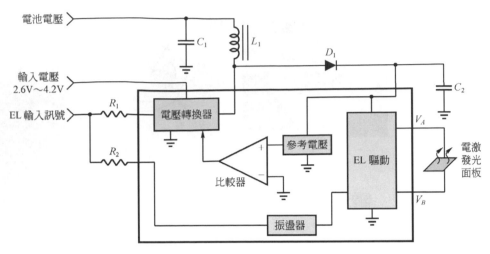

圖 4-34 電激發光驅動電路

　　驅動電激發光面板電路元件中，R_2 電阻值範圍屬於高阻值，當工作在輸入電壓 4.2V 時，R_2 電阻值為 750kΩ、則會產生電激發光工作頻率 550Hz，且發光面板上 V_A 與 V_B 電位差 55V_{ac} 值，其元件規格表，如表 4-6 所示。(此規格表僅供參考，依不同 EL 驅動 IC 會有不同參數值)

表 4-6 電激發光元件規格表

R_2	工作頻率	V_{A-B}
750kΩ	550Hz	55V_{ac}
1MΩ	400Hz	65V_{ac}
1.5MΩ	300Hz	68V_{ac}
2MΩ	200Hz	72V_{ac}

4-12 電激發光面板堆疊結構與特性

　　在此章節內，將介紹傳統發光二極體堆疊結構與電激發光面板內部堆疊結構之差異。

　　圖 4-35 為發光二極體內部堆疊結構，傳統手機光源設計時，會在印刷電

路板上放置發光二極體，一般發光二極體厚度爲 0.5mm 至 0.7mm 左右，研發人員會先在印刷電路板上，貼上一層按鍵金屬薄片(約 0.2mm)，在薄片上方放置數字鍵盤(約 1.55mm)；因此，若利用傳統發光二極體當主要發光光源，其厚度將爲 2.4mm 左右，無法達到超薄外型。

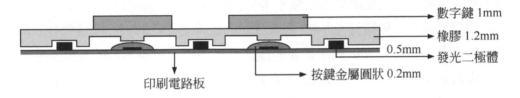

圖 4-35　發光二極體堆疊結構

　　圖 4-36 爲電激發光面板內部堆疊結構，其中全平面電激發光面板之後度只要約爲 1.2mm，且面板後面有一層導電膠，可直接貼合在印刷電路板，可達到超薄外型之鍵盤設計。

　　電激發光系統是由電激發光面板和電激發光驅動元件所組成，電激發光面板的厚度一般小於 0.2mm，是在絕緣基底上塗上了發光材料並夾在兩層電極之間所組成。電激發光面板之供應商可以使用不同的發光材料，比如硫化鋅、硫化鈣或硫化鍶，再摻雜其他成份如鎂、釤、銪或添加螢光染色劑等，來調整光的亮度和顏色。改變頻率也能引起光的顏色變化，當頻率增加時顏色會變爲藍光，而當頻率減小時顏色會變爲綠光。

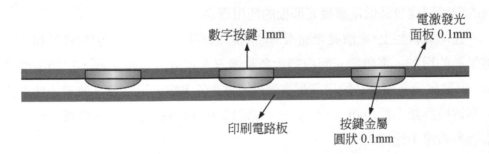

圖 4-36　電激發光面板堆疊結構

電激發光面板具有很強的柔韌性，在不折損電極的前提下，可任意彎曲而不影響發光性能；而電激發光面板是一種"平面"發射光源，相對於發光二極體點光源，無須導光板等擴散面板，即可實現全表面均勻光；另外，發光二極體是一個"熱點"光源，而"熱點"光源往往會給精密的電子系統帶來高溫系統之影響，而電激發光面板是屬於冷光源。

相對於發光二極體背光系統，電激發光面板背光系統的另一個優勢在於降低功率損耗。電激發光面板所需要的僅僅是高電壓，負載所需的電流卻非常小，大概約 10 毫安培，一般來說，在電激發光面板的面積小於 $10cm^2$ 時，工作電流約幾個 mA 左右。然而，僅驅動一個 LED 就需要 5 到 10mA 的電流。因此低功損耗對於使用電池供電的設備而言，具有相當大的意義。

電激發光面板的發光亮度是幾項電氣參數綜合之結果。一般來說，驅動電壓的峰峰值增加，亮度增加；驅動電壓的頻率增加，亮度增加(但當頻率上升到幾千赫茲時，亮度的增加會逐漸減少)；另一方面，驅動電壓的頻率增加，電激發光面板的發光效率會降低；當然，電激發光面板的材料、品質和構造對發光亮度和效率也有很大的影響，例如，不同顏色會形成電激發光面板效率不同，綠色的效率最高。

電激發光面板的壽命是以半衰期來衡量的，典型的電激發光面板的半衰期是 5,000 到 10,000 小時，這取決於所使用的發光物質、驅動電壓和工作頻率。較高的驅動電壓和較高的驅動頻率會降低電激發光面板的使用壽命，高濕和高溫的環境同樣會降低電激發光面板的使用壽命。

在電氣特性上，電激發光面板壽命的降低意味著等效電容值的降低和等效電阻值的增加。電激發光面板絕大多數情況下是直流低壓系統，比如電池供電。但電激發光面板必須用高壓來驅動，通常要求驅動電路應高效率地把直流電壓轉換為頻率為 200Hz 到 1kHz、振幅為 50 到 $200V_{pp}$ 的交流電壓，且不使用過多的電子元件。

電激發光面板使用時，雜訊(Noise)和電磁干擾(EMI)是一個非常嚴重的問題，在行動通訊設備中特別明顯，因為過大的 EMI 甚至會影響行動通訊收發的靈敏度。產生雜訊的原因有兩點：

1. 脈衝電流流過驅動電路時可能有相當大的強度，會引起電感或其他電器元件振動或感應其他元件振動，可利用調整振盪頻率或更換品質較佳的電感解決問題。

2. 驅動電路中的振盪電容和物理結構類似，電激發光面板內的電容負載效應在高壓交流電的驅動下表現出壓電效應，因而發生振動產生雜訊，可利用品質較佳的電激發光面板解決問題。而產生電磁干擾(EMI)的主要原因是逆變過程中，脈衝電流流過驅動電路時，之周邊元件發生電磁洩漏，可利用元件的選擇和印刷電路板的遮罩設計可基本解決此問題。

不同的電激發光驅動元件，因其內部電路的工作原理不同，相對的驅動電路所產生的雜訊和電磁干擾的強度也有極大的區別。例如：導致電激發光面板雜訊的直接原因是驅動電壓的波形合成方式。電激發光面板必須使用正弦電壓驅動，但是實際上電激發光面板的驅動波不是一個理想的正弦波，而是一個由脈衝組成類似正弦波的鋸齒波；若品質較不良的電激發光驅動元件的輸出波，每半個正弦波僅由 8 個或更少的脈衝組成，因此電激發光面板的壽命會降低，雜訊會增加。

因此，建議研發人員在設計電激發光電路時，必須瞭解電激發光面板的參數之間是相互聯繫的，包括工作電壓、頻率、輸出亮度、電激發光面板的使用壽命、顏色等。為了使設計的電路工作穩定，因此建議在選擇元件時，應注意參考電激發光面板供應商與驅動元件之特性。

 ## 4-13　電激發光面板與發光二極體比較

由於 EL 背光方式具有體積小、重量輕、溫度低、耗電量少、無閃爍、發光均勻等特性，現已逐漸取代傳統的發光二極體背光方式。

目前智慧行動電話趨向於體積小、重量輕、超薄型等趨勢，若要達到亮度均勻且超薄型外觀，首選元件必定選擇電激發面板。主要原因為電激發光面板之厚度可以做到超薄型 0.1nm，而傳統發光二極體元件高度為 0.5nm，因此在厚度上有很大差異。另外，在亮度考量，傳統發光二極體為了達到亮度均勻，在鍵盤上，必須放上 4 至 6 顆發光二極體元件，並且在設計上必須考量發光二極體元件擺放位置，才不至於發生顏色不均勻之現象，而利用電激發光面板元件，是一整片面板擺放在鍵盤上，因此，可減少設計上之考量，也不會產生顏色不均勻之現象。表 4-7 為電激發光面板與發光二極體比較表。

　　由於 4-7 比較表可發現，電激發光面板可以利用電路設計來改變面板所產生之發光顏色，可多達 20 種進而達到多樣化，而傳統發光二極體，只能產生單一顏色，大約有白光、藍光、紅光、黃光等，及缺少多色變化。亮度均勻性方面，電激發光面板發光方式為全平面發光，光源平均散射且較為柔和，而發光二極體為垂直式發光，因此研發人員在光源均勻性設計上，須考量發光二極體在鍵盤擺放位置。功率消耗方面，電激發光面板亮度功率消耗約 10 毫安培培，而單顆發光二極體亮度為 10 毫安培培，若鍵盤上使用 6 顆發光二極體，因此即會產生 60 毫安培培之電流，因此，電激發光面板可以達到省電效能。發光亮度方面，由於電激發光面板為全平面，因此，發光亮度可高達 10 至 15cd/m^2，而發光二極體為單一顆元件亮度，因此，只有 2 至 5cd/m^2，因此，電激發光面板，可產生高亮度光源。

　　在生產效能方面，傳統發光二極體，須透過表面黏著製程生產在印刷電路板上，並且須注意正負極性問題，而電激發光面板，由於厚度超薄，因此，在面板背後，只需貼上導電膠，工廠端利用冷壓治具，即可與印刷電路板貼合，安裝容易可增加生產效率。

表 4-7　電激發光面板與發光二極體之比較表

測試項目	電激發光面板鍵盤	發光二極體鍵盤
亮度均勻性	較佳均勻性	較差均勻性
顏色	各種顏色(約 20 種)	單一顏色
耗電流	10 毫安培	60 毫安培(6 顆發光二極體)
發光亮度	10～15cd/m^2	2～5cd/m^2
生產效率	較佳生產方式	需 SMT 製程

4-14　電激發光面板特性

新一代的電源發光產生一電激發光面板，具有下列特性。

1.　均勻面發光

電激發光面滿光源不同於傳統點或線光源，是一種平均整面發光之光源，發光方式為全平面發光，即整片冷光面板可以整面發光，具有光線柔和特性，對人類視覺不會造成刺眼。此外，電激發光面板具有，光波長短、聚光性強特性，可讓使用者在夜間使用時，特別顯得明亮。

2.　重量輕、極薄

電激發光面板可生產出亮重量輕、厚度極薄之特性，目前可製造出0.1nm 厚度，因此，目前有許多超薄型機種，皆採用電激發光元件來達到超薄之特性。

3.　耗電量低、不發熱

電激發光面板是將電能轉換成光能之物理現象，因此在發光的過程中，不會產生熱能，可增加電激發光面板之使用壽命。另外，在電激發光面板光源發光時，耗電量極低，光源發光時約只消耗 10 毫安培培，因此可達到省電功能。

4.　多色彩亮度

電激發光面板可以利用電路設計而達到多顏色變化，目前可製造白色、藍色、綠色、藍綠色、深藍色、黃色、黃綠色、紅色等，因此可製造單色或多色發光光源。

運用範圍

目前市面上已有許多產品皆利用冷光做為發光光源，主要可做為產品之背光，招牌看板、汽車工業，應用範圍，例如

(1)　背光：筆記型電腦、電子錶、液晶電視面板、手機按鍵背光等。

(2)　招牌：商家發光招牌、看板、玩具等。

(3) 汽車工業：儀表面板顯示車輛照明裝飾、警示燈、指示燈等。

因此，新一代發光光源產品—電激發光，具有省電、不發熱、均勻性佳等優點，其應用範圍已經逐漸取代傳統發光二極體，因此，未來也將會成為新一代發光光源之主流。

本章研讀重點

1. 美國愛迪生將纖維絲放置透明圓球狀玻璃中，並利用幫浦將圓球狀玻璃中的空氣抽光，在供給電源，則使得燈絲發亮，即發明燈泡。

2. 發光二極體(Light Emitting Diode；LED)係利用半導體材料之電子電洞結合時，能量帶(Energy Gap)位階之改變，以發光顯示其所釋放出的能量。

3. 在半導體中，加入少量的三價原子，即為 P 型半導體；在半導體中，加入少量的五價原子，即為 N 型半導體，並將 P 型半導體與 N 型半導體接合形成 P-N 接面。

4. 發光二極體元件是屬於一種通電後可以發光的半導體晶片，不同種類的晶片發出不同顏色的光，其經封裝為不同型式的包裝後，可用於照明、指示燈、顯示看板、儀表背光、遙控器等用途。

5. 發光二極體元件之優點，包含了(1)發熱量少、使用壽命時間長。(2)反應速度快。(3)耗電量低。(4)單色光發光。(5)體積小、易小型輕量化。

6. 可見光可分為紫、藍、綠、黃、紅等各種顏色，不可見光波長範圍為 850～1150nm。可分為短波長紅外線(波長 850～940nm)應用於通訊為主，另外可分為長波長紅外線(940～1150nm)應用於遙控器、感測器、無線通訊等通訊之光源。

7. 發光二極體上游生產主要是生產單晶片與磊晶片；其中使用的製程技術包含了光罩、蝕刻、真空蒸鍍、烘烤及晶粒切割等。

8. 發光二極體中游生產主要是晶粒製作，將上游生產之磊晶片經過電極製作、P-N 電極熱處理、平臺蝕刻、切割等程式，生產出發光二極體晶粒。

9. 發光二極體下游生產主要是將發光二極體做封裝製造，將中游生產之晶粒黏貼至導電架，在封裝成小燈泡型發光二極體。

10. 發光二極體發光亮度、發光效率與磊晶層材料有直接相關，使用磊晶層材料種類作為區分高亮度發光二極體及一般亮度發光二極體標準，高亮度發光二極體是指以 AlGaInP 及 AlGaInN 化合物所製成發光二極體，一般亮度發光二極體是指以 GaAs、GaP 及 AlGaAs 等材料所製成發光二極體。

11. 常用的磊晶成長技術有液相磊晶成長法(Liquid Phase Epitaxy；LPE)、氣相磊晶成長法(Vapor Phase Epitaxy；VPE)及有機金屬氣相磊晶法(Metal Organic Va p o r Phase Epitaxy；MOVPE)等。

12. 發光二極體晶粒製造流程爲：(1)有機金屬氣相磊晶法(M O V P E)。(2)晶片製程。(3)晶粒測試。(4)研磨(Lapping)。(5)拋光(Polishing)。(6)切割(Scribing)。(7)劈裂(Breaking)。(8)品質測試。(9)外觀檢查。(10)計數包裝。(11)出貨。

13. 光通量之簡單定義爲，由一光源所發射並被人眼感知之所有輻射能量總和，即光源放射出光能量的功率。

14. 光通量的單位爲"流明"(Lumen；lm)，通常用 Φ 來表示光通量，在理論上其功率可用瓦特來表示。

15. 圓球中心爲一點光源，而該點光源之光能量的傳播是在立體圓錐內進行，光學中將這個立體錐角稱爲立體角。

16. 發光強度(Luminous intensity)爲點光源在某一方向上單位立體角內，所發出光通量的大小，如同光源所發出光通量在空間某選定方向上的分佈密度；發光強度單位爲燭光(cd)。

17. 一表面受到光照射時，每單位面積上入射的光通量，稱爲其照度。

18. 輝度爲一光源或一被照物每單位面積在某一方向上所發出或反射的發光強度。

19. 使用發光二極體元件時，有幾個發光二極體之參數特性，在選用時必要注意考量，例如：發光強度(Luminous Intensity)、順向電壓(Forward Voltage)、逆向電流(Reverse Voltage)、工作溫度範圍(Operating Temperature)等。

20. 電激發光(Electro Luminescent；EL)，它是一種電能轉換成光能的現象，具有轉換效率極高之特性，而其轉換過程中不會產生熱能，故一般俗稱「冷光」。

21. 電激發光元件之製程，可利用固態化學、介質材料、真空電鍍等結合；冷光片的亮度與顏色，可經由電路設計而改變電壓和頻率，來調整發光亮度。

22. 冷光的亮度將會逐漸遞減，電壓、頻率、介質材料、溫度、溼氣等都是影響冷光壽命的重要因素。

23. 冷光(E.L.)的最大特性是相同於傳統點或線的發光，是一種平均整面發光的光源，對視覺不會造成刺眼，無傷害的光源，重量輕、厚度極薄、耐震動、耐衝擊，較短光波長，聚光性強，因此於夜間特別顯得明亮、醒目，省電低耗電力，更是其最大特色之一。

24. 電激發光系統是由電激發光面板和電激發光驅動元件所組成，電激發光面板的厚度一般小於 0.2mm，在絕緣基底上塗上了發光材料並夾在兩層電極之間所組成。

25. 電激發光面板可以使用不同的發光材料，比如硫化鋅、硫化鈣或硫化鍶，再摻雜其他成份如鎂、釤、銪或添加螢光染色劑等，來調整光的亮度和顏色。

26. 電激發光面板具有很強的柔韌性，在不折損電極的前提下，可任意彎曲而不影響發光性能；而電激發光面板是一種 "平面"發射光源，相對於發光二極體點光源，無須導光板等擴散面板，即可實現全表面均勻光。

27. 電激發光面板的壽命是以半衰期來衡量的，典型的電激發光面板的半衰期是 5,000 到 10,000 小時，這取決於所使用的發光物質、驅動電壓和工作頻率。

28. 電激發光面板壽命的降低意味著等效電容值的降低和等效電阻值的增加。

29. 電激發光面板，具有下列特性：(1)均勻面發光。(2)重量輕、極薄。(3)耗電量低、不發熱。(4)多色彩亮度。

習　題

1. 請敘述光源的演進。

2. 請敘述發光二極體內部結構圖。

3. 請敘述發光二極體發光顏色範圍。

4. 請敘述光通量定義。

5. 請敘述立體角定義。

6. 請敘述發光強度原理。

7. 請敘述輝度原理。

8. 請敘述發光二極體參數特性。

9. 請敘述發光二極體之優點。

10. 請敘述發光二極體晶粒製造流程。

11. 請繪出電激發光面板內部結構圖並敘述。

12. 請敘述電激發光驅動電路。

13. 請敘述電激發光面板與發光二極體之比較。

14. 請敘述電激發光面板之特性。

參考文獻

1. Harvatek Surface Mount CHIP LEDs Datasheet.

2. Solidlite Specialist of White LED.

3. *發光二極體技術介紹*－資料手冊。

4. *Lighting 照明專有名詞簡介*－資料手冊。

5. *發光學術語與基本概念*－資料手冊。

6. *電激發光顯示器基本概念*－資料手冊。

7. HV853 Datasheet.

8. D355B Module Electroluminescent Lamp Driver IC Datasheet.

第五章 靜電放電原理特性與保護元件

5-1 概述

目前許多可攜式行動通訊產品，隨著積體電路(Integrated Circuit；IC)制程技術的進步，內部所使用的積體電路元件皆具有非常快的運算處理速度，而目前許多臺灣積體電路元件製造商，皆已將半導體元件日益趨向小型化、高密度化和功能多樣化，因此積體電路中的內部尺寸元件，隨著制程進步而逐漸縮小，使得積體電路對靜電放電(Electrostatic Discharge；ESD)的承受度下降，容易受到靜電放電的影響。

目前可攜式行動產品如筆記型電腦、智慧型行動電話、隨身碟等，由於頻繁與人體接觸極易受到靜電放電(ESD)的衝擊，若沒有使用適合的靜電放電保護元件，可能會造成行動通訊產品性能不穩定，嚴重時甚至損壞產品。因此靜電放電在行動通訊產品良率上與可靠度上扮演非常重要的角色。目前為了防護靜電放電對積體電路的破壞，可以針對提升元件本身對靜電放電之防護能力；另一方面也可加強積體電路之製造、封裝、測試等製成，減少靜電放電現象之產生。

因此，在本章節將詳細針對靜電放電原理特性、電路設計方面、保護元件與測試方式等說明，以降低行動產品因靜電放電所引起的可靠度問題，提升產品之競爭力。

5-2 靜電放電之產生

靜電即是靜止不動的電荷。它一般存在於物體的表面，是透過電子或離子轉移而形成的，在正負電荷局部範圍內失去平衡所產生之結果。靜電可由物體的接觸、分離、靜電感應和帶電微粒的附著等物理過程而產生，例如冬天人體身上穿的毛衣、地板摩擦等，其現象來至於兩種不同物質相互摩擦產生之靜電；也可透過人的手指尖碰觸直接進入到行動通訊產品，或經由手握金屬工具，而產生靜電放電之現象。

靜電之產生可藉由摩擦生電與電磁感應而產生；摩擦生電之現象是藉由兩種物體間交互作用所產生，是一種材質表面原子因摩擦使外層的電子形成游離化的一種現象，摩擦後兩物體一帶正電荷另一帶負電荷，如圖 5-1 所示。而影響摩擦生電的因素包括環境之相對濕度、溫度、物質材質、接觸面積之大小、摩擦頻率與次數等。

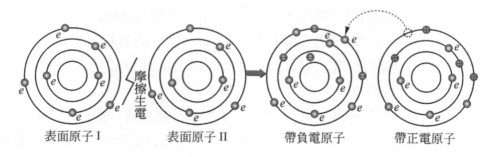

表面原子 I　　　表面原子 II　　　帶負電原子　　　帶正電原子

圖 5-1　摩擦生電

電磁感應是由強大電磁場所產生之效應，使兩物體產生如同摩擦生電的效應，電磁感應會使兩物體一帶正電荷一帶負電荷的靜電現象，如圖 5-2 所示。

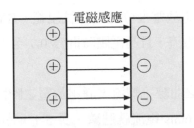

圖 5-2　電磁感應生電

　　行動通訊產品之內部硬體元件與機構內部疊構之不同設計,會形成靜電放電的產生原因而造成對積體電路之不同破壞方式,而為了要完整地測試積體電路元件對靜電放電的承受度,因此必須依循標準的程式來進行靜電放電測試。

　　而國際上制定靜電放電測試工業標準的組織,主要有美國靜電放電學會(Electrostatic Discharge Association；ESDA)、電子工業聯盟／電子元件工程聯合諮詢會(Electronic Industries Alliance/Joint Electron Device Engineering Council；EIA/JEDEC)、國際電子委員會(International Electrical Committee；IEC)及美國軍規標準(US Military Standard；MIL-STD)等。

　　智慧型行動電話測試靜電放電測項,在 IEC 之規範 IEC61000-4-2 中均有詳細定義其標準,包含了靜電放電之測試環境、測試方式、測試標準等,其目的是為了建立一套標準的測試方法來提供準確的測試資料結果,而判別靜電放電對元件的損壞等級。

 ## 5-3　靜電放電之測試規範

一、國際規範

　　目前研發智慧型行動電話在電磁相容測項中,會針對行動通訊產品做靜電放電之測試,其測試標準主要依據國際電子委員會(IEC)所制定的IEC61000-4-2 之國際規範。

　　此國際標準主要針對人體直接接觸或藉由空氣接觸物體,所產生的靜電放電現象,對於行動通訊產品所造成的損壞情況;並且此規範也制定了在不同環境下，儀器所測試的靜電放電准位元與測試規範。IEC61000-4-2 之靜電放電特性，是屬於高電壓低電流，且高電壓時間為 0.7 至 1ns 之瞬間短時間，如圖 5-3 所示。

　　從圖 5-3 靜電放電之曲線可知道，靜電放電之瞬間時間只有 0.7 至 1ns 為較高之電流，且只經過 60ns 電流就遞減，表 5-1 為靜電放電在不同之電壓準位元，所量測到的電流變化值，包含了在不同測試准位時的初使電流，並經過 30ns 與 60ns 之後，所量測到的電流變化值。

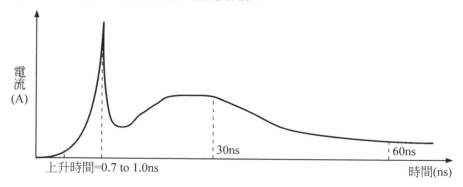

圖 5-3　靜電放電之曲線

表 5-1　靜電放電不同之測試準位

測試準位	測試電壓(kV)	初使電流(A)	30ns 電流	60ns 電流
1	±2	7.5	4	2
2	±4	15	8	4
3	±6	22.5	12	6
4	±8	30	16	8

　　在不同靜電電位的兩個物體間的靜電電荷的轉移稱為靜電放電。這種轉移的方式包含接觸放電(Contact Discharge)、空氣放電(Air Discharge)，國際電子委員會(IEC)即依據此特性，而制定在接觸放電與空氣放電之不同的測試准位元條件與規範，如表 5-2 所示。由表 5-2 可得知，接觸放電是直接將測試儀器

直接接觸在待測之物體上，其測試條件為，在準位 1，測試電壓為 ±2 kV、在準位 2，測試電壓為 ±4 kV、在準位 3，測試電壓為 ±6 kV、在準位 4，測試電壓為 ±8 kV，因此，在國際電子委員會(IEC)訂定接觸放電其測試電壓範圍為 ±2 至 ±8 kV；另外空氣放電是將測試儀器距離待測之物體上約 1 公分，其測試條件為，在準位 1，測試電壓為 ±2 kV、在準位 2，測試電壓為 ±4 kV、在準位 3，測試電壓為 ±8 kV、在準位 4，測試電壓為 ±15 kV，因此，在國際電子委員會(IEC)訂定空氣放電其測試電壓範圍為 ±2 至 ±15 kV，另外，依據不同產品與客戶要求，在測試靜電放電之實驗，有時會將接觸放電之測試電壓調高至 ±9 kV，以及將空氣放電之測試電壓調高至 ±16 kV，此條件是針對不同產品與客戶之要求。

表 5-2　接觸放電與空氣放電之測試規範

接觸放電		空氣放電	
測試準位	測試電壓(kV)	測試準位	測試電壓(kV)
1	±2	1	±2
2	±4	2	±4
3	±6	3	±8
4	±8	4	±15
5	±9	5	±16

二、測試環境規範

　　靜電放電之測試目的是為了建立一個通訊及電子設備於靜電放電時，其行動通訊產品之功能正常，防止人員接近行動通訊產品而產生靜電放電現象，因此研發人員將仿真使用者在乾燥的環境下，所產生的靜電是否對待測物造成任何影響。而智慧型行動電話在針對靜電放電之測試時，由於周遭不同的環境因素，將會影響到測試的結果；因此，國際電子委員會(IEC)也針對靜電放電在測試時的環境規範，訂定了一個環境標準值，例如，周遭溫度須在 15℃至 35

℃、相對濕度為 30%至 60%、大氣壓力為 86kPa 至 106kPa 之環境標準值，避免因周遭環境參數影響靜電放電之測試結果。

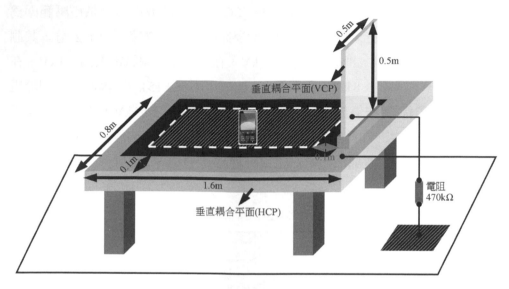

圖 5-4　靜電桌(取材於 IEC61000-4-2 之規範)

　　在測試靜電放電時，須要設置靜電放電實驗室，實驗設備須有一台靜電桌，其大小為1.6m×0.8 m，且垂直耦合平面0.5m×0.5 m，如圖 5-4 所示，且靜電桌距離測試空間的牆壁及任何金屬物必須至少保持 1 公尺以上。測試靜電放電時將待測物置於靜電桌之絕緣平面上，此絕緣平面之位置須在靜電桌內10 公分，另外，其靜電桌下方須有一塊參考接地面接至大地，其參考接地面之大小必須大於靜電桌的四周至少 50 公分以上；且靜電桌須連接 470k 歐姆接置參考接地面，做為導電路徑。另外，靜電放電實驗室之周遭環境，也須設定在國際電子委員會(IEC)訂定之規範內，因此，在測試靜電放電時，須開空調將溫度調整至在 15℃至 35℃、大氣壓力為 86kPa 至 106kPa 且相對濕度設定為30%至 60%之環境標準值。

　　因此，研發人員測試前必須先確認靜電桌之接地是否與參考接地平面接合，且水平與垂直之平面之接地阻抗 470k 歐姆是否正確。並且開啓除濕機及冷氣機調節並用溫濕度計監控，確定環境溫度在 15℃至 35℃內與相對濕度爲30%至 60%之環境標準值。

三、靜電放電測試儀器

　　智慧型行動電話之研發人員，將會於工廠端將印刷電路板與機殼組裝完成之後，在研發階段即會進行靜電放電實驗測試。在測試靜電放電實驗時，須要一隻靜電槍測試儀器，如圖 5-5 所示。此靜電槍之靜電放電電壓範圍可從 $+/-200\,V$ 調整至 $+/-30\,kV$，可分爲接觸放電與空氣放電測試，其中，當進行接觸放電測試時，由於接觸放電測試條件是將靜電槍直接接觸至待測物體上，因此須更換靜電槍前方之接觸圓頭，須更改爲尖型頭，如圖 5-6 所示。由於接觸放電實驗是將靜電槍直接接觸至待測物體表面上，因此其測試電壓範圍爲 ±2 至 $\pm8\,kV$；進行接觸放電測試時，此測試是由靜電槍內部之繼電器(Relay)所控制，此繼電器經由尖型頭與元件接觸後，調整適當之電壓准位元後，繼電器將轉換切換，因此靜電放電行爲隨之發生。

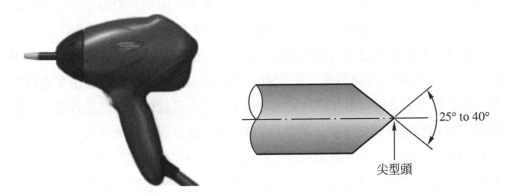

25° to 40°

尖型頭

圖 5-5　靜電槍(取材於 schaffner)　　　　圖 5-6　靜電槍尖型頭

　　研發人員若要進行空氣放電測試時，須將靜電槍儀器更換爲圓頭型，如圖5-7 所示。其測試標準是將靜電槍距離待測之物體上約 1 公分，其測試電壓範

圍為 ±2 至 ±15 kV；進行空氣放電測試時，當圓頭型探針靠近待測物一定距離時，靜電放電行為隨之發生。

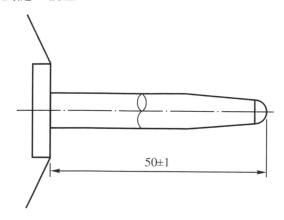

50±1

圖 5-7 靜電槍圓頭型

5-4 智慧型行動電話之靜電放電測試方式

此一章節主要介紹智慧型行動電話之靜電放電測試標準，此測試方式與條件要求，會依不同產品與客戶，自行訂定不同標準，但其針對靜電放電之測試環境、測試准位元、測試電壓，皆需依照國際電子委員會訂定之規範。

表 5-3 為針對智慧型行動電話在空氣放電情況下，所測試之條件與測試電壓。圖 5-8 為測試空氣放電之操作圖。當工廠端將印刷電路板經由生產線流程，將手機內部之所有零件組裝完成之後，研發人員就會開始針對智慧型行動電話之靜電放電實驗做測試，測試時如圖 5-8，當針對空氣放電測試時，研發人員會拿起靜電槍，並將待測物置於靜電桌上，靜電槍距離待測物 1 公分，即開始針對待測物進行空氣放電測試；進行測試時，每一個測試點至少靜電放電 10 次，每次至少間隔 1 秒鐘。

表 5-3　空氣放電之測試條件

靜電放電類型	測試條件	測試通話	測試電壓
空氣放電	不連接充電器	不連接基地台通話	±8 kV
	不連接充電器	連接基地台通話	±8 kV
	連接充電器	不連接基地台通話	±8 kV
	連接充電器	連接基地台通話	±8 kV
	不連接充電器	不連接基地台通話	±15 kV
	不連接充電器	連接基地台通話	±15 kV
	連接充電器	不連接基地台通話	±15 kV
	連接充電器	連接基地台通話	±15 kV

　　進行空氣放電測試時，會依不同客戶，會有不同測試結果，例如：有些客戶會訂定測試電壓在 ±6 kV 或 ±8 kV，待測物不可有任何異常情況發生；而當測試電壓調高置 ±12 kV 或 ±15 kV 時，因為靜電電壓很高，因此可以發生異常情況，但當手機電池下電，在重新開機時，此異常情況不能出現，如果這些情況都正常，即靜電放電之測試之結果為正常。

　　研發人員進行空氣放電測試時，會將手機物體之周圍利用靜電槍掃瞄測試，此測試即仿真使用者用手接觸手機物體時，所產生之靜電現象，是否會破壞到手機內部元件，造成不正常情況發生。而利用靜電槍掃瞄測試時，在每一個測試點至少靜電放電 10 次，必須間隔一秒鐘才能打入靜電電荷至手機物體上，且在手機物體上每次打入靜電電荷時，皆須拿放電棒將手機物體上之靜電電荷放電至大地，空氣放電測試條件如表 5-3 可分為下列幾項：(1)在靜電電壓為 ±8 kV 時，不論是否有連接充電器與連接基地台通話測試，手機皆不能出現異常情況。例如，不能出現畫面異常、畫面顏色偏差、手機不能開機、不能通話等異常現象。(2)在靜電電壓為 ±15 kV 時，不論是否有連接充電器與連接基地台通話測試，手機允許出現異常情況，但是在重新開機時，此異常情況不能出現。此測項會依不同產品與客戶要求，測試條件有所差異。

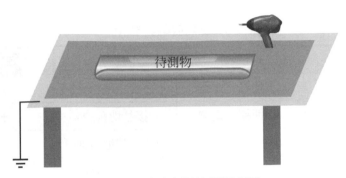

待測物

圖 5-8 測試空氣放電操作圖

　　靜電放電測試時，連接基地台通話測試，是模擬使用者用手拿手機長時間通話時，是否會因為手的表面積常時間接觸手機物體產生靜電之現象，而造成通話斷訊之現象。

　　研發人員進行接觸放電測試時，須將靜電槍前方之接觸圓頭換成尖型頭，且將尖型頭直接接觸手機物體進行靜電放電實驗，此測試方式也是將手機物體之周圍利用靜電槍掃瞄測試，仿真使用者用手直接接觸手機物體時，所產生之靜電現象，是否會破壞到手機內部元件，造成異常情況發生。而在接觸放電測試時，利用靜電槍掃瞄測試時，在每一個測試點至少靜電放電 10 次，且必須在間隔一秒鐘才能打入靜電電荷至手機物體上，且在手機物體上每次打入靜電電荷時，皆須拿放電棒將手機物體上之靜電電荷放電至大地，接觸放電測試條件如表 5-4 可分為下列幾項：(1)在靜電電壓為 $\pm 4\,kV$ 時，不論是否有連接充電器與連接基地台通話測試，手機皆不能出現異常情況。例如，不能出現螢幕畫面異常、畫面顏色偏差、手機不能不開機、不能無法通話等異常現象。
(2)而在靜電電壓為 $\pm 8\,kV$ 時，不論是否有連接充電器與連接基地台通話測試，手機允許出現異常情況，但是在重新開機時，此異常情況不能出現。此測項也會依不同產品與客戶要求，測試條件有所差異。

表 5-4　接觸放電之測試條件

靜電放電類型	測試條件	測試通話	測試電壓
接觸放電	不連接充電器	不連接基地台	±4 kV
	不連接充電器	連接基地台	±4 kV
	連接充電器	不連接基地台	±4 kV
	連接充電器	連接基地台	±4 kV
	不連接充電器	不連接基地台	±8 kV
	不連接充電器	連接基地台	±8 kV
	連接充電器	不連接基地台	±8 kV
	連接充電器	連接基地台	±8 kV

　　進行靜電放電測試時，不論是空氣放電或接觸放電時，異常之現象輕微者也許將手機關機在重新開機，讓系統軟體重新更新之後，異常之現象也許就不會出現；另外，也有可能造成內部元件被靜電損壞，造成功能不正常，例如，也許手機螢幕畫面顏色異常、不能拍照、發光二極體(LED)燈不會點亮等某些功能異常之現象，但手機還可開機或通話；嚴重時，有可能按電源開關時，造成整隻手機不能開機，也就是說靜電放電之現象，造成手機內部中央處理器(CPU)元件被損壞，因此，如何防範靜電放電之測試將手機內部元件損壞，將是研發人員在手機研發中，非常重要一項之任務。

　　由於目前 IC 製造商所生產的 IC 元件，其防範靜電放電之電壓準位為±2 kV 左右，因此當使用靜電將調整至±5 kV 以上，將會很容易出現異常之情況。而靜電放電之突波為變化很快的現象，產生靜電放電的原因有很多，其中包括人為的因素以及電磁環境。靜電放電現象的持續時間一般很短，從 0.2ns到 100ns 左右。雖然靜電放電之能量比雷擊之能量來得小，但是它的電壓上升得很快，時間很短，會引起積體電路(IC)損壞或者某些功能不正常。

靜電放電之突波會引起積體電路內部絕緣作用的氧化物介電層，遭到擊穿而直接燒毀內部元件，由於此突波是一個進行得很快的過程，手機功能會立刻出現異常現象。

因此，當經由靜電放電實驗時而發生異常情況，研發人員就必須針對發生之問題點進行偵錯。而在靜電放電之設計可從機構設計面與硬體設計面來著手。機構設計面可以增加遮罩(Shielding)元件防止靜電進入印刷電路板，而破壞內部之元件。另外，從硬體設計面來看可分為兩種方式：第一種方式可從印刷電路板線路走線設計方面來著手，可增加接地路徑與接地面積或移開被干擾之線路走線；另一種方式可從硬體增加防範靜電放電之保護元件，此保護元件可提供路徑將靜電之信號濾除至大地；在靜電放電所使用之保護元件可分為壓敏電阻器(Varistor)與瞬變電壓抑制器(Transient Voltage Suppressor；TVS)，做為防範靜電放電之保護元件，在下一小節將詳細敘述壓敏電阻器元件。

5-5 壓敏電阻器元件

壓敏電阻器(Varistor)是由 Variable Resistor(可變化之電阻器)兩字合併而來的，是一種因外加電壓的改變，而呈非線性指數電阻變化的電阻器，也稱為非線性電阻器，其工作曲線圖如圖 5-9 所示。壓敏電阻器具有電壓與電流對稱特性之電阻器，無極性分別，不僅可穩定電壓，也由於具有吸收突波的功能，因此也稱為突波吸收器，其元件符號如圖 5-10 所示。

圖 5-9　壓敏電阻器工作曲線圖　　　　圖 5-10　壓敏電阻器元件符號

壓敏電阻器具有體積小，反應速度快之優點，當有較高突波接觸手機物體表面時，壓敏電阻器會形成一個導體，將較高之突波轉移至印刷電路板之接地面，防範靜電破壞保護手機內部元件，其壓敏電阻器之動作原理如圖 5-11 所示。因此廣泛應用於行動通訊產品與電子設備的靜電放電之防護。

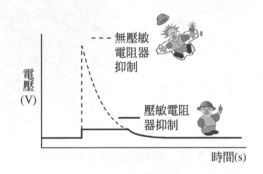

圖 5-11　壓敏電阻器動作原理圖

　　壓敏電阻器利用氧化鋅(ZnO)為主要材料，並添加其他微量金屬氧化物，燒結而成多結晶性網狀結構，其 ZnO 晶粒之表面處具有高電阻係數，而本體內具有低電阻係數，可承受大電流通過，且具有均勻的晶粒大小，並且結構密度高，可耐高突波能量之特性，因其結構設計一般又稱為多層電阻(Multilayer Varistor；MLV)。在元件生產時會在基板上塗布靜電放電抑制材料，其特點具有低電容特性(< 0.2 pF@1MHz)、低漏電流值(< 0.05 μA)與雙極性保護特性。

一、壓敏電阻器基本特性

　　若壓敏電阻器在臨界值以下時，其電阻值會很高，能阻止電流通過，呈現出絕緣特性元件；當外加電壓在臨界值以上，其電阻值隨電壓升高而急速下降，形成低阻抗，便於突波之大電流通過，而達到保護特性。

　　壓敏電阻器保護元件一般並聯於受保護元件的前面，放置於信號與地之間如圖 5-12 所示。在系統電壓未達崩潰電壓時，此受保護的電子元件，具有很高的阻抗值(數百 MΩ)，僅微小漏電流流過。但當瞬間突波電壓超過壓敏電阻器保護元件之崩潰電壓時，壓敏電阻器會呈現低阻抗，近似短路，將提供給瞬間的低電阻路徑至接地面，使後端元件因此而受到保護，不會因突波產生而造成異常動作現象。

壓敏電阻器在內部結構上是由許多結構堆疊而成，因此長時間靜電電荷進入或過大電壓進入時，會造成壓敏電阻器內部結構被破壞，造成壓敏電阻器開路，使得壓敏電阻器無法做為後端元件之保護。

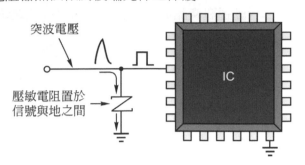

圖 5-12　壓敏電阻器保護機制

二、壓敏電阻器參數特性

1. 最大連續工作電壓

　　在電路持續狀態下，可以使用在壓敏電阻器元件上，而不使得壓敏電阻器產生劣化情況之最大直流電壓值。一般建議壓敏電阻器所使用之工作電壓須高於系統所使用之電壓 1 至 2 倍，可防止電壓較不穩定之現象，並且工作電壓愈高也可防止系統發生持續過電壓現象，而造成元件損壞。

2. 崩潰電壓

　　以 1 毫安培(mA)特定的電流流經壓敏電阻器時，兩端所量得之電壓值，稱為壓敏電壓或崩潰電壓。當系統電壓超過崩潰電壓值，壓敏電阻則由高阻抗變成低阻抗，而使得後端元件受到保護機制。

3. 最大限制電壓

　　以特定的脈衝電流(1A)加於壓敏電阻時，於壓敏電阻上所量到之最大電壓值，此值也是壓敏電阻保護功能的指標。當電壓超過最大限制電壓時，壓敏電阻開始崩潰，即壓敏電阻開始保護後端元件，因此壓敏電阻之選用，須小於或接近後端元件所能承受的耐壓。

4. 最大衝擊電流

以特定的脈衝電流衝擊壓敏電阻一次，使得壓敏電壓之變化仍在 ±10% 以內之最大衝擊電流。

5. 最大能量

以特定的脈衝電流加於壓敏電阻後，其壓敏電壓之變化率仍在 10% 以內之最大能量。

6. 漏電流

在工作電壓為 5V 條件下，壓敏電阻器于絕緣體時，此時流經壓敏電阻器的電流稱為漏電流。

7. 電容值

以 1MHz 的頻率和 $1V_{rms}$ 偏壓加於壓敏電阻兩端點之間，所量測到的電容值。

三、壓敏電阻器電容值

目前智慧型行動電話產品，由於必須支援高速資料傳輸，因此壓敏電阻器之電容值選擇，顯得格外重要；壓敏電阻器若應用於訊號頻率較高之迴路，將容易產生干擾信號，容易形成訊號衰減，因此必須根據所應用之電路範圍，來選用壓敏電阻器之電容值範圍；因此此一小節將針對壓敏電阻器之電容值選用做詳細說明：

1. 音源之輸入與輸出保護時，由於音源頻率約 20kHz，因此壓敏電阻器之電容值不須選擇太低，電容值在 100pF 左右即可。

2. 按鍵或／開關保護時，由於這些路徑不須太高傳輸速度，因此壓敏電阻器之電容值不須選擇太低，電容值在 200pF 至 300pF 左右即可。

3. 通用序列匯流排(Universal Series Bus；USB)保護時，壓敏電阻器之電容值就必須特別考量；若產品為 USB 1.1 時，由於 USB 1.1 的最大傳輸頻寬為 12Mbps，可選擇壓敏電阻器之電容值小於 12pF 的元件規格。若產品為高速 USB 2.0 時，由於 USB 2.0 的最大傳輸頻寬為 480Mbps，可選擇壓敏電阻器之電容值小於 4pF 的元件規格,以達到高速資料傳輸的要求。

4. 應用於 IEEE-1394 保護時,壓敏電阻器之電容值就必須特別考量,由於 IEEE-1394b 的最大傳輸頻寬為 3.2Gbps,因此壓敏電阻器之電容值必須小於 1pF 的低電容值元件規格。

5-6 壓敏電阻器設計應用

圖 5-13 為典型智慧型行動電話使用壓敏電阻器之擺放位置。研發人員必須在手機有破孔的地方、連接器外漏地方或手機外觀有間隙的地方,都必須放上壓敏電阻器做為保護元件,即仿真使用者用手接觸手機時,若使用者身上有靜電,則靜電會經由破孔的地方或外觀間隙的地方進到手機內部而破壞到內部電路元件,而造成異常現象發生。

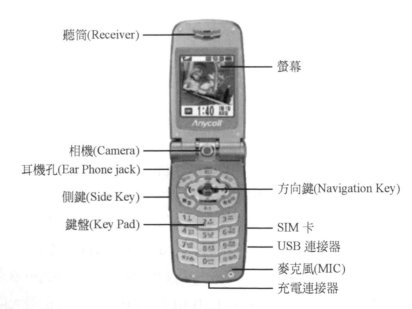

圖 5-13 壓敏電阻器之應用區域

因此研發人員必須在電話聽筒(Receiver)、揚聲器(Speaker)、液晶顯示器模組(Liquid Crystal Display Module；LCDM)、相機(Camera)、耳機孔(Ear Phone Jack)、麥克風、側邊按鍵(Side Key)、鍵盤(Keypad)、通用序列匯流排連接器、記憶卡連接器、電池連接器等內部電路區域，皆須放上壓敏電阻器做為靜電放電之保護元件。

　　下列將介紹相關應用功能放置壓敏電阻器之電路，由於不同設計電路將會有不同擺放方式，因此，以下電路僅供參考。

一、麥克風電路

　　建議在麥克風路徑上放上壓敏電阻器，保護麥克風產品元件，如圖 5-14 所示。

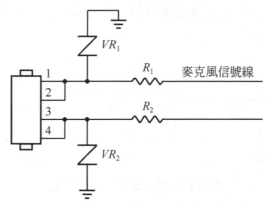

圖 5-14　麥克風壓敏電阻器電路

二、揚聲器電路

　　建議在揚聲器路徑上放上壓敏電阻器，保護揚聲器產品元件，如圖 5-15 所示。

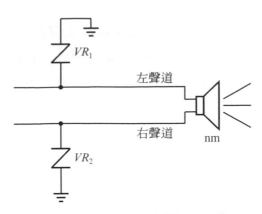

圖 5-15　揚聲器壓敏電阻器電路

三、鍵盤電路

建議在鍵盤路徑上放上壓敏電阻器，保護鍵盤路徑後端所連接之產品元件，如圖 5-16 所示。

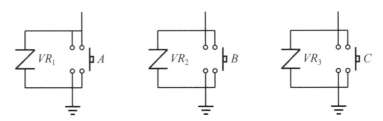

圖 5-16　鍵盤壓敏電阻器電路

四、連接器電路

建議在連接器路徑上放上壓敏電阻器，保護連接器路徑後端所連接之產品元件，如圖 5-17 所示。

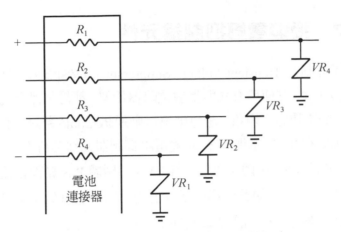

圖 5-17　連接器壓敏電阻器電路

五、通用序列匯流排電路

　　建議在通用序列匯流排路徑上放上壓敏電阻器，保護通用序列匯流排路徑後端所連接之產品元件，如圖 5-18 所示；應用於通用序列匯流排電路之壓敏電阻器，必須特別考量到壓敏電阻器之電容值，以免影響到利用通用序列匯流排之傳輸速度。

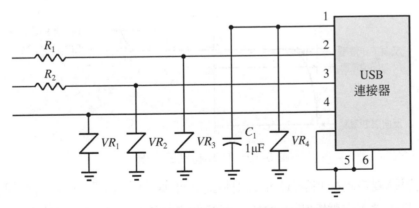

圖 5-18　通用序列匯流排壓敏電阻器電路

　　因此研發人員將必須在手機內部相關功能，放置壓敏電阻器並聯於訊號路徑上，將可做為靜電放電之保護元件，減少異常現象之發生。

5-7 瞬變電壓抑制器元件

瞬變電壓抑制器(Transient Voltage Suppressor；TVS)為另一種做為防範靜電放電之保護元件，其使用方式與壓敏電阻器類似，都是將保護元件並聯於訊號線上，防止靜電放電之現象，避免破壞行動通訊產品內部之元件，而達到防範之效果。因此在此一小節將介紹瞬變電壓抑制器元件之特性。

TVS 與傳統齊納二極體相比較，其 TVS 二極體 P/N 結面積更大，此一結構上的改進使 TVS 具有更強的高壓承受能力，同時也降低了電壓截止率，因而可做為保護行動通訊產品內部之元件。

瞬變電壓抑制器(TVS)其最主要優點為反應速度快，使瞬時之脈衝突波在尚未對線路元件或後端產品元件造成損壞之前，就能被有效地抑制，而達到靜電放電之防範，且具有較低之截止電壓，適用於低電壓迴路之防範。另外也具有更低的漏電流和較低之電容值，可應用於高速率線路傳輸以及高速傳輸資料等迴路，其特性曲線圖如圖 5-19 所示。

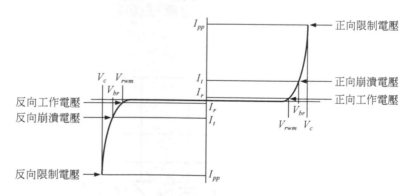

圖 5-19 TVS 特性曲線圖

使用瞬變電壓抑制器(TVS)必須將此元件與被保護線路並聯，當瞬時電壓超過電路正常工作電壓時，TVS 二極體便產生雪崩，提供給瞬時電流一個超低電阻迴路，而使得瞬時電流經由 TVS 被引開，而保護後端元件。當脈衝突波結束以後，TVS 即回覆高阻狀態，使得信號迴路進入正常電壓。在前一小節提到的壓敏電阻器在承受多次突波衝擊後，其參數及性能會產生退化，而TVS 之優點為只要工作在限定範圍內，TVS 將不會產生損壞之現象。因此在選擇 TVS 時，必須注意以下幾個參數：

1. 最小崩潰電壓(Breakdown Voltage；V_{br})和洩漏電流(Leakage Current；I_r)

   V_{br} 是 TVS 最小的崩潰電壓，在 25℃時，低於這個電壓 TVS 是不會產生崩潰現象的。當 TVS 流過洩漏電流(I_r)為 1 毫安培(mA)時，加於 TVS 兩端的電壓為其最小崩潰電壓(V_{br})。

2. 反向工作電壓(Working Voltage；V_{rwm})

   反向工作電壓(V_{rwm})是 TVS 在正常狀態時可承受的電壓，此電壓應大於或等於被保護元件的正常工作電壓，否則 TVS 會不斷截止迴路電壓；且反向工作電壓(V_{rwm})又須與被保護元件的正常工作電壓接近。

3. 最大限制電壓(Clamping Voltage；V_c)和最大峰值脈衝電流(peak pulse current；I_{pp})

   當持續時間為 20ms 的最大峰值脈衝電流 I_{pp} 流過 TVS 時，在其兩端出現的最大限制電壓即為 V_c。而最大限制電壓(V_c)與最大峰值脈衝電流(I_{pp})為 TVS 的突波抑制能力。最大限制電壓(V_c)為 TVS 在截止狀態提供的電壓，即為靜電放電突波衝擊時，流過 TVS 的電壓，此電壓值不能大於被保護元件的可承受極限電壓，否則元件會損毀即無法達到保護之特性。

4. 電容值

   電容值是由 TVS 崩潰之截面積所決定的，是在特定的頻率 1MHz 下所測量到的。電容值的大小與 TVS 的電流承受能力成正比，電容值太大將使傳輸訊號衰減。因此須要依據線路的特性與應用功能，來決定所選元件的電容值範圍。其電容值之選擇方式，與前一小節壓敏電阻器之選擇方式一樣。

   在此章節詳細敘述了靜電放電原理特性、靜電放電之測試規範、防範靜電放電產生之電路設計、壓敏電阻器與瞬變電壓抑制器保護元件與靜電放電之測試方式等詳細說明，讓研發人員在開發智慧型行動通訊產品瞭解如何測試與防範靜電放電之產生，以降低行動通訊產品因靜電放電所引起的異常行為與可靠度問題，並可提高產品之競爭力。

本章研讀重點

1. 靜電即是靜止不動的電荷。它一般存在於物體的表面,是透過電子或離子轉移而形成的,在正負電荷局部範圍內失去平衡所產生之結果。

2. 靜電之產生可藉由摩擦生電與電磁感應而產生;摩擦生電之現象是藉由兩種物體間交互作用所產生,是一種材質表面原子因摩擦使外層的電子形成游離化的一種現象,摩擦後兩物體一帶正電荷另一帶負電荷。電磁感應是由強大電磁場所產生之效應,使兩物體產生如同摩擦生電的效應,電磁感應會使兩物體一帶正電荷一帶負電荷的靜電現象。

3. 靜電放電測項,在 IEC 之規範 IEC61000-4-2 中均有詳細定義其標準,包含了靜電放電之測試環境、測試方式、測試標準等,其目的是為了建立一套標準的測試方法來提供準確的測試資料結果,而判別靜電放電對元件的損壞等級。

4. 國際電子委員會(IEC)也針對靜電放電在測試時的環境規範,訂定了一個環境標準值,例如,周遭溫度須在 15℃至 35℃、相對濕度為 30%至 60%、大氣壓力為 86kPa 至 106kPa 之環境標準值,避免因周遭環境參數影響靜電放電之測試結果。

5. 壓敏電阻器(Varistor)是由 Variable Resistor(可變化之電阻器)兩字合併而來的,是一種因外加電壓的改變,而呈非線性指數電阻變化的電阻器,也稱為非線性電阻器。

6. 壓敏電阻器具有電壓與電流對稱特性之電阻器,無極性分別,不僅可穩定電壓,也由於具有吸收突波的功能,因此也稱為突波吸收器。

7. 壓敏電阻器具有體積小,反應速度快之優點,當有較高突波接觸手機物體表面時,壓敏電阻器會形成一個導體,將較高之突波轉移至印刷電路板之接地面,防範靜電破壞保護手機內部元件。

8. 壓敏電阻器利用氧化鋅(ZnO)為主要材料,並添加其他微量金屬氧化物,燒結而成多結晶性網狀結構。

9. 以 1 毫安培(mA)特定的電流流經壓敏電阻器時，兩端所量得之電壓值，稱爲壓敏電壓或崩潰電壓。

10. 在工作電壓爲 5V 條件下，壓敏電阻器于絕緣體時，此時流經壓敏電阻器的電流稱爲漏電流。

11. 瞬變電壓抑制器(TVS)其最主要優點爲反應速度快，使瞬時之脈衝突波在尙未對線路元件或後端產品元件造成損壞之前，就能被有效地抑制，而達到靜電放電之防範。

12. 使用瞬變電壓抑制器(TVS)必須將此元件與被保護線路並聯，當瞬時電壓超過電路正常工作電壓時，TVS 二極體便產生雪崩，提供給瞬時電流一個超低電阻迴路，而使得瞬時電流經由 TVS 被引開，而保護後端元件。

習 題

1. 請敘述靜電放電之產生。
2. 請敘述靜電放電之測試規範。
3. 請敘述靜電放電測試環境規範。
4. 請敘述空氣放電之測試方式。
5. 請敘述接觸放電之測試方式。
6. 請敘述壓敏電阻器元件特性。
7. 請敘述壓敏電阻器參數特性。
8. 請敘述壓敏電阻器電容值。
9. 請敘述瞬變電壓抑制器元件特性。
10. 請敘述瞬變電壓抑制器元件參數特性。

參考文獻

1. Electrostatic discharge immunity test Datasheet.
2. ESD Association Standard ANSI/ESD S11.31-2001；"For evaluating the performance of electrostatic discharge shielding bags," ESD Association；2001.
3. ESD Protection Solution Introduction.
4. International standard IEC 61000-4-2(Testing and measurement techniques-Electrostatic discharge immunity test).
5. Multilayer Chip Varistor Datasheet.
6. Ultra-Low Capacitance l-Line ESD Protection Datasheet.
7. RailClamp Low Capacitance TVS Array Datasheet.

第六章　記憶體元件

6-1　概述

　　記憶體元件(Memory)從字意上來看，顧名思義就是一種"記憶"的元件，記憶體之製程方式是利用半導體製程技術所形成的電子儲存裝置，屬於半導體元件，用來儲存系統資料、使用者資訊等。而目前不論是電人電腦、筆記型電腦、可攜式儲存裝置、行動通訊產品等對於儲存的裝置皆永無止境且不斷須求與成長。

　　使用者無論是使用家用電腦、小型筆記型電腦、數位相機、可攜帶式硬碟、MP4 播放器、行動電話等，這些新型的電子產品都會需要處理資料快速、耐用與高效能的儲存裝置。因此，在設計此產品的研發人員皆須考慮記憶體元件之特性，因此在此章節將詳細探討記憶體元件之發展、結構、應用等特性，以滿足行動通訊產品使用者的儲存需求。

6-2　揮發性記憶體

　　揮發性記憶體顧名思義就是一種東西會"消失"的元件，揮發性記憶體其意思是指當電源供應中斷後，記憶體內所儲存的資料便會消失的一種元件。而隨機存取記憶體(Random Access Memory；RAM)即為揮發性記憶體，隨機存取記憶體顧名思義，其特性在於內部資料可任意地隨意讀寫，可用來存放由系統載入的程式、資料，以提供給中央處理器(CPU)做更快地運算處理。隨機存取記憶體主要可分為動態隨機存取記憶體(Dynamic Random Access Memory；DRAM)與靜態隨機存取記憶體(Static Random Access Memory；SRAM)二種類型。

而記憶體的內部構造是由許許多多可反覆充電的小型電晶體所組成的，其結構圖如圖 6-1 所示。而每一個小型電晶體會呈現帶電與沒帶電的狀態，其中電晶體帶電時的狀態代表高準位(1)，而電晶體沒帶電時的狀態代表低準位(0)，因此記憶體即利用高準位與低準位來記錄所記載的資料。

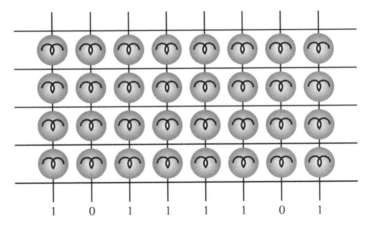

圖 6-1　記憶體內部結構圖

一、動態隨機存取記憶體

隨機存取記憶體(Random Access Memory；RAM)可分為動態隨機存取記憶體(Dynamic Random Access Memory；DRAM)與靜態隨機存取記憶體(Static Random Access Memory；SRAM)二種類型。動態隨機存取記憶體之記憶單元(cell)只需一個電晶體就可達成，是利用電容內儲存電荷的多寡來代表一個二進制位元為高準位(1)還是低準位(0)，由於動態隨機存取記憶體結構簡單，因此在製造上有較低之成本。

由於製程中所使用之電容元件會產生漏電的情況，將產生電位差而使得儲存資料會消失，因此在設計上必須將電容經常週期性地充電，以確保記憶資料長期儲存，避免資料流失。由於此種現象須要定時不斷地刷新(Refresh)，因此稱為「動態」記憶體。

　　動態隨機存取記憶體內部是以二進制位元為單位儲存資料，並採用矩陣排列，因此每個二進制位元位址分為行與列兩部分，刷新動作即是針對列位址的儲存單元進行充電，被充電的數目稱為刷新率，其刷新時間約為幾十毫秒(ms)左右。動態隨機存取記憶體的優點內部結構簡單，每一個位元的資料都只需一個電容跟一個電晶體即可儲存資料，因此，動態隨機存取記憶體擁有非常高的製成密度與單位體積內可儲存較高之容量，並且成本較低；而缺點為動態隨機存取記憶體利用高低位址的資料交互讀取的方式，因此具有存取速度較慢，且須不斷地更新，耗電量較大等缺點。

　　而 DRAM 具有線路簡單、密集度高等優點，使得 DRAM 的單位儲存空間相對增加

　　即可較高的記憶容量，加上單位成本低等。因此動態隨機存取記憶體除了持續應用於個人電腦產品上，其廣泛地應用於電子產品領域，例如 PDA、智慧型行動電話等。

二、同步動態記憶體

　　同步動態記憶體(Synchronous Dynamic Random Access Memory；SDRAM)之開發是為了增加時脈，以加強系統效能。其動作方式是將所有讀取及寫入資料之動作，都由一同步訊號觸發，可提供比 DRAM 更高效能的存取。因此同步動態記憶體使用一同步時脈輸入，使得所有讀取及寫入資料動作均與系統同步，而傳統動態隨機存取記憶體是利用控制行與列訊號的相位波形，達到記憶體的讀取及寫入動作以及資料刷新。

三、雙倍同步動態隨機存取記憶體

　　雙倍同步動態隨機存取記憶體(Double Data Rate SDRAM；DDR SDRAM)，既然為雙倍的傳輸速度，其顧名思義與之前的 SDRAM 相比，則資

料傳輸速度會比 SDRAM 快上二倍。而 DDR SDRAM 傳送資料是在同一個時脈週期，上下波段中都在做傳輸資料的工作，而比起傳統 SDRAM 在同一個時脈週期中，一個單位時間內只能讀／寫一次，當同時需要讀取和寫入時，便要等其中一個動作完成才能繼續進行下一個動作，因此發展 DDR SDRAM 則解決這項缺點，若以效率角度來看的話，DDR SDRAM 是 SDRAM 的二倍效率，由於速度之增加，其傳輸效能優於傳統的 SDRAM，而目前智慧型行動電話產品，內部記憶體也使用了 1Gb 以上的 DDR SDRAM，以便於較高效率運作、傳輸以及較快速地資料讀寫動作。

四、靜態隨機存取記憶體

靜態隨機存取記憶體(Static Random Access Memory；SRAM)之所謂稱為「靜態」，是指這種記憶體只要保持電源存在，記憶體內所儲存的資訊就可以永遠保持。相對之下，前一小節所提到的動態隨機存取記憶體(DRAM)裡面所儲存的資料就需要週期性地不斷的更新。並且動態隨機存取記憶體(DRAM)當電源供應停止時，其內部所儲存的資料會消失。

靜態隨機存取記憶體每一記憶單元需 4 至 6 個電晶體才能達成，在內部結構設計上比起動態隨機存取記憶體更為複雜，而記憶單元內的電晶體可分成兩組，彼此互成翹翹板形勢，具有對稱性，因此在電學名稱也為正反器(Flip-Flop)。因兩組電路彼此互相推拉，一正一反，固定之後電路即成穩態，因此不像動態隨機存取記憶體會有電荷流失的問題，因此靜態隨機存取記憶體所儲存的資料不須要週期性地不斷的更新。

由於靜態隨機存取記憶體內部電路結構設計為對稱性，使得每個記憶單元內所儲存的資料，都能比動態隨機存取記憶體更快速地被讀取；具有很短的存取時間。除此之外，由於靜態隨機存取記憶體通常都被設計成一次即完成讀取所有的資料位元(Bit)，比起動態隨機存取記憶體利用高低位址的資料交互讀取的方式，在讀取效率上快上很多。

雖然靜態隨機存取記憶體的生產成本比較高，但在需要高速讀寫資料的地方，如個人電腦或筆記型電腦上的快取(Cache)資料，還是會使用靜態隨機存取記憶體(SRAM)，而非動態隨機存取記憶體(DRAM)。

6-3　非揮發性記憶體

非揮發性記憶體是指即使電源供應中斷時，其記憶體內所儲存的資料並不會消失，重新供給電源後，就能夠讀取內部所儲存資料的記憶體；而唯讀記憶體(Read Only Memory；ROM)即為非揮發性記憶體。唯讀記憶體是一種只能讀取資料的記憶體，在製造過程中，將資料利用光罩(Mask)方式燒錄於內部線路中，其資料內容在寫入後就不能更改，也稱為「光罩式唯讀記憶體」(Mask ROM)。

唯讀記憶體(Read Only Memory；ROM)在製成上是屬於半導體記憶體，其特性為一旦寫入儲存資料即無法再將之改變或刪除，此記憶體的製造成本低，通常應用在不需經常變更資料的電子儀器系統或個人電腦系統中，其寫入之資料並不會因為電源關閉而消失。唯讀記憶體(ROM)依產品可分為可程式唯讀記憶體(Programmable ROM；PROM)、可抹除程式唯讀記憶體(Erasable Programmable Read Only Memory；EPROM)與可電擦式程式唯讀記憶體(Electrically Erasable Programmable Read Only Memory；EEPROM)。

一、可程式唯讀記憶體

可程式唯讀記憶體(Programmable ROM；PROM)，其內部結構為矩陣式的線路，製造商可依需要利用電流將其行列的訊號線路燒斷，允許寫入所需的資料及程式到唯讀記憶體中，一經寫入之後便無法再更改，之後，不斷地技術改進出現了可抹除程式唯讀記憶體(EPROM)與可電擦式程式唯讀記憶體(EEPROM)。

二、可抹除程式唯讀記憶體

可抹除程式唯讀記憶體(Erasable Programmable Read Only Memory；EPROM)是利用高電壓方式將資料寫入記憶體中，抹除時將線路曝光於紫外線下，則記憶體內部資料可被清除，並且可重複使用。通常在可抹除程式唯讀記憶體在封裝外殼上會預留一個石英透明窗以方便做紫外線曝光。因此許多電子儀器產品或個人電腦內的 BIOS，便可以使用可抹除程式唯讀記憶體更改內部的韌體程式(Firmware)。

三、可電擦式程式唯讀記憶體

可電擦式程式唯讀記憶體(Electrically Erasable Programmable Read Only Memory；EEPROM)，其運作原理與 EPROM 相似，也是利用高電壓方式將資料寫入記憶體中，但是抹除的方式是使用高電場來完成，不須將線路曝光於紫外線下，因此在外觀封裝時不需要透明窗。

 ## 6-4 快閃記憶體

快閃記憶體(Flash Memory)是屬於非揮發性記憶體，依據產品特性不同，可分為應用於程式碼(OS Code)記憶的 NOR 型快閃記憶體與應用於資料記憶的 NAND 型快閃記憶體。快閃記憶體之儲存物理結構，稱之為記憶單元(Memory Cell)，其特色為在金屬氧化場效電晶體(Metal Oxide Semiconductor Field Effect Transistor；MOSFET)的閘極(Gate)與通道的間隔增加氧化層之絕緣，而快閃記憶體在閘極與通道間卻多了一層物質，稱之為飄浮閘(Floating Gate)。多了這層飄浮閘，使得快閃記憶體可以完成三種讀、寫、刪除等基本操作模式，即使不提供電源情況下，也能透過飄浮閘，來保存資料的完整性。

快閃記憶體是利用電荷作為存儲媒介。電子儲存在閘極上以便於在寫入程式、刪除及讀出資料時對閘極上的有效電壓進行控制。閘極上的電荷決定了電晶體的電壓，由於閘極的物理特性與結構，使得閘極被注入負電子時，儲存狀態就由 "1" 被寫成 "0"，若當負電子從閘極中移走時，儲存狀態就由 "0" 變成 "1"，此現象稱之為刪除；快閃記憶體就是利用負電子存放或移除於閘極的原理，使得本身具有重複讀寫之特性。快閃記憶體(Flash memory)，是一種利用可電擦式程式唯讀記憶體(EEPROM)的形式，允許在使用中被多次寫入或刪除記憶體內的資料，EEPROM 可說是快閃記憶體的前身。這種產品技術目前廣泛應用於使用者資料儲存，其產品例如數位相機用的記憶卡與儲存資料的隨身碟。

快閃記憶體之製造成本比起可電擦式程式唯讀記憶體(EEPROM)來的低，儲存在快閃記憶體的資料，即使在未通電(Power Off)的狀態下資料仍然存在，因此可當成儲存裝置，也成為非揮發性儲存裝置最重要也最廣為使用之產品，例如，目前 PDA、智慧型行動電話皆以內建 2Gb 以上的快閃記憶體。

　　快閃記憶體依據產品特性不同，可分為用於儲存程式碼資料的 NOR 型快閃記憶體與用於儲存資料記憶的 NAND 型快閃記憶體，因此，在此章節將詳細敘述此二種記憶體的特性、差異與應用。

一、NOR 型快閃記憶體

　　NOR 型快閃記憶體晶片於 1988 年由 Intel 推出，它結合了 EPROM 與 EEPROM 兩項技術。NOR 型快閃記憶體需要很長的時間進行寫入資料，但提供完整的定址匯流排與資料匯流排，並允許隨機讀取記憶體上的任何區域，這使得非常適合取代唯讀記憶體(ROM)晶片。而唯讀記憶體主要用來儲存幾乎不需更新的程式碼，因此，NOR 型快閃記憶體可用來做為程式碼(OS Code)的儲存。

　　NOR 型快閃記憶體讀取資料的方式，只須提供資料的正確位址與資料匯流排就可以讀取資料，並且儲存在 NOR 型快閃記憶體上的程式不需傳送到隨機存取記憶體(RAM)，可以直接在快閃記憶體內直接執行，NOR 型快閃記憶體讀取速度快，成本製造上在 1 至 4MB 的小容量時具有很高的成本效益，但是較慢的寫入與刪除速度大大影響了 NOR 型快閃記憶體之性能，一般 NOR 型快閃記憶體寫入次數約 1 萬次～10 萬次。

　　NOR型快閃記憶體的每個儲存單元類似一個標準 MOSFET，其內部結構圖如圖 6-2 所示。

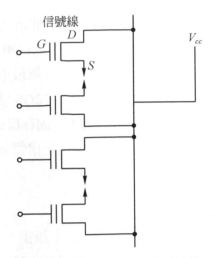

圖 6-2　NOR 型快閃記憶體結構圖

　　從架構上來看，NOR 型快閃記憶體與傳統的 DRAM 類似，位址線與資料線是各自獨立的，且內部陣列很像傳統的 DRAM 架構，劃分了許多邏輯區塊 (Logic Partition)。NOR 型快閃記憶體其結構是源極(Source)接源極(Source)，汲極(Drain)接汲極(Drain)，此種架構造成每個儲存單元(cell)之間無法直接給不同訊號的連接線，因此寫入速度慢，且容量較小，其陣列架構如圖 6-3 所示。

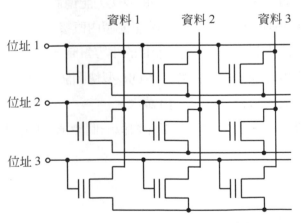

圖 6-3　NOR 型快閃記憶體陣列圖

二、NAND 型快閃記憶體

　　NAND 型快閃記憶體於 1989 年由東芝公司開發，是 NOR 型快閃記憶體的理想替代者，NAND 型快閃記憶體每個儲存單元的面積也較小，也使得 NAND 型快閃記憶體相較於 NOR 型快閃記憶體具有較高的儲存密度與較低的儲存單元(Cell)製造成本。同時它的可抹除次數也高出 NOR 型快閃記憶體十倍左右，一般 NOR 型快閃記憶體寫入次數約 10 萬次～100 萬次，並且具有寫入和刪除速度快之特性。

　　NAND 型快閃記憶體其資料與位址線是共同使用，其內部結構圖如圖 6-4 所示。NAND 型快閃記憶體一般是用來做為儲存使用者之資料，其結構是內部儲存單元(Cell)串聯互相連接，I/O 界面只允許連續讀取，所以 NAND 型快閃記憶體不適合應用於電腦內儲存，但是卻很適合做為記憶卡儲存，且資料讀取速度慢，其陣列架構如圖 6-5 所示。

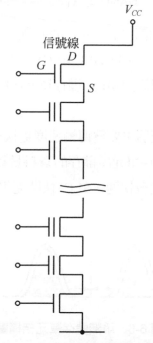

圖 6-4　NAND 型快閃記憶體結構圖

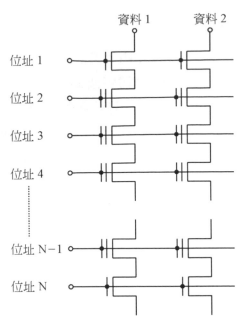

圖 6-5 NAND 型快閃記憶體陣列圖

　　NAND 型快閃記憶體內部之製程可分為單階儲存單元(Single Level Cell；SLC)與多階儲存單元(Multi Level Cell；MLC)。在每個儲存記憶單元(Memory Cell)內儲存 1 個資訊位元，即稱為單階儲存單元(SLC)，其內部結構圖如圖 6-6 所示。

　　單階儲存單元快閃記憶體主要為傳輸速度更快，功率消耗低和使用次數多等優點。然而，由於每個儲存單元所儲存的資料量較少，因此在生產成本上須花費較高，但由於傳輸速度較快速，SLC 快閃記憶體可應用在高性能的儲存記憶卡上。

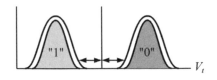

圖 6-6 單階儲存單元結構圖

多階儲存單元(MLC)可以在每個儲存記憶單元內儲存 2 位元的資料，與傳統儲存 1 位元資料的 SLC 製程相比，多階儲存單元的儲存密度倍增，其內部結構圖如圖 6-7 所示。

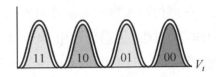

圖 6-7 多階儲存單元結構圖

其中「多階」指的是具有多個電壓值，可同時對電荷充電，如此一來便能儲存多個位元資料於每個儲存單元中。MLC 快閃記憶體可降低生產成本，但與 SLC 快閃記憶體相比，其傳輸速度較慢、功率消耗較高、穩定度較差且使用次數較少，因此 MLC 快閃記憶體會應用在標準型的儲存記憶卡上。

但基於品質穩定度與資料存取速度的考量，以往消費性電子產品的製造商傾向採用 SLC 製程的 NAND 型快閃記憶體。不過在技術提升與製造商的合作努力下，目前 MLC 的品質穩定度也提升許多。而儲存記憶卡或隨身碟這方面的消費性電子產品，使用者之選擇是以價格優先，一般消費者並不會在意 MLC 與 SLC 的差異。因此近年 NAND 型快閃記憶體的主要供應商如三星(Samsung)與東芝(Toshiba)皆積極發展 MLC 技術，產品穩定度提高並降低成本。

6-5 快閃記憶體特性比較

在前一小節說明了快閃記憶體之類型與結構，在此一章節將對 NOR 型與 NAND 型快閃記憶體之其他特性做比較。

1. 介面差異

NOR 型快閃記憶體具有足夠的位址信號來定址，其讀取模式採用隨機(Random Access)方式，可以很容易地讀取其內部的每一個位元組，因此具有讀取速度快之特性。NAND 型快閃記憶體使用 I/O 介面來串列(Serial Access)地讀取資料，因此讀取速度較慢。

2. 寫入／刪除差異

由於快閃記憶體是是屬於非揮發性記憶體,因此可以對記憶單元進行寫入與刪除程式。快閃記憶體的寫入模式只能在清空或已經刪除之記憶單元內,因此,在進行寫入模式之前必須先執行刪除動作。

由於刪除 NOR 型快閃記憶體是利用 64 至 128KB 的區塊(Black)進行,因此執行刪除模式的工作時間為 0.6 秒至 5 秒,而刪除 NAND 型快閃記憶體是利用 8 至 32KB 的區塊(Black)進行,因此執行刪除模式的工作時間最多只需要 2 毫秒(ms),由於大多數寫入狀況必須先執行刪除模式,因此 NAND 型快閃記憶體也具有較快之寫入與刪除速度。

3. 容量和成本差異

NAND 型快閃記憶體的記憶單元面積是 NOR 型快閃記憶體的一半,由於生產過程較為簡單,NAND 結構可以在相同面積內提供更高的儲存容量,因此也降低了成本價格,其相同之記憶容量,成本僅為 NOR 型快閃記憶體 1/3 左右。

NOR 型快閃記憶體佔據了早期容量為 1~32MB 快閃記憶體市場,而 NAND 型快閃記憶體應用於 32MB 以上之產品,也因此 NOR 主要應用在儲存系統之程式中,而 NAND 型快閃記憶體適合於資料儲存。

4. 讀取速度差異

NOR 型快閃記憶體不須將程式碼寫入至系統中的記憶體(RAM),可直接在晶片內執行,其 NOR 型快閃記憶體之讀取時間為 50ns-80ns,NAND 型快閃記憶體之讀取時間為 20us-25us,因此 NOR 型快閃記憶體具有讀取速度快之特性。

5. 寫入次數差異

NAND 型快閃記憶體中每個區塊的最多寫入次數為 10 萬次~100 萬次,而 NOR 型快閃記憶體中的寫入次數為 1 萬次~10 萬次,因此 NAND 型快閃記憶體具有較多寫入次數之特性。

因此，快閃記憶體基於不同之製成、讀取模式、結構、特性等，其應用之產品也有差異，其中 NOR 型快閃記憶體主要應用於個人電腦或筆記型電腦中 BIOS 儲存；而 NAND 型快閃記憶體主要應用於 MP3 播放器、數位相機、PDA、智慧型行動電話、記憶卡、USB 隨身碟等記憶體儲存裝置上。

 ## 6-6　記憶體卡特性比較

　　在前一小節介紹了快閃記憶體之結構、特性、應用範圍，此一小節將針對快閃記憶體之商品化，應用於智慧型行動電話之記憶卡發展與特性詳細的敘述。

一、小型快閃記憶體卡

　　小型快閃記憶體卡(Compact Flash Card；CF)於 1995 年推出，是最早格式化的移動記憶產品，在當時是屬於體積小、低功率的移動式儲存產品，其外觀圖如圖 6-8 所示。

圖 6-8　CF 記憶卡(圖源自於創見 Transcend 公司)

　　CF 記憶卡內部腳位具有 50 接腳(pin)介面，其體積大小規格為 42.8mm×36.4mm×3.3mm，CF 記憶卡的傳輸速率一般則以倍數來計算，1 倍速 (1x)傳輸速率為 150Kb/sec，目前由於 CF 記憶卡容量愈來愈大，因此以發展出 133X、166X 以上高速率傳輸。目前 CF 記憶卡有發展出二種類型，一種為 Type I 其高度為 3.3mm，另一種為 Type II 其高度為 5mm；其中 Type II 類型所儲存的容量相對的會比 Type I 大，而在相容性部分 Type I CF 記憶卡可以用於 Type II 的插槽，但 Type II 記憶卡則不能用於 Type I 的插槽；而目前 CF 記憶卡容量已經發展到 32GB 以上。CF 記憶卡的用途相當多樣化，包括可應用於專業攝影師所用的數位相機、掌上型電腦、掌上型電玩等。

二、安全型數位記憶卡

安全型數位記憶卡(Secured Digital Card；SD)是目前無論是數位相機或是智慧型行動電話，較為普及之儲存記憶卡。SD 記憶卡是由東芝、松下電器以及 SanDisk 等三家廠商共同開發的小型記憶卡，其體積大小規格為 32mm×24mm×2.1mm，其外觀圖如圖 6-9 所示。

SD 記憶卡內部腳位具有 9 接腳(pin)介面，其腳位結構圖如圖 6-10 所示。其中，第 1 腳位為記憶卡偵測(Card Detect)，當使用者將 SD 記憶卡插入 SD 插槽(Slot)時，行動裝置產品偵測是否有 SD 記憶卡插入之功能；第 2 腳位為命令(Command)信號，做為後端之行動裝置產品送信號給 SD 記憶卡之功能；第 3 腳位為接地(Ground)信號；第 4 腳位為電源(VDD)信號，一般 SD 記憶卡之電源為 3.3V；第 5 腳位為時脈(Clock)信號；第 6 腳位為接地(Ground)信號；第 7 至 9 腳位為資料(Data)信號，做為 SD 記憶卡與行動裝置產品之資料讀取或寫入之功能；WP 腳位為寫入保護(Write Protect)之功能。

圖 6-9　SD 記憶卡(圖源自於創見 Transcend 公司)　圖 6-10　SD 記憶卡腳位結構圖

SD 記憶卡的傳輸速率與 CF 記憶卡傳輸速率相似，1 倍速(1x)傳輸速率為 150Kb/sec，目前由於 SD 記憶卡容量愈來愈大，因此以發展出 150X、166X 以上高速率傳輸。而目前市面上已發展出 32GB 以上的 SD 記憶卡，未來將朝向高速讀寫及高容量的記憶卡發展，以符合未來應用於行動通訊產品的多媒體影音需求。

目前 SD 記憶卡已推出新的技術規格為 SDHC(Secure Digital High Capacity)，此種技術規格是 SD 卡協會(Association)在 2006 年 3 月發表 SD2.0 規格的高容量版本。SDHC 記憶卡與傳統 SD 記憶卡的主要差異在於，舊版本用 FAT16 檔案系統，意思是管理檔案所在位置的資料用 16 位元來表示，所以最多只能管理 65536 個範圍，再考慮每個範圍能儲存 32KB 的資料量，所以 65536×32KB＝2 GB，因此傳統 SD 記憶卡容量上限只能到達 2GB 左右；而為了解決 FAT16 格式可支援容量有限的問題，因此 SDHC 記憶卡使用了 FAT32 格式；依規格定義，容量最大可達到 32GB 以上。

由於 SDHC 記憶卡是較新的版本，因此使用 SDHC 記憶卡，必須注意相容性問題。SDHC2.0 記憶卡與現有 SD1.1 讀卡設備並不相容。選購 SDHC 記憶卡時，需注意讀卡機與消費電子產品是否支援 SD2.0 規格，因為 SDHC 記憶卡並不能向下相容 SD1.1 規格的讀卡機。由於 SDHC 記憶卡是屬於高容量儲存裝置，因此 SDHC 記憶卡上會標明最低存取速度，例如 class2(2MB／秒)、class4(4MB／秒)或 class6(6MB／秒)，因此新一代 SDHC2.0(SD High Capacity) 標準規範為 SD 記憶卡的下一代新標準。

三、微小型記憶卡

於 2004 年 2 月由 SanDisk 開發的『超迷你』記憶卡稱為微小型記憶卡(Micro SD)，Micro SD 記憶卡之超迷你體積尺寸僅有 11×15×1mm，如圖 6-11 所示。其大小只有手機 SIM 卡的一半，大約和幼兒的指甲差不多大小，於在 2004 年 10 月正式更名為 T-Flash(Trans-Flash)卡。

圖 6-11　Micro SD 記憶卡(圖源自於 SanDisk 公司)

Micro SD 記憶卡內部腳位具有 8 接腳(pin)介面，其腳位結構圖如圖 6-12 所示。其中，第 1、7 與 8 腳位為資料(Data)信號 Data0 至 Data2，做為 Micro SD 記憶卡與行動裝置產品之資料讀取或寫入之功能；第 2 腳位為記憶卡偵測 (Card Detect)，當使用者將 Micro SD 記憶卡插入 Micro SD 插槽(Slot)時，行動裝置產品偵測是否有 Micro SD 記憶卡插入之功能，也可做為資料(Data)信號；第 3 腳位為命令(Command)信號，做為後端之行動裝置產品送信號給 Micro SD 記憶卡之功能；第 4 腳位為電源(VDD)信號，一般供給 Micro SD 記憶卡之電源為 2.85V，其電源會比傳統 SD 記憶卡省電；第 5 腳位為時脈(Clock)信號；第 6 腳位為接地(Ground)信號。

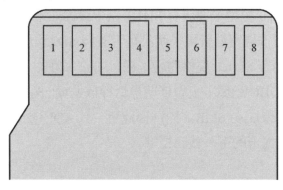

圖 6-12　Micro SD 記憶卡腳位結構圖

　　而 Micro SD 記憶卡可以搭配專用的『轉接卡』，當作 SD 記憶卡使用，也可相容於 SD 記憶卡之插槽，目前 Micro SD 容量已有 8GB 以上。

　　研發人員在量測記憶卡頻率時脈圖時，可參閱高速記憶卡時脈波形圖，如圖 6-13 所示，表 6-1 為高速記憶卡時脈參數值，其中 SD 記憶卡在讀取資料與寫入資料之最大頻率為 50MHz，高、低時脈時間之最小值必須為 7ns，時脈上升與下降時間最大值必須為 3ns，因此研發人員當線路設計完成時，皆必須量測記憶卡頻率時脈圖，確定是否有符合原廠記憶卡所提供之資料數據，以免造成記憶卡不正常動作或資料傳輸異常現象發生。

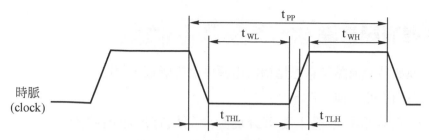

圖 6-13　高速記憶卡時脈圖

表 6-1　為高速記憶卡時脈參數值

參數	符號	最小值	最大值	單位
SD 讀／寫頻率	f_{PP}	0	50	MHz
低時脈時間	t_{WL}	7		ns
高時脈時間	t_{WH}	7		ns
時脈上升時間	t_{TLH}		3	ns
時脈下降時間	t_{THL}		3	ns

本章研讀重點

1. 揮發性記憶體其意思是指當電源供應中斷後，記憶體內所儲存的資料便會消失的一種元件。

2. 隨機存取記憶體主要可分為動態隨機存取記憶體(Dynamic Random Access Memory；DRAM)與靜態隨機存取記憶體(Static Random Access Memory；SRAM)二種類型。

3. 記憶體的內部構造是由許許多多可反覆充電的小型電晶體所組成的，而每一個小型電晶體會呈現帶電與沒帶電的狀態，其中電晶體帶電時的狀態代表高準位(1)，而電晶體沒帶電時的狀態代表低準位(0)，因此記憶體即利用高準位與低準位來記錄所記載的資料。

4. 動態隨機存取記憶體之記憶單元(cell)只需一個電晶體就可達成，是利用電容內儲存電荷的多寡來代表一個二進制位元為高準位(1)還是低準位(0)，由於動態隨機存取記憶體結構簡單，因此在製造上有較低之成本。

5. 動態隨機存取記憶體內部是以二進制位元為單位儲存資料，並採用矩陣排列，因此每個二進制位元位址分為行與列兩部分，刷新動作即是針對列位址的儲存單元進行充電，其刷新時間約為幾十毫秒(ms)左右。

6. 動態隨機存取記憶體具有線路簡單、密集度高等優點，使得 DRAM 的單位儲存空間相對增加即可較高的記憶容量，加上單位成本低等。因此動態隨機存取記憶體除了持續應用於個人電腦產品上，其廣泛地應用於電子產品領域。

7. 靜態隨機存取記憶體(Static Random Access Memory；SRAM)之所謂稱為「靜態」，是指這種記憶體只要保持電源存在，記憶體內所儲存的資訊就可以永遠保持。

8. 靜態隨機存取記憶體每一記憶單元需 4 至 6 個電晶體才能達成，在內部結構設計上比起動態隨機存取記憶體更為複雜，而記憶單元內的電晶體可分成兩組，彼此互成翹翹板形勢，具有對稱性，因此在電學名稱也為正反器(Flip-Flop)。

9. 靜態隨機存取記憶體的生產成本比較高，但在需要高速讀寫資料的地方，如個人電腦或筆記型電腦上的快取(Cache)資料，還是會使用靜態隨機存取記憶體(SRAM)。

10. 唯讀記憶體(Read Only Memory；ROM)在製成上是屬於半導體記憶體，其特性為一旦寫入儲存資料即無法再將之改變或刪除，此記憶體的製造成本低，通常應用在不需經常變更資料的電子儀器系統或個人電腦系統中，其寫入之資料並不會因為電源關閉而消失。

11. 可抹除程式唯讀記憶體(Erasable Programmable Read Only Memory；EPROM)是利用高電壓方式將資料寫入記憶體中，抹除時將線路曝光於紫外線下，則記憶體內部資料可被清除，並且可重複使用。

12. 可電擦式程式唯讀記憶體(Electrically Erasable Programmable Read Only Memory；EEPROM)，其運作原理與 EPROM 相似，也是利用高電壓方式將資料寫入記憶體中，但是抹除的方式是使用高電場來完成，不須將線路曝光於紫外線下。

13. 快閃記憶體(Flash Memory)是屬於非揮發性記憶體，依據產品特性不同，可分為應用於程式碼(OS Code)記憶的 NOR 型快閃記憶體與應用於資料記憶的 NAND 型快閃記憶體。

14. 快閃記憶體之製造成本比起可電擦式程式唯讀記憶體(EEPROM)來的低，儲存在快閃記憶體的資料，即使在未通電(Power Off)的狀態下資料仍然存在，因此可當成儲存裝置，也成為非揮發性儲存裝置最重要也最廣為使用之產品。

15. NOR 型快閃記憶體讀取資料的方式，只須提供資料的正確位址與資料匯流排就可以讀取資料，並且儲存在 NOR 型快閃記憶體上的程式不需傳送到隨機存取記憶體(RAM)，可以直接在快閃記憶體內直接執行。

16. NOR 型快閃記憶體讀取速度快，成本製造上在 1 至 4MB 的小容量時具有很高的成本效益，但是較慢的寫入與刪除速度大大影響了 NOR 型快閃記憶體之性能，一般 NOR 型快閃記憶體寫入次數約 1 萬次～10 萬次。

17. NAND 型快閃記憶體每個儲存單元的面積也較小，也使得 NAND 型快閃記憶體相較於 NOR 型快閃記憶體具有較高的儲存密度與較低的儲存單元(Cell)製造成本。同時它的可抹除次數也高出 NOR 型快閃記憶體十倍左右，一般 NOR 型快閃記憶體寫入次數約 10 萬次～100 萬次，並且具有寫入和刪除速度快之特性。

18. NAND 型快閃記憶體內部之製程可分為單階儲存單元(Single Level Cell；SLC)與多階儲存單元(Multi Level Cell；MLC)。

19. 單階儲存單元快閃記憶體主要為傳輸速度更快，功率消耗低和使用次數多等優點。然而，由於每個儲存單元所儲存的資料量較少，因此在生產成本上須花費較高，但由於傳輸速度較快速，SLC 快閃記憶體可應用在高性能的儲存記憶卡上。

20. 多階儲存單元(MLC)可以在每個儲存記憶單元內儲存 2 位元的資料，與傳統儲存 1 位元資料的 SLC 製程相比，多階儲存單元的儲存密度倍增。

21. CF 記憶卡的傳輸速率一般則以倍數來計算，1 倍速(1x)傳輸速率為 150Kb/sec。

22. SDHC 記憶卡是屬於高容量儲存裝置，因此 SDHC 記憶卡上會標明最低存取速度，class2(2MB／秒)、class4(4MB／秒)或 class6(6MB／秒)。

習　題

1. 請敘述動態隨機存取記憶體之特性。

2. 請敘述同步動態記憶體之特性。

3. 請敘述雙倍同步動態隨機存取記憶體之特性。

4. 請敘述靜態隨機存取記憶體之特性。

5. 請敘述唯讀記憶體之特性。

6. 請敘述 NOR 型快閃記憶體之特性。

7. 請敘述 NAND 型快閃記憶體之特性。

8. 請敘述單階儲存單元與多階儲存單元之特性。

9. 請敘述 NOR 型與 NAND 型快閃記憶體之特性比較。

10. 請敘述 SD 記憶卡接腳特性與傳輸速率。

11. 請敘述微小型記憶卡之特性。

參考文獻

1. Memory OneNAND Solution Datasheet.

2. *Flash 的技術與運作原理*－資料手冊。

3. *記憶體發展技術*－資料手冊。

4. NOR Flash and NAND Flash Datasheet.

5. M-Systems Flash Technology Datasheet.

第七章　石英振盪器元件

　　此一章節將探討在電子產品或行動通訊產品上不可或缺之石英振盪器元件，其運用壓電效應使得石英晶體產生穩定振盪頻率特性，其應用十分廣泛，例如個人電腦主機板、儀器電路板、石英錶及最近幾年來使用在行動電話通訊元件等。因此在此章節將對於石英振盪器之原理、特性、結構與應用等，詳細地說明敘述，可做為研發人員在選用石英振盪器元件時，參考之依據。

7-1　石英晶體振盪原理

　　石英主要是由矽與氧原子組合而成的二氧化矽(Silicon Dioxide；SiO_2)，其形狀為菱型結晶形式，通常是以六角柱形式的單結晶結構存在，如圖 7-1 所示。石英純淨時無色，其為一種常見的礦物，以沙岩及燧石為主要原料。石英晶體振盪器是利用石英晶體的壓電效應製成的一種諧振元件，它的基本構成是從一塊石英晶體上依一定方位角切下薄片，簡稱為晶片，可以是正方形、矩形或圓形，在它的兩個對應面上涂敷銀層作為電極，在每個電極上各焊一根引線接到元件接腳上，再加上封裝外殼就形成了石英晶體諧振器，簡稱為石英晶體。

　　石英晶片本身為一壓電材料(Piezoelectric Material)，利用電壓外加於晶片的兩側產生電場，當施加壓力在晶體某些方向時，垂直施力的方向就會產生電位；當以一個電場施加在石英晶體某些方向時，在另一些方向就會產生變形或振動，此現象由於壓電材料本身機械與電性耦合所產生之作用，使晶體本身產機械變形，由於晶體的切割面受到機械應力的作用，晶體的兩相對面又會產生一電位差，此種物理特性稱為壓電效應。

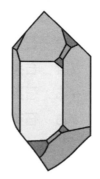

圖 7-1　石英結構

　　因此單結晶石英材料即利用壓電效應所產生的共振頻率之特性，而具有較佳之精確度，因此作為各類型信號頻率之參考基準，而石英振動之頻率會依晶體的不同而有所異，石英晶體切割片愈薄，切割技術愈困難，但諧振頻率愈高。因此振動頻率與晶片的切割方式、幾何形狀、尺寸大小有相當重要之關係，石英振盪器具有高品質因素(Q Factor)與高準確度，因此在電子產品上利用石英晶體所形成的振盪電路，可得到很高的頻率穩定度。

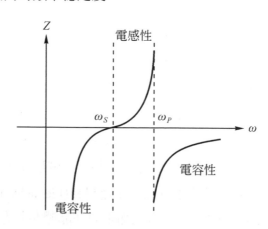

圖 7-2　石英晶體元件符號　　　　　圖 7-3　頻率－阻抗轉換特性

石英晶體元件符號如圖 7-2 所示，石英晶體具有頻率－阻抗轉換特性，如圖 7-3 所示，當石英晶體遠離振盪頻率區域時，石英晶體為一個電容性的元件；若頻率接近石英晶體的振盪頻率時，即維持在 ω_s 與 ω_p 之間，接近電感性的 RLC 等效振盪線路。

石英晶體兼具串聯諧振特性 ω_s 與並聯諧振特性 ω_p，其等效電路如圖 7-4 所示，其中 L_s、C_s、R_s 是由晶體本身的壓電特性所形成，C_p 則為包裝此晶體片的夾板金屬，其諧振頻率 ω_s 與 ω_p 分別為公式(7-1)、(7-2)所示。

$$\omega_s = \frac{1}{\sqrt{L_s C_s}} \quad\text{...}\quad (7\text{-}1)$$

$$\omega_p = \frac{1}{\sqrt{L_s C_p}} \quad\text{...}\quad (7\text{-}2)$$

其中 $\dfrac{1}{C} = \dfrac{1}{C_s} + \dfrac{1}{C_p}$ 。

在等效電路中有四個重要參數，其中 R_s 為動態電阻、L_s 為動態電感、C_s 為動態電容、C_p 為靜態電容。

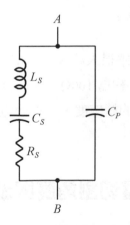

圖 7-4　石英晶體等效電路

串聯諧振頻率(series resonance frequency；f_s)與並聯諧振頻率(parallel resonance frequency；f_p)，是研發人員在設計共振時的等效線路時，重要的二

個頻率參數。對於串聯諧振頻率及並聯諧振頻率二者之關係,可以由公式
(7-3)、(7-4)所示。

$$f_s = \frac{1}{2\pi}\sqrt{\frac{1}{L_s C_s}} \quad\text{(7-3)}$$

$$f_p = f_s\sqrt{1+\frac{C_s}{C_p}} \quad\text{(7-4)}$$

方程式中的 L_s 為動態電感、C_s 為動態電容、C_p 為靜態電容。

動態電容(C_s)、動態電感(L_s)與串聯諧振頻率(f_s)是有關聯性的,因此研發
人員在實際的量測系統中,動態電感(L_s)可以由公式(7-5)計算而得到數值。

$$L_s = \frac{1}{4\pi^2 f_s^2 C_s} \quad\text{(7-5)}$$

品質因素(Quality Factor, Q)是石英晶體非常重要的一個特性,可利用公式
(7-6)來表示。

$$Q = \frac{2\pi f_s C_s}{R_s} = \frac{1}{2\pi f_s R_s C_s} \quad\text{(7-6)}$$

由於石英晶體的等效電感很大約幾十 mH 到幾百 mH,而電容很小約
0.0002 至 0.1pF,電阻也很小約為 100Ω,因此石英晶體的品質因數 Q 很大,
使得石英晶體產品具有較高的精確度,其振盪電路也可獲得很高的頻率穩定
度。

(b) 7-2 石英晶體切割角度與溫度特性

石英晶體依據產品不同的應用範圍及工作溫度之差異,具有許多不同的石
英切割角度種類;例如,AT、BT、CT、DT…等不同的切割角度,其切割方
式如圖 7-5 所示。其中若須產生高頻率之石英振盪器可利用 AT 與 BT 之切割

方式，其中 AT 切割角度為 35 度，BT 切割角度為 49 度；若須產生低頻率之石英振盪器可利用 CT 與 DT 之切割方式，其中 CT 切割角度為 38 度，DT 切割角度為 52 度。

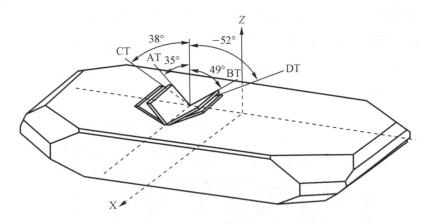

圖 7-5　石英晶體切割方式

　　AT 切割角度即為切割面与垂直軸成特定之角度，AT 切割的石英晶體其振動頻率較不受溫度變化的影響，具有較佳之頻率穩定度，因此在各種不同種類的切割角度方式中，AT 切割角度的石英晶體適用在數 MHz 至數百 MHz 的頻率範圍內，是石英晶體應用頻率範圍最廣範及使用數量最多的一種切割方式。

　　AT 切割角度的石英晶體經由壓電效應後，其振盪頻率 f 如公式(7-7)所示：

$$f = \frac{N}{2D_Q}\left(\frac{C}{\rho}\right)^{1/2} \quad\text{(7-7)}$$

其中，N 為倍頻數，$n = 1,\ 3,\ 5,\ \cdots$；D_Q 為石英晶體的厚度；C 為切割彈性係數；ρ 為石英晶體的密度($2.65 \times 10^3\,\text{kg/m}^3$)。

　　從方程式可以知道，振盪頻率 f 與 D_Q、C、ρ 等參數有直接相關，另外還受到很多的外界影響，例如晶體本身溫度、溫度係數等皆影響石英晶體所產生之振盪頻率。然而不同的切割方向之角度，具有不同的彈性張力、壓電係數及不同的介電常數等之特性，而這些特性也造成石英晶體元件在設計及應用上，呈現了不同的振盪頻率及溫度特性。

而目前石英晶體產品主要用於電子線路上的振盪頻率，因此，振盪頻率與工作環境溫度之特性將是一個非常重要的參數。良好的頻率與溫度變化特性也是研發人員選用石英晶體做為振盪頻率元件的主要考量因素之一。圖 7-6 為不同的石英切割角度，所得到不同的溫度曲線。AT 切割角度在溫度為 −80 度至 120 度時，其頻率變化量是所有的切割方式中，頻率變化最小的，即頻率對正、負溫度的變化最為對稱，因此 AT 切割角度之方式，為目前應用產品範圍最廣泛且頻率特性最佳的切割方式。

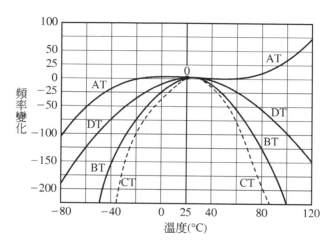

圖 7-6　石英切割角度之溫度曲線

　　而目前許多石英晶體之製造商皆利用 AT 切割角度方式，而產生出穩定振盪頻率之石英振盪器，而石英振盪器其厚度與頻率呈現反比之比率，其公式如 (7-8)所示：

$$F = \frac{1670}{T} \quad \cdots\cdots (7\text{-}8)$$

其中，F 為振盪之頻率，T 為石英晶體之厚度。當石英晶體厚度為 0.12mm 時，其產生之振盪頻率約 13.9MHz，當石英晶體厚度減為 0.05mm 時，其產生之振盪頻率約 33.4MHz；因此當工作在低頻時，其晶片(Blank)較厚，若工作在高頻時，其晶片較薄。

7-3　石英振盪器構造

振盪器依產品應用可分為石英晶體(Crystal 或 X'tal)，此種元件須振盪電路才能產生振盪；另一種振盪器產品為石英振盪器(Oscillator 或 CXO)等兩大類。石英晶體(Crystal)可以看成是電感是屬於被動元件(消耗能量)，須搭配振盪電路(如：考畢茲振盪器、哈特萊振盪器)，石英晶體才會正常動作而產生出振盪頻率；石英振盪器(Oscillator)是屬於主動元件(產生能量)，且內部有振盪迴路，線路上供給電源即會產生振盪頻率。然而石英晶體(Crystal)贊生產成本上價格較低，但石英晶體外部要有一個振盪電路才可以產生振盪，即才能達到石英振盪器(Oscillator)之特性。

在元件構造上依產品應用之範圍可分為表面黏著元件(Surface Mount Device；SMD)與雙腳線包裝(Dual in-line package；Dip)兩大類。表面黏著元件型石英晶體如圖 7-7 所示，其應用範圍主要在行動電話產品、MP4 播放器等有高度考量之電子產品。

圖 7-7　表面黏著元件型石英晶體外觀圖(eCera 原廠提供)

另一種包裝為雙腳線包裝型(Dip)石英晶體，其外觀圖如圖 7-8 所示，其應用產品主要在主機板、USB 隨身碟等，產生穩定之振盪頻率。

表面黏著元件型石英晶體(Crystal)內部結構如圖 7-9 所示，結構最上層為金屬表層，最下層材質為陶瓷基底，內部具有石英材料並在石英材料周圍塗上電極，而產生頻率振盪。石英晶體(Crystal)參考線路如圖 7-10 所示，其中，若後端 IC 元件內有 Inverter 及 Buffer 等元件設計時，則可選用石英晶體(Crystal)之產品。

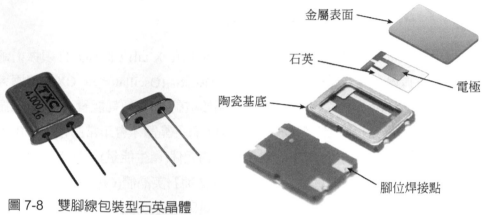

圖 7-8 雙腳線包裝型石英晶體
外觀圖(eCera 原廠提供)

圖 7-9 表面黏著元件型石英晶體結構圖

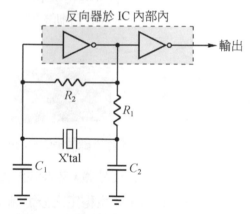

圖 7-10 石英晶體(Crystal)參考線路

　　另外，表面黏著元件型石英振盪器(Oscillator)內部結構如圖 7-11 所示，其內部結構圖與石英晶體相似，最大的差異點在於石英振盪器(Oscillator)內部有 IC 振盪迴路，線路上供給電源給石英振盪器(Oscillator)即會產生振盪頻率。石英振盪器(Oscillator)參考線路如圖 7-12 所示，其中，若後端 IC 元件內部無 Inverter 及 Buffer 等元件設計時，則需選用石英振盪器(Oscillator)產品。

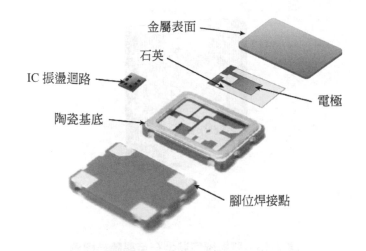

圖 7-11　表面黏著元件型石英振盪器結構圖

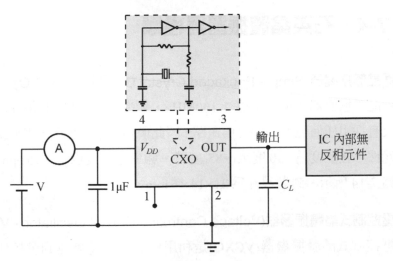

圖 7-12　石英振盪器(Oscillator)參考線路

　　雙腳線包裝型(Dip)石英晶體，內部結構圖如圖 7-13 所示，其中圖面上①為焊接腳位；②為底座；③為石英材料；④為將石英材料周圍塗上電極；⑤為電極與腳位之黏著劑，具有導電特性；⑥為石英晶體外殼封裝。

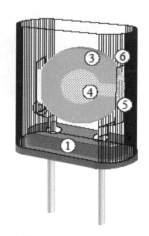

圖 7-13　雙腳線包裝型石英晶體結構圖

 7-4　石英晶體振盪器種類

一、普通晶體振盪器(Simple Packaged Crystal Oscillator；SPXO)

　　普通晶體振盪器標準頻率為 1-100MHz，頻率穩定度是 ±100 ppm。SPXO 設計上沒有採用任何溫度頻率補償電路，因此價格低廉，通常應用於微處理器的時鐘元件，在溫度為 –40 度至～85 度時，頻率穩定度為 +/– 25 ppm 其等效電路如圖 7-14 所示。封裝尺寸為 21×14×6 mm。

二、電壓控制式晶體振盪器(Voltage Controlled Crystal Oscillator；VCXO)

　　電壓控制式晶體振盪器(VCXO)是利用變容二極體來達到壓控頻率之特性，而調整 VC 電壓可改變不同之頻率輸出，頻率範圍約 1 至 30MHz，頻率穩定度是 ±50 ppm。通常應用於電路中的鎖相迴路，其等效電路如圖 7-15 所示。封裝尺寸 14×10×3 mm。

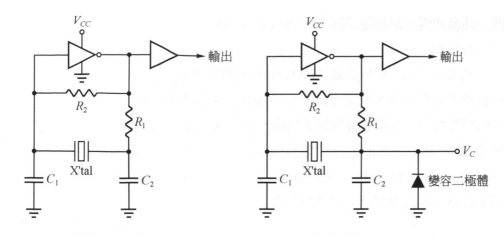

圖 7-14　SPXO 等效電路　　　　圖 7-15　VCXO 等效電路

三、恆溫控制式晶體振盪器(Oven Controlled Crystal Oscillator；OCXO)

　　恆溫控制式晶體振盪器(OCXO)，利用爐控(oven)來控制石英振盪器之工作環境溫度，當外部溫度產生變化時，爐控內會保持恆溫以控制頻率偏移變化。使其固定在相同溫度點下工作，達到頻率偏移控制，其等效電路如圖 7-16 所示。

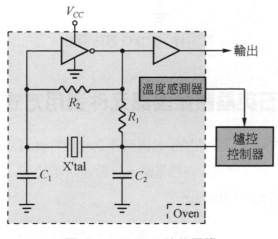

圖 7-16　OCXO 等效電路

四、溫度補償式晶體振盪器(Temperature Compensated Crystal Oscillator；TCXO)

溫度補償式晶體振盪器(TCXO)是利用溫度敏感元件進行周遭環境溫度變化之頻率補償，頻率範圍約為 1 至 60MHz，頻率補償電路會因溫度變化所產生的頻率偏移，而做適當地頻率補償，而達到只有 +/－ 2 ppm 的頻偏誤差，即頻率穩定度為 ±2 ppm，其等效電路如圖 7-17 所示。尺寸大小可為 30×30×15 mm 至11.4×9.6×3.9 mm。通常應用於智慧型行動電話、無線通信傳輸設備等做為溫度補償式晶體振盪器。

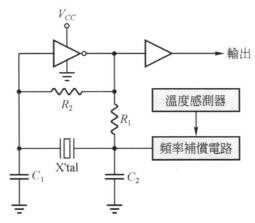

圖 7-17 　TCXO 等效電路

⏻ 7-5 石英晶體振盪器元件選用方式

在此一小節將敘述石英晶體振盪器元件之參數特性，以及如何選用適合的石英晶體振盪器元件，應用於高頻電路或行動通訊產品上。表 7-1 為一般常用的石英晶體振盪器元件規格表。

表 7-1　石英晶體振盪器元件規格表

特性	符號	規格
振盪頻率	f	32.768KHz
工作溫度範圍	TOPR	$-40\,℃$　to $+85\,℃$
儲存溫度範圍	TSTG	$-55\,℃$　to $+125\,℃$
負載電容	C_L	12.5pF
頻率誤差	FT	±0.2 ppm
靜態電容	C_p	5pF
動態電阻	R_s	$70k\Omega$
老化	fa	$\pm3\times10^{-6}$ /year Max.
驅動功率	G_L	$0.5\mu W$ Max.

一、靜態電容(C_p)

靜態電容(C_p)為石英晶體兩端之電容值。此值會受到基座材質的影響，靜態電容一般值為 5pF 左右，當靜態電容值為 7pF 以上時，易產生較大的副波，擾亂石英晶體振盪之工作頻率。

二、最大／最小頻率變化

在不同的功率驅動石英晶體振盪時，所得之最大頻率與最小頻率之差，稱為最大/最小頻率變化。此值越小越好，當石英晶體製程受影響時，則此值會偏高，導致振盪不完全。良好的石英晶體不會因驅動功率變化，而產生較高的頻率差異，造成振盪不完全現象，一般量測的值必須小於 8ppm。

三、驅動功率

驅動功率值越小越好、即表示石英晶體元件愈省電。良好的石英晶體，應在 0.05μW 即可產生振盪頻率。

四、老化

頻率年變化量越小越好。良好的石英晶體在製造過程中要測試產品元件老至少 72 小時以上。一般石英晶體元件年頻率漂移應為 ±3 ppm 以下。

五、迴焊

良好的石英晶體在高精準度製程下，即使經過多次迴焊後，亦能穩定地產生振盪頻率；而不會產生振盪不完全或異常振盪。

六、可靠度測試

良好的石英晶體須在經過可靠度測試後，仍然要能正常產生振盪頻率，例如：

1.　模擬石英晶體元件運輸過程中之可靠度測試，包含了落摔測試、硬力衝擊測試、振動測試等。

2.　模擬石英晶體元件儲存時之可靠度測試，包含了低溫儲藏(−55 度)與高溫儲藏(125 度)等。

3.　模擬石英晶體元件在特殊環境中使用之可靠度測試，包含了高低溫快速冷熱衝擊(−55 度至 125 度)、高溫高濕(85℃、95%RH)等。

石英晶體振盪器除了上述考量規格與特性之外，在選擇良好的石英晶體還須要注意石英晶體元件之波形圖，如圖 7-18 所示。

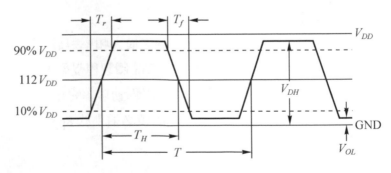

圖 7-18　石英晶體元件之波形圖

其中包含：

1. 起振時間：

　　當電壓開始供給石英晶體產生振盪時，振盪器輸出頻率到達穩定時，其時間稱為起振時間，起振時間越短越好，一般標準值為 4ms 以內。

2. 上升時間(Rise Time；T_r)：

　　上升時間為輸出電壓從 Logic '0'到 logic '1'所花費的時間(10%至90%)；上升時間(Tr)越短越好，一般標準值為 5ns 以內。

3. 下降時間(Fall Time；T_f)：

　　下降時間為輸出電壓從 Logic '1'到 logic '0'的所花費的時間(90%至10%)；下降時間越短越好，一般標準值為 5ns 以內。

4. 工作週期(Duty Cycle)：

　　石英晶體之波形對稱性越接近 50%越好，因石英振盪器為重要時脈產生器，一般在 45%～55%之間，可產生穩定的輸出振盪頻率。

5. 頻率抖動(Jitter)：

　　石英晶體應用於高頻傳輸線路或高速寬頻資料傳輸時，頻率抖動越小越好；頻率抖動過大時，會造成訊號傳輸時信號中斷或資訊傳輸錯誤。

⏻ 7-6 石英晶體振盪器設計方式

　　石英晶體振盪器之選用有一個非常重要的參考數值，即為頻率誤差值，單位為百萬分之一(Part Per Million；PPM)，此頻率誤差值即表示石英晶體振盪器在百萬分之一的頻率誤差值；其計算方式是以實際量測到之頻率減去原本產生之頻率再除以原本產生之頻率，且將小數點往後移六位數即為頻率誤差值(PPM)。

　　而負載電容(Load Capacitance；C_L)也是石英晶體振盪器選用之非常重要的參考數值，負載電容定義為從石英晶體振盪器的兩端，看進振盪電路所呈現的電容效應，稱為負載電容。負載電容在電路上可以與石英晶體振盪器以並聯(parallel)或以串聯(series)的方示連接，若以並聯方式連接時，其負載電容值(C_L)

的大小會影響共振頻率(f_L)之特性，其共振頻率公式如(7-9)所示；然而負載電容與振盪線路頻率之間並不是線性關係。當負載電容小的時候，其頻率變化量就變大，當負載電容增加時，其頻率變化量就減小。

$$f_L = f_s \cdot \sqrt{1 + \frac{C_s}{C_p + C_L}}$$ .... (7-9)

圖 7-19 為一般智慧型行動電話所設計之石英晶體振盪器等效電路，其中 C_1 與 C_2 為電路設計上外掛之電容，必須與石英晶體振盪器負載電容值(C_L)互相匹配。其計算公式如(7-10)所示：

$$C_L = \frac{C_1 \cdot C_2}{C_1 + C_2} + C_p$$ .... (7-10)

其中，C_L 為石英晶體振盪器內部負載電容值，其典型值為 10 至 15pF；C_p 為靜態電容，其典型值為 5PF。因此，C_1、C_2 及 C_L 在設計上須適當地批配，以得到最正確的頻率輸出。若 C_1 與 C_2 小於 10pF 或大於 30pF 時，振盪頻率會被石英晶體電路參數影響，功率會升高或阻抗會減小，而使得振盪的頻率不穩定，產生頻率偏移之現象。

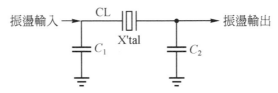

圖 7-19　石英晶體振盪器典型等效電路

因此，C_L 愈小，C_p 影響愈大，頻率愈不穩定；若 C_L 太大，雖 C_p 影響較小，但功率必須加大，會產生石英晶體振盪器元件耗電之現象。然而，電容成本較低，因此建議利用 $C_1 /\!/ C_2$ 來調整 C_L 值，而不建議選用石英晶體振盪器內部負載電容值來搭配 C_1 與 C_2 電容值。

因此在此章節詳細地探討石英振盪器之原理、特性、結構、應用與電路設計等，而目前石英振盪器元件也廣泛地應用於電子儀器、電子產品、無線傳輸、行動通訊等，成為不可或缺之重要元件，因此，此章節讓研發人員在選用石英振盪器時，能有個參考之依據。

本章研讀重點

1. 石英主要是由矽與氧原子組合而成的二氧化矽(Silicon Dioxide；SiO_2)，其形狀為菱型結晶形式，通常是以六角柱形式的單結晶結構存在。

2. 因此單結晶石英材料即利用壓電效應所產生的共振頻率之特性，而具有較佳之精確度，因此作為各類型信號頻率之參考基準。

3. 振盪器依產品應用可分為石英晶體(Crystal 或 X'tal)，此種元件須振盪電路才能產生振盪；另一種振盪器產品為石英振盪器(Oscillator 或 CXO)等兩大類。

4. 石英晶體(Crystal)可以看成是電感是屬於被動元件(消耗能量)，須搭配振盪電路，石英晶體才會正常動作而產生出振盪頻率。

5. 石英振盪器(Oscillator)是屬於主動元件，且內部有振盪迴路，線路上供給電源即會產生振盪頻率。

6. 靜態電容(C_p)為石英晶體兩端之電容值。此值會受到基座材質的影響，靜態電容一般值為 5pF 左右。

7. 驅動功率值越小越好、即表示石英晶體元件愈省電。

8. 石英晶體振盪器之選用有一個非常重要的參考數值，即為頻率誤差值，單位為百萬分之一(Part Per Million；PPM)。

習 題

1. 請敘述石英晶體振盪原理。
2. 請敘述石英晶體串聯與並聯諧振特性。
3. 請敘述石英晶體切割角度。
4. 請敘述石英振盪器分類。
5. 請敘述石英晶體振盪器種類。
6. 請敘述石英晶體振盪器元件選用方式。
7. 請敘述石英晶體波形圖。

參考文獻

1. *石英晶體振盪器原理說明—資料手冊*。
2. *高頻率振盪器結構原理介紹—資料手冊*。
3. Thin SMD Low Frequency Crystal Unit FC-135 Datasheet.
4. Introduction of Quartz Crystal Datasheet.
5. Quartz Crystal Devices Product Introduction Datasheet.
6. Crystal Oscillator Product Introduction Datasheet.

第八章　無線通訊網路

　　全球通訊產業目前已經發展到非常進度與快速地步，不但可以傳送語音信號，現在更快速發展到可以傳送影像、聲音、資料等全方位資訊。早期有線通訊發展是經由電話線傳送聲音與資料，進而發展到利用銅軸電纜傳送資料，而目前已經發展到藉由光纖來傳送多媒體影音資料，進而發展到光纖到家(Fiber to the Home；FTTH)；而無線通訊系統也藉由紅外線資料傳輸(Infrared Data Association；IrDA)、無線射頻辨識(Radio Frequency Identification；RFID)、藍芽(Bluetooth)、無線區域網路等，進行大量影音傳送與資料傳輸；然而通訊產業從有線傳輸發展到無線傳輸，讓我們生活中更加進步與增加許多便利性。因此，在此章節將針對無線通訊網路發展技術做一個詳細說明與敘述。

8-1　紅外線資料傳輸

　　紅外線資料傳輸(Infrared Data Association；IrDA)於 1993 年由 IBM、HP、Sharp、SONY 等多家廠商在美國建立的通訊標準。IrDA 屬於是在短距離無線通訊領域中的一個世界組織，此組織協會是一個國際標準非營利性組織，主要是建立紅外線短距離無線傳輸的統一標準。紅外線資料傳輸的方法是利用紅外線光，這是一種低成本、點對點(Point-to-Point)資料傳輸模式與雙向無線資料傳輸的技術。且紅外線傳輸之每一傳輸點之間，不可有外物阻隔或其他電子設備干擾。

8-1-1　紅外線通訊協定架構

紅外線資料傳輸是依據紅外線資料聯盟(Infrared Data Association)所制定的規範標準，其產品商標符號如圖 8-1 所示。

圖 8-1　紅外線商標符號(IRDA Datasheet)

紅外線資料傳輸標準包含硬體規範和通訊協定之規範標準，無線資料可利用紅外線資料傳輸進行訊號傳送。而早期無線通訊尚未發達，筆記型電腦須與各種移動式通訊產品需要相互傳送資料與溝通，因此發展出紅外線資料傳輸。紅外線資料傳輸裝置是利用發光二極體(LED)發射紅外線光波，其波長約 875nm，是屬於長波長光源。

紅外線接收器是利用 PIN 檢光二極體接收紅外線光波，此接收到的光波會使光子產生電子－電洞對，具有高的發光效率，將光的激發產生光載子轉換成電子訊號，使得紅外線解調器解調出所需之訊號。此即為紅外線光波之能量轉化為電能之方式。

紅外線傳輸架構在通訊協定階層上大致上可分為三層，如圖 8-2 所示。第一層為紅外線連結擷取協定(Infrared Link Access Protocol；IrLAP)，負責建立實體層的資料連結，在這一層定義了連續紅外線(Serial Infrared；SIR)之傳輸速率為 115.2Kbps；快速紅外線(Fast Infrared；FIR)之傳輸速率為 4Mbps 與非常快速紅外線(Very Fast Infrared；VFIR)之傳輸速率為 16Mbps 等三種傳輸速率。

第二層為紅外線連結管理協定(Infrared Link Management Protocol；IrLMP)，負責管理及分配紅外線連結擷取協定(IrLAP)層傳上來的資料連結給各項服務與應用程式。紅外線連結管理協定(IrLMP)位於紅外線連結擷取協定

(IrLAP)上方，負責偵測週邊的其它紅外線裝置、檢查傳輸資料流量，當紅外
線裝置改變時，會利由紅外線連結管理通訊協定(IrLMP)送出訊息讓其它裝置
感應。

　　第三層為介於應用程式與各紅外線協定之間的應用層，包含資訊擷取服務
(Information Access Services；IAS)、傳輸協定(Transport Protocols；TP)、紅外
線物件交換協定(IrDA Object Exchange Protocol；IrOBEX)、紅外線無線區域網
路 (IrDA Wireless Local Area Network ； IrWLAN) 及 紅 外 線 通 訊 (IrDA
Communication；IrCOMM)等。

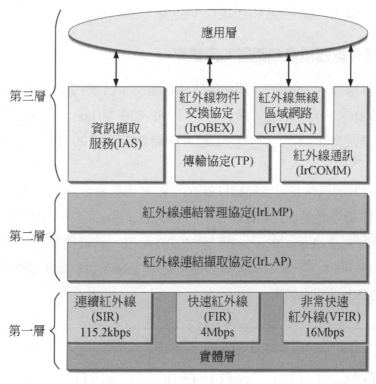

圖 8-2　紅外線通訊協定階層

　　傳輸協定(TP)主要負責管理不同紅外線裝置產品之間的虛擬通道(Virtual
Channels)，進行除錯、將資料分割成封包，並從封包中重組還原數據資料。

紅外線物件交換協定(IrOBEX)是一個簡單的通訊協定,它定義了傳送和接收命令,可以在兩台紅外線裝置之間擷取二進位制數據資料。紅外線物件交換協定在架構中位於傳輸協定(TP)上方,定義了物件交換時,傳輸協定所必需之封包內容,以便於紅外線裝置於通訊時能彼此辨識。紅外線無線區域網路(IrWLAN)主要做為紅外線擷取區域網路資源之通訊協定。當紅外線主裝置(Host)和有線的區域網路連接時,其餘的紅外線次裝置可以透過紅外線無線區域網路和區域網路上的其它電腦進行通訊與連接,且使用半雙工通訊,並確保不同紅外線裝置之間的通訊不會互相衝突。紅外線通訊(IrCOMM)是針對舊有的通訊應用程式,提供通訊串列和並列通訊埠(Port)。

8-1-2 紅外線通訊傳輸距離和傳輸率

為紅外線版本 1.0 和 1.1 規格的傳輸距離為 1 公尺,錯誤率(Bit Error Ratio;BER)為 10^{-9},光源週邊的最大亮為 10k 勒克斯(lux),此測量值是將收發端的偏斜角設定在 15 度之角度;若紅外線偏斜角達到 30 度時,其傳輸距離可超過 1 公尺。

IrDA 1.0 的規格是屬於連續紅外線(SIR)其傳輸速度為 115.2Kbps,使用脈衝調變,脈衝寬度是位元間距的 3/16。數據格式(Data format)和串列埠(Serial Port)採用非同步(Asynchronous)傳送一個位元組,且最前面有一個起始位元(Start Bit),如圖 8-3 所示,IrDA 發射器可使用 3/16 位元間距的調變率來調變,能得到 115Kbps 的傳輸率。

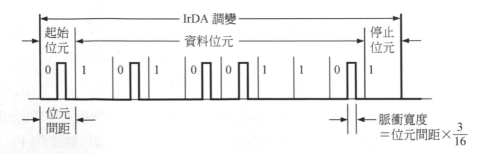

圖 8-3 IrDA 調變圖

　　而近年來在 IrDA(Infrared Data Association)組織聯盟的努力下，傳輸速率已經大幅提高，傳輸速度從最早的連續紅外線(Serial Infrared；SIR)傳輸速率為 115.2Kbps，發展到快速紅外線(Fast Infrared；FIR)其傳輸速率為 4Mbps，之後不斷地改良調變架構與傳輸角度，更進一步提出非常快速紅外線(Very Fast Infrared；VFIR)其傳輸速率為 16Mbps。紅外線傳輸發射出紅外線光束的波長介於 850-900nm 左右，其傳輸的距離與傳輸速度成反比，傳輸距離在 1 公尺以內時，最快的傳輸速率為非常快速紅外線(VFIR)其傳輸速率為 16Mbps，若傳輸距離達到 5 米以上，傳輸速度將會降至 75Kbps，其紅外線傳輸距離與傳輸速度之對應關係如圖 8-4 所示。而在紅外線的接收角度，也可由傳統的 30 度擴展到 120 度，提高更大距離的角度傳輸，增加紅外線產品的實用性。

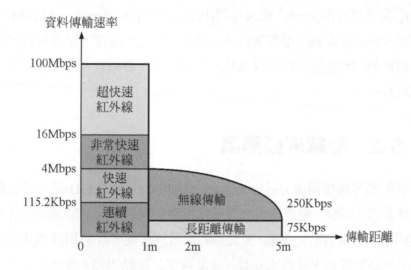

圖 8-4　紅外線傳輸距離與傳輸速度之對應關係

8-1-3　紅外線產品應用

　　紅外線產品之所以廣泛應用在各類家用電器的搖控控制器及無線通訊的資料傳輸上，最主要的原因在於紅外線元件價格較低，且紅外線接收器的內部電路架構上也較簡單，在電路架構其發射端元件僅有紅外線發光二極體(LED)、PIN 檢光二極體，做為紅外線傳輸訊號的傳送與接收，與一顆前級放大器元件，而在內部通訊協定部分，因只有負責訊號的編解碼及紅外線連結擷取協定(IrLAP)等，因此並不需要通訊協定之控制 IC，因此紅外線產品具有價格便宜與構造簡單之優點。

而紅外線無線傳輸其最大的缺點是在於其效傳輸距離太短、有方向性限制、無穿透性。紅外線是屬於利用光源的一種傳輸形式，而光最主要的缺點就是在於其無法穿透大部份的障礙物，因此當利用紅外線來進行無線資料傳輸時，接收端和發射端必須互相對準雙方的傳輸埠，並擺放在同一條線上，且兩者中間是不能有任何的障礙物存在，因為紅外線光是不能穿透任何障礙物之物體，也因此紅外線無線傳輸大都是應用在點對點、短距離的無線資料傳輸上。

而目前也許多電子產品內建紅外線無線傳輸之功能，其應用的領域包含了筆記型電腦、行動電話、個人數位助理(Personal Digital Assistant；PDA)、手錶、數位相機、液晶投影機、電視遙控器、鍵盤、滑鼠，搖桿、兒童玩具等短距離無線資料傳輸。因此紅外線無線傳輸具有成本低、製造容易、耗電量低等無線資料傳輸技術。

8-2 無線射頻辨識

無線射頻辨識技術(Radio Frequency Identification；RFID)是一種自動識別技術，在零售、運輸、製造等扮演著極為重要的角色。而早期識別卡片多以接觸方式與讀卡機做資料的傳輸，而長期的使用將會使卡片磨損而造成資料的讀取錯誤，並且接觸式卡片有方向性，或需特定之接點問題，讓使用者常因不當操作而使讀卡機無法正確讀取資料或信號傳輸。無線射頻辨識技術(RFID)，是針對接觸式系統缺點所做的改善技術，利用射頻訊號以無線方式傳送數位訊號，因此識別卡片不需與讀卡機接觸即可做資料或訊號的傳輸。且無線射頻辨識技術(RFID)資料傳送並無方向性的要求，且識別卡片可以置於口袋、皮包內，不必取出就能直接辨識與讀取內部資料，免除現代人經常要從數張卡片中要尋找特定卡片的煩惱，增加更多生活上的便利性。

8-2-1　無線射頻辨識結構

　　無線射頻辨識系統結構可分為無線射頻辨識(RFID)標籤(Tag)、無線射頻辨識(RFID)讀卡機、天線與管理兩者之間資料傳送的網路系統架構等四個主要部份，其架構圖如圖 8-5 所示。且利用輸出與輸入介面，例如 RS232 與網路系統連接，做為無線射頻辨識訊號傳輸。

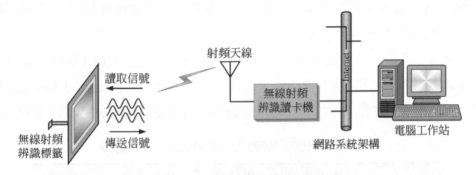

圖 8-5　無線射頻辨識結構

　　無線射頻辨識標籤(Tag)內部 IC 結構如圖 8-6 所示，無線射頻辨識標籤是由一組具有天線功能耦合元件與電子晶片所組成；無線射頻辨識讀卡機包含無線通訊模組，做為資料傳送與接收之功能，利用讀卡機發射一特定頻率之無線訊號給無線射頻辨識標籤，來驅動無線射頻辨識標籤電路將內部之辨識(ID)碼送出，使得無線射頻辨識讀寫器能接收到此辨識(ID)碼，而完成無線訊號資料傳送。

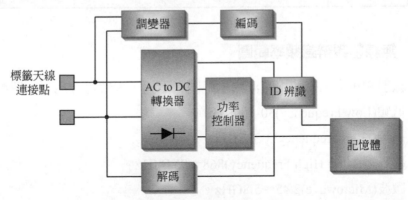

圖 8-6　無線射頻辨識標籤內部結構

讀卡機與無線射頻辨識標籤間是以交流磁場方式相互耦合。藉由此種耦合方式可以使得無線射頻辨識標籤天線產生感應電動勢，並經由二極體、電容做整流、濾波動作後，產生足夠讓無線射頻辨識標籤所需的工作電源，與讀卡機做資料的傳遞，也稱為被動式無線射頻辨識標籤。由於目前 IC 設計的技術相當純熟，因此射頻充電所需要的二極體、電容等元件皆設計在 IC 內部。無線射頻辨識標籤內部只有天線及一顆 IC，毋需外加電源或任何的元件即可動作，因此在成本上相當的低。

　　表 8-1 為主動式與被動式無線射頻辨識標籤比較表，被動式無線射頻辨識標籤本身並沒有電源，所有運作所需的電力必需透過讀卡機提供的無線電波轉換而成；反之，主動式無線射頻辨識標籤則內含電池供應晶片運作所需電力。

表 8-1　主動式與被動式無線射頻辨識標籤比較

	主動式無線射頻辨識標籤	被動式無線射頻辨識標籤
電源	內部須附加電池	電磁感應
讀取距離	約 5～100 公尺	3 公尺以下
使用壽命	約 2～7 年	可達 10 年以上
體積	較大	較小
重量	約 50～200 公克	約 0.5～5 公克
實用性	較低	較高

8-2-2　無線射頻辨識頻率範圍

　　無線射頻辨識依據使用電波頻率範圍之不同，大致可分為下列四類：

1. 低頻(Low Frequency)30-300KHz。
2. 高頻(High Frequency)3-30MHz。
3. 超高頻(Ultra High Frequency)868～954MHz。
4. 微波(Microwave)2.45～5.8GHz。

無線射頻辨識使用的頻帶範圍主要涵蓋國際電信聯盟無線電小組 (International Telecommunication Union Radio；ITU-R)所規範工業與科學的頻帶範圍。其中 135KHz 以下的頻帶是無線射頻辨識發展最久以及產品數量最多；13.56MHz 則運用在許多不同的領域，此一頻帶的產品主要是以管理物品為主；超高頻(UHF)頻帶的產品主要是以管理大型產品數量為主；微波 2.45～5.8GHz 主要做為遠距離資料傳輸。

　　無線射頻辨識在低頻頻率範圍，其工作頻率約在 130KHz 左右，主要應用在門禁卡控制、寵物晶片、防盜追蹤等；無線射頻辨識工作在低頻頻率範圍，其受金屬干擾較低，讀取範圍約在 1.5 公尺內。無線射頻辨識在高頻頻率範圍，其工作頻率約在 13.56MHz 左右，是屬於近距離的非接觸方式；主要應用在智慧卡、電子 ID 票務系統、貨物物流系統、機場驗票系統、超商管理系統、圖書館書籍管理系統等；無線射頻辨識工作在高頻頻率範圍，其受溼氣影響較低，讀取範圍約在 1.5 公尺內。

　　無線射頻辨識在超高頻頻率範圍，其工作頻率約在 868～954MHz 左右，北美無線射頻辨識在超高頻頻率範圍為 915MHz，主要應用在貨物記錄、卡車數量、啤酒筒數量記錄等；無線射頻辨識工作在超高頻頻率範圍，讀取範圍約在 7 公尺內。無線射頻辨識在微波頻率範圍，其工作頻率約在 2.45～5.8GHz 左右，主要應用在高速公路收費；無線射頻辨識工作在微波頻率範圍，讀取範圍約在 15 公尺內。

⏻ 8-3　藍芽

　　藍芽(Bluetooth)這個名詞的由來是在西元十世紀時，當時丹麥有個國王名叫『哈羅德藍芽』(Harald Bluetooth)，致力於協調丹麥與挪威兩國能和平溝通，因此 Bluetooth 成為短距離無線電傳輸的標準名詞。也因此在 1994 年，Bluetooth 是由易利信(Ericsson)公司提出為解決行動電話與週邊設備之纜線連接問題，所推動的一項短距離無線通訊技術。在 1998 年易利信結合了諾基亞(Nokia)、IBM、英代爾(Intel)等廠商共同成立了藍芽策略聯盟(Special Interest Group；SIG)

共同推動藍芽技術相關的標準制定與產品技術開發。

藍芽是屬於一種無線數據資料傳輸和語音通訊資料傳輸的全球通訊標準，利用此技術來發展一個短距離、低成本及低消耗功率的無線區域網路傳輸環境。可整合資訊產品，如：筆記型電腦、無線滑鼠、無線鍵盤、數位照相機、印表機；通訊設備，如：行動電話、個人數位助理(PDA)；娛樂設備，如：電視遊樂器、無線耳機等，如圖 8-7 所示。因此利用藍芽無線傳輸技術，可達到一個通行無阻的無線資訊傳輸通訊世界。

圖 8-7　藍芽無線傳輸

8-3-1　藍芽無線傳輸技術規格

藍芽為低功率、短距離全球通用之無線傳輸技術標準，因此聯邦通訊委員會(Federal Communications Commission；FCC)制定其頻率為 2.402GHz-2.480GHz(2.4GHz)之頻段範圍；而在 1999 年大部分國家，藍芽的頻段範圍內可用頻道數為 79 個，且頻寬為 1MHz，而日本制定其頻率為 2471-2497MHz 之頻段範圍、法國 2446.5-2483.5MHz 之頻段範圍、西班牙制定其頻率為 2445-2475MHz 之頻段範圍，其可用頻道數為 23 個；而到了 2000 年藍芽 1.1 版本時，藍芽策略聯盟已把大多數國家的藍芽頻段範圍整合為 79 個頻道數。

　　藍芽無線傳輸之功率為 1mW 時，可傳輸距離為 10 公尺，傳輸之功率為 100mW 時，傳輸距離可提高為 100 公尺，因此藍芽具有低功率之無線傳輸技術，可支援點對點或點對多點(最多一對七)之短距離傳輸，並且藍芽技術在其傳送端與接收端的資料連線上，沒有所謂方向性的限制，具有全方位之傳輸，並且能夠穿透障礙物，例如：牆壁、衣服口袋、公事包等。

　　藍芽無線傳輸在射頻架構是採用跳頻式展頻技術(Frequency Hopping Spread Spectrum；FHSS)，此傳輸技術，是將信號透過一系列頻率範圍傳輸出去，傳送裝置會先去檢測頻道，當頻道處於閒置狀態時，信號會利用此頻道傳送資料。若頻道已經在使用當中，傳送端便會跳躍到另一個頻道，因此接收端必須知道傳送端的跳躍程序，且傳送端與接收端必須要同步切換頻道才可正常接收到資料。藍芽無線傳輸是每傳送一個封包資料即跳躍到另一個頻道，封包資料傳輸長度可為 1、3 或 5 個間距長度(每個間距長度為 625μs)，如圖 8-8 所示。

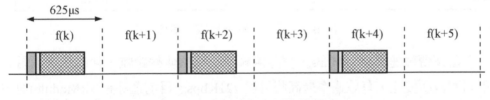

圖 8-8　藍芽封包資料傳輸長度

　　藍芽無線傳輸通訊協定是採用分時多工(Time Division Duplexing；TDD)方式，頻率跳動率為每秒 1600 次，即使在很擁擠的頻段也能準確地連接，可減少訊號互相干擾之現象，在信號傳輸時每次只傳送一個封包，封包大小範圍為 126bits 至 2871bits，封包內容可以是數據資料或語音資料。在調變技術方面，藍芽採用高斯頻移鍵控(Gaussian Frequency Shift Keying；GFSK)調變技術，其發射與接收架構圖，如圖 8-9 所示。

　　藍芽發射器(Tx)透過高斯濾波器濾波後，用濾波器的輸出對電壓控制振盪器(Voltage Control Oscillato；VCO)頻率進行調變。電壓控制振盪器頻率會從其中心頻率向正負兩端偏離，偏移量決定了發射器的調變指數，調變的信號經放大後由天線發射出去。藍芽接收器將另一個藍芽設備發射來的高斯頻移鍵控信號也是由天線接收，接收到訊號後經由低雜訊放大器(LNA)，對接收到的信號(Rx)進行放大。經由混頻器將接收信號切換為中頻頻率，在將信號經由解調器，解調出數據資料。

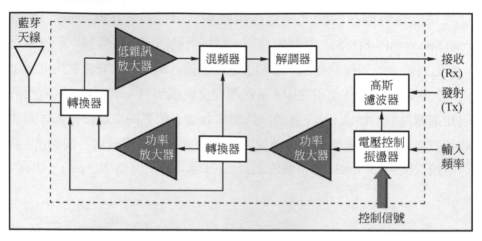

圖 8-9　藍芽發射與接收架構圖

藍芽傳輸速率為 1Mbps，實際傳輸速率將依傳輸距離、傳輸訊號品質之不同而有所變化，有效速率最高將可達 721Kbps。目前藍芽模組(Module)與主機或設備間的標準介面有 USB、UART、RS232 等，而在連結方面，語音連結只能以點對點方式進行語音資料傳輸；傳送數據資料時，可以與多個裝置進行資料傳送，且數據資料會因資料的傳輸錯誤，而重新連結傳輸，確保資料正確性與穩定度。

藍芽無線傳輸技術在 2001 年發表了藍芽 2.0 版本，將傳輸速率由 1Mbps提升到 10Mbps 外，改良原有的封包處理技術及發射接收電路規格，增加藍芽傳輸距離及減少與其他無線傳輸技術(例如 802.11b)之間相互干擾的問題，並加強影像傳輸功能。

8-3-2　藍芽無線傳輸系統架構

藍芽無線傳輸系統架構分為射頻架構(Radio Frequence；RF)、基頻 (Baseband)、連結管理協定(Link Manager Protocal；LMP)、邏輯連結控制應用協定(Logical Link Control Adaptation Protocol；LLCAP)、主機控制介面(Host Controller Interface；HCI)、應用層等類別，其藍芽無線傳輸系統架構如圖 8-10 所示。

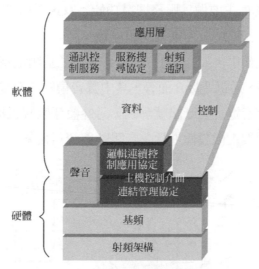

圖 8-10　藍芽無線傳輸系統架構

其中若以主機控制介面(HCI)來區分，HCI 以下射頻架構(RF)、基頻 (Baseband)、連結管理協定(LMP)主要是由硬體完成，而 HCI 以上邏輯連結控制應用協定以及上層的一些通訊協定則以軟體方式完成。其中在射頻架構，其主要做為頻率的整合、數位資料與無線頻率之轉換以及訊號的濾除等，基頻電路做為訊號的編碼、解碼、基頻信號處理、訊號控制、振盪頻率等，而邏輯連結控制應用協定(LLCAP)做為底層通訊協定之功能，其中連結管理協定(LMP)負責不同藍芽模組之間連結控制與管理，邏輯連結控制應用協定(LLCAP)則提供對上層不同應用的軟體介面之連結控制功能，且通常以韌體(Firmware)的形態設計於基頻硬體中。

另外，主機控制介面(HCI)可用來界定藍芽模組與主機設備之間的連結介面控制指令；而應用層則是依據語音、數據資料等應用需求，提供應用軟體所需的通訊協定與應用程式介面；而在應用層下面包括有射頻通訊(RF Communication)、服務搜尋協定(Service Discovery Protocol；SDP)、通訊控制服務(Telephone Control Service；TCS)。其中射頻通訊可做為 RS-233 控制介面與資料傳輸的連接窗口，使得讓傳統的序列埠通訊的各種應用可以不經修改而可以繼續適用；SDP 主要做為服務搜尋功能；TCS 則是做為藍芽的產品能夠與傳統電話產品緊密連結，而進行通訊傳輸。

　　藍芽硬體系統架構，如圖 8-11 所示，包含了基頻電路、記憶體、微處理器、聲音訊號解碼、通訊連接介面等，其中聲音模組內有麥克風與接收器，可將使用者說話之聲音進行聲音訊號解碼，另外藍芽裝置也提供 USB、UART、RS232 等三種介面與主機設備進行聲音訊號與資料傳輸。

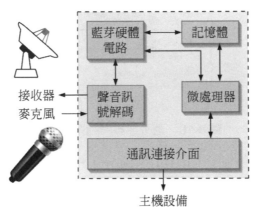

圖 8-11　藍芽硬體系統架構

⏻ 8-4　無線區域網路

　　無線區域網路(Wireless Local Area Network；WLAN)，是近十年來的通訊產業之重要發展。而網路是利用電腦互相連接所組合而成的，如果相連的電腦分佈在不遠的位置，該網路就稱為－區域網路(LAN)。而有線區域網路是利用網路線或光纖所連接而成的網絡，其有線區域網路架構圖如圖 8-12 所示；無線區域網路則是利用了無線頻率(Radio Frequency；RF)的技術，使電腦或智慧型行動電話可以利用無線的方式，利用電磁波於空氣中傳輸資料，在經由無線網路基地台(Access Point；AP)將電腦或智慧型行動電話連接，其無線區域網路架構圖如圖 8-13 所示，並且可傳送高容量與更快速資料，更可為用戶帶來更多的方便性。

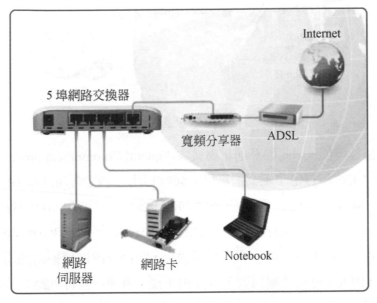

圖 8-12　有線區域網路架構圖

此外無線區域網路之發展也取代了目前的有線區域網路並可做為多媒體影音資料傳輸以及高速傳輸之重要媒介，與傳統的利用網路線做為傳輸之有線網路，其無線區域網路具有可傳輸更大資料量與傳輸資料更快速，且具有硬體架設更便利，長期營運可降低營運成本與維修成本，免除了利用網路線拉設以及因網路線損壞而使網絡中斷的問題，以及網路實用性高等優點，這使得無線區域網路目前已經全面普及化。無線區域網路應用範圍包括：醫療救護、網路教學、學校單位、國際機場、視訊網路、餐廳、麥當勞與星巴克咖啡廳等應用區域。

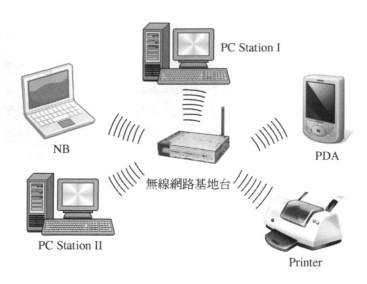

PC Station I

NB

無線網路基地台

PDA

PC Station II

Printer

圖 8-13　無線區域網路

　　由於快速發展，因此聯邦通訊委員會(Federal Communications Commission
；FCC)於 1986 年訂定了工業、科學與醫療專用三個頻帶(Industrial Scientific
Medical ; ISM)，其頻帶範圍分佈於 902-928MHz(簡稱 900MHz 頻段)、
2.4-2.483GHz(簡稱 2.4GHz 頻段)與 5.725-5.875GHz(簡稱 5.8GHz 頻段)等三個
頻帶；訂定了無線區域網路三個專用頻帶後，使得無線區域網路應用頻帶有了
標準規範，因此，無線傳輸信號不會互相干擾，可使得無線網路在通訊上有更
顯著地發展。

8-4-1　無線網路標準

　　無線區域網路是由電子電機工程師協會(Institute of Electrical and
Electronic Engineers；IEEE)製訂一套 802.11 系列的無線傳輸標準規範，包含
了下列各項重要傳輸標準規範。

1.　802.11

　　　　802.11 為電子電機工程師協會(IEEE)於 1997 年第一個訂定無線區
　　　域網路之標準規範，這項標準規範的制定可以應用在頻率為 2.4GHz 頻
　　　帶中，並且可在 22MHz 的頻寬中提供網路資料傳輸速率為 2Mbps。

2. 802.11b

　　在 1999 年 9 月電子電機工程師協會(IEEE)為了提升無線區域網路傳輸更快速，制定了高速率標準，訂定傳輸規範為 802.11b。802.11b使用頻帶為 2.4GHz ISM，是屬於高速傳輸模式，其資料傳輸率為 1 至11Mbps，比前一代 802.11 增加了五倍的資料傳輸速率，其調變技術為互補調變(Complementary Code Keying；CCK)，在硬體上可與直接序列展頻(Direct Sequence Spread Spectrum；DSSS)相容，可同時提供三個不互相重疊(Non-Overlapping)之頻道。由於 802.11b 調變技術之改變，除了可提供更快速傳輸速度，其無線傳輸距離也增加許多，其傳輸範圍為30 至 300 公尺，且具有抗障礙物的能力，以及產品價格低等特點。由於，802.11b 具有高傳輸速率與長距離傳輸範圍，可應用於醫療體系、工業、資訊、通訊等領域，因此，802.11b 規範提出正式開啟了無線網路通訊時代。

3. 802.11a

　　在 802.11b 之後，同年 1999 年電子電機工程師協會(IEEE)又提出操作在頻段 5GHz 的無線傳輸標準規範－IEEE 802.11a。802.11a 調變技術使用正交分頻多工技術(Orthogonal Frequency Division Multiplexing；OFDM)，傳輸速率最高可達到 54Mbps，大幅提升無線網路高速率傳輸特性。

　　但 802.11a 無線傳輸規範並未提供向下相容(Backward Compatibility)的功能，即 802.11a 和 802.11b 彼此間產品並不相容，因此 802.11a 普及率只有 IEEE 802.11b 的一小部份，主要原因為 802.11a其頻帶不是在 2.4GHz，而是在 5GHz 的頻帶範圍；與 2.4GHz 相比，在5GHz 頻帶上的無線網路儀器設備有一個很嚴重的範圍覆蓋缺點，形成無法遠距離傳輸，其傳輸範圍為 20 至 50 公尺，且傳輸過程中信號損失較大，障礙物的穿透能力也較差。當頻率增加時，覆蓋範圍就會縮小，其頻率和訊號範圍含蓋率之間成反比的關係，因此 802.11a 儀器設備其傳輸距離之缺點，使得即使與無線傳輸規範 802.11g 具有相同的資料傳輸速率，但在信號傳輸範圍上卻少很多。

4. 802.11g

在 2003 年電子電機工程師協會(IEEE)提出新的無線區域網路之標準規範－IEEE 802.11g。802.11g 使用頻帶為 2.4GHz 頻帶，利用正交分頻多工技術(OFDM)，與 802.11a 提供相同傳輸速率達 54Mbps，與相同頻帶的 IEEE 802.11b 之間，沒有相容性的問題存在，其傳輸範圍為 30 至 300 公尺。802.11g 與 802.11 和 802.11b 同樣是利用 22MHz 頻寬，頻率為 2.4GHz 頻帶，802.11g 提供最高 54Mbps 的資料傳輸速率，並能與之前的 2.4GHz 頻率規格相容。

但 802.11b 與 802.11g 相容時，須考慮下列幾點：

(1) 802.11g 傳輸速度並非總是達 54Mbps。802.11g 產品具有可同時使用 802.11b 與 802.11g 的相容模式，但 802.11b 用戶的最高傳輸速度為 11Mbps，因此，此時 802.11g 用戶的最高傳輸速度也只有 11Mbps。因此如果想達到 54Mbps，所有用戶必須是 802.11g 用戶。

(2) 傳輸距離較 802.11b 短。在一般的情況下，802.11b 無線傳輸規範傳輸距離是以存取點為中心之半徑約 45 公尺；若是 802.11g 模式，其傳輸距離是以存取點為中心之半徑 15 米。802.11g 比 802.11b 傳輸距離短，因此必須提供無線連接多個存取點之連接功能。

而 WiFi(Wireless Fidelity)具有與 IEEE 802.11 WLAN 相同功能，Wi-Fi 也是一個無線網路通信技術，由 Wi-Fi 聯盟(Wi-Fi Alliance)所制定。而由於無線通訊產品愈來愈多，因此成立 Wi-Fi 聯盟進行產品認證，只要無線產品認證通過 Wi-Fi 聯盟制定標準規範，即 Wi-Fi 聯盟都會給予一個 Wi-Fi 認證標誌 (Wi-Fi CERTIFIED)，如圖 8-14 所示。

圖 8-14　Wi-Fi 認證標誌

(Wi-Fi Datasheet)

表 8-2　為 802.11b/a/g 比較表

傳輸規範	傳輸速率	一次調變架構	二次調變架構	頻寬	功率消耗	傳輸距離	普及度
802.11b	1Mbps	DBPSK	DSSS	2.4GHz	750mW	30至300公尺	最多
	2Mbps	DQPSK					
	5.5Mbps	CCK					
	11Mbps	CCK					
802.11a	6Mbps	BPSKcode(1/2)	OFDM	5GHz	1500mW	20至50公尺	少
	9Mbps	BPSKcode(3/4)					
	12Mbps	QPSKcode(1/2)					
	18Mbps	QPSKcode(3/4)					
	24Mbps	16-QAMcode(1/2)					
	36Mbps	16-QAMcode(3/4)					
	48Mbps	64-QAMcode(1/2)					
	54Mbps	64-QAMcode(3/4)					
802.11g	6Mbps	BPSK code(1/2)	OFDM	2.4GHz	1000mW	30至300公尺	多
	9Mbps	BPSK code(3/4)					
	12Mbps	QPSK code(1/2)					
	18Mbps	QPSK code(3/4)					
	24Mbps	16-QAMcode(1/2)					
	36Mbps	16-QAMcode(3/4)					
	48Mbps	64-QAMcode(1/2)					
	54Mbps	64-QAMcode(3/4)					

　　表 8-2 為 802.11b/a/g 比較表，802.11b/a/g 是無線區域網路(WLAN)的頻寬規格，基本上 802.11b 與 802.11g 採用 2.4GHz 頻段，802.11a 則

使用 5GHz 頻寬範圍，因此 802.11b 與 802.11g 無線區域網路是可以互相相容的。而在訊號傳輸速率部分，802.111 與 802.11g 最高都可達到 54Mbps，即每秒約 6.75MB 傳輸速率，不過實際上傳輸速率其實都只有一半 22Mbps，約每秒 2.75MB 傳輸速率，甚至可能因為作業系統不同、硬體架構不同或是韌體不同，其傳輸速率可能再下降；而 802.11b 傳輸速率最高都可達到 11Mbps，但實際上傳輸速率其實也僅一半而已。

5.　802.11n

　　在 2006 年 1 月時，IEEE 802.11 提出了 802.11n 1.0 版本，可與現有的 802.11a/b/g 規範相容外，並採用多重輸入輸出(Multiple Input Multiple Output；MIMO)技術，將無線區域網路的傳輸速度最高提升至 300Mbps；並且支援服務品質(Quality of Service；QoS)技術，可傳送高容量的影片、語音與下載網路資料等。早期的無線網路，由於網路封包傳送採用序列式，即傳輸順序須一個個排隊，如圖 8-15 所示。所以當有多台電腦同時使用無線網路時，必須排隊依序把封包傳給天線，因此容易產生網路擁擠的現象，造成傳輸速度變慢。

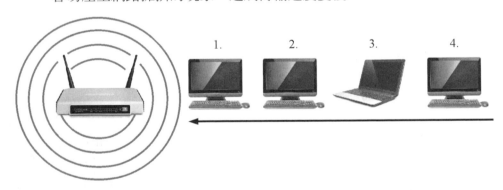

圖 8-15　序列式系統架構圖

　　而 802.11n 與以往 802.11 無線區域網路系列最主要的不同之處，在於使用了多重輸入輸出(MIMO)多天線技術，如圖 8-16 所示。

　　在無線區域網路中，天線分集(Antenna Diversity)是一個典型抵抗通道衰落的技術，傳統上，天線分集的概念是藉由處理來自於多根空間不相關聯的接收天線所接收到之傳送訊號,不同發射訊號經過不同的路徑(path)傳播,再藉由多根天線接收,因此同時接收到遭受嚴重失真的傳送訊號機率很小,因此可以有效提升傳輸品質。另外為了達到高速率傳輸,天線分集技術架設在發射與接收端,兩端都使用多單元天線的架構,因此稱為多重輸入輸出(Multiple-Input Multiple-Output;MIMO),此系統架構可在多路徑環境下,降低傳輸路徑以達到較高的通道容量,且利用多組的發射和接收天線,在同一時間,利用相同的頻段,同時傳送多組經過調變的資料,將多組資料整合後,就可以有效地提升傳輸速率,同時由於多組天線具有天線分集(Diversity Antenna)功能,可以同時進行多個封包傳送與接收資料,因此相對的,封包可以省去很多等待時間,網路速度也會因此增加,資料處理量也會增加許多,且能提高接收的靈敏度,增加有效的接收距離。

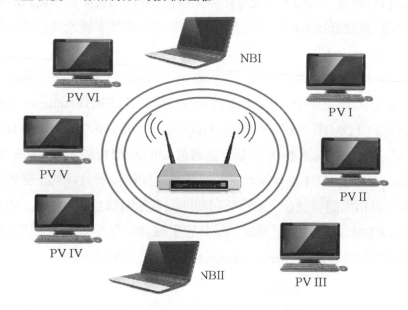

圖 8-16　多輸入多輸出系統架構圖

因此,提出無線區域網路 IEEE802.11n 時,Wi-Fi 聯盟即進行產品認證,只要 IEEE802.11n 無線網路產品認證通過 Wi-Fi 聯盟制定標準規範，即 Wi-Fi 聯盟都會給予一個 IEEE802.11n 認證標誌，如圖 8-17 所示。

圖 8-17　IEEE802.11n 標誌(Wi-Fi Datasheet)

8-4-2　正交分頻多工技術

無線區域網路標準之中，皆採用正交分頻多工技術(Orthogonal Frequency Division Multiplexing；OFDM)為規格標準。而正交分頻多工技術(OFDM)是將無線通信傳輸之信號，分割成了多個副載波而進行傳輸，而每個副載波具有少部分的資料負載量，因此，正交分頻多工技術(OFDM)就能利用更長的符號週期，因而可以有效抵抗傳輸路徑延遲擴散所造成的信號干擾或其他外界的雜訊干擾。

圖 8-18 為 OFDM 頻譜，從頻譜可看出 OFDM 系統的每個子載波之間具有正交性，因此 OFDM 系統比傳統分頻多工技術(Frequency Division Multiplexing；FDM)具有較好的頻寬效益(Bandwidth Efficiency)。OFDM 的子載波訊號之所以能夠重疊而又不發生載波間的互相符號干擾(Inter Symbol Interference；ISI)，其主要是因為子載波訊號之間維持著良好的正交關係。所謂「正交」是指兩個信號在一個符號週期期間毫無關聯且相互獨立。由於正交的因素，OFDM 的任一個子載波不受其它子載波的存在而干擾，因此藉由子載波之間的頻率間隔(Frequency Spacing)而達成正交關係。

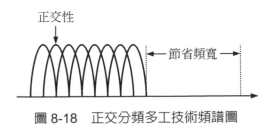

圖 8-18　正交分頻多工技術頻譜圖

正交分頻多工技術除了利用分割載波的方法來增強信號抗干擾外，且提高了載波頻譜利用率來增加通信品質的穩定性。這種技術利用對多載波的調變技術改善，讓各子載波相互正交，於是增頻調變後的頻譜可以相互重疊，因而減小了子載波間的相互干擾。

　　目前無線區域網路 IEEE802.11，皆使用正交頻率分割方式。而採用 OFDM 技術具有其下列優點：

1. 有效對抗頻率選擇性衰減。採用 OFDM 技術能有效地對抗頻率選擇性衰減(Frequency Selective Fading)。相對於一般的單載波通訊系統，OFDM 爲具有多載波(Multi-carriers)無線通訊系統之特性，其信號的傳輸是由許多子載波(Subcarriers)而完成。可將高位元傳輸的資料量分解成許多低位元傳輸的資料量，並交由許多子載波傳輸信號。因此，子載波所傳輸的信號頻寬就會遠小於通道的同調頻寬，因而可避開多重路徑的頻率選擇性衰減。

2. 可降低互相符號干擾。採用 OFDM 技術可降低互相符號干擾(Inter Symbol Interference；ISI)，且具有抗干擾之特性；在多重路徑的通道中，單載波系統很容易受到多重路徑衰減或其它雜訊的干擾，導致整個通信資料傳送錯誤或系統無法正常作業。然而，採用 OFDM 技術可減少信號衰減與干擾，也可使得信號在傳輸過程中不容易被竊取，因而使得信號傳送具有更高的安全性。

3. 採用 OFDM 技術能夠將出現的干擾信號，使用多種頻率方式進行快速修正，並將在通信傳輸過程中遭到破壞的信號資料位元進行自動重建，並解決了在移動傳輸高速資料時，所引起的無線通道性能變差的問題，因而克服傳輸介質中外界信號的干擾，提高傳輸通道的通信品質，並提高通信傳輸的速度。

4. 具有節省頻寬之特性。OFDM 能節省頻寬主要爲 OFDM 使用正交重疊的子載波，而傳統的分頻多工技術(Frequency Division Multiplexing；FDM)，必須在載波之間設立警戒頻段(Guard Band)，以避免發生載波間的相互干擾(Inter-carrier Interference；ICI)。由於使用正交重疊的子載波，OFDM 能夠節省約 50%的頻寬，如圖 8-19(a)(b)所示。

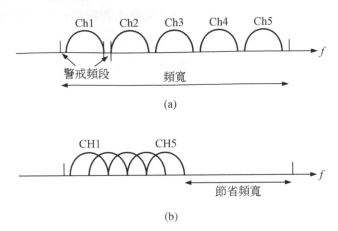

圖 8-19　(a)分頻多工技術頻譜圖 (b)正交分頻多工技術頻譜圖

8-5　全球互通微波存取技術

　　隨著全球行動寬頻服務的需求急速增加，無線寬頻存取技術亦快速演進，全球互通微波存取技術(Worldwide Interoperability for Microwave Access；WiMAX)，具有無線寬頻、傳輸速率快、高容量、佈建快、成本低及遠距離傳輸之特性，成為新一代的無線寬頻技術。在 2007 年 10 月國際電信聯盟(International Telecommunication Union；ITU)在日內瓦召開世界無線通信大會，正式通過將 WiMAX 無線寬頻接取技術納入 3G 標準通訊系統，成為 IMT-2000 家族的正式成員之一，繼 WCDMA、CDMA2000 和 TD-SCDMA 之後第四個全球 3G 標準，有助於系統整合、全球漫遊、設備互通以及降低成本等優點。WiMAX 論壇(Forum)組織也隨之應運而生，圖 8-20 為 WiMAX 論壇(Forum)組織符號；WiMAX 論壇是依據 IEEE 802.16 標準制定認證規範，於 2001 年於法國 Antibes 由芬蘭 Nokia、美國電信營運商 Ensemble Communications、加拿大 Harris、CrossSpan 及 OFDM 論壇等發起，合力催生了 WiMAX 論壇。

WiMAX 論壇主要目標在推動新一代無線通信互通標準，以確保各家廠商產製之設備產品能夠相容共用。目前 WiMAX 論壇委員會主要成員包括：Intel、Alvarion、Aperto Networks、Airspan、KT、AT&T、ZTE、Samsung、BT、Fujitsu 及 Sprint 等，至目前其會員已超過 520 位。

圖 8-20　WiMAX 論壇(Forum)組織符號(WiMAX Datasheet)

8-5-1　IEEE802.16e 標準

　　電機和電子工程師協會(Institute of Electrical and Electronics Engineers；IEEE)針對無線都會網路(Wireless Metropolitan Area Networks；WMAN)製訂了802.16 之標準規範，IEEE 802.16 標準規範系列中，包括 IEEE 802.16、IEEE 802.16a、IEEE 802.16c、IEEE 802.16d、IEEE 802.16e、IEEE 802.16f 和 IEEE 802.16g 等七個標準規範，其中 IEEE 802.16、IEEE 802.16a 與 IEEE 802.16d 不具移動通訊(固定式)功能，IEEE 802.16e 則具有移動通訊(移動式)功能；未來市場將以 IEEE 802.16d(固定式)及 802.16e(移動式)兩個標準為主，其中 IEEE 802.16d 的標準規範主要應用於偏遠地區，或是不易佈線地區的固定式網路接取(fixed network access)方式，相較於現今已相當普遍的非對稱數位式用戶線路(Asymmetric Digital Subscriber Line；ADSL)之有線接取解決方案，IEEE 802.16d 之優點在於可大幅節省網路的佈建成本。另外，802.16e 的標準規範則主要應用於支援可移動式接取(Portable)及行動接取(Mobile)之終端產品，如智慧型行動電話、筆記型電腦、PDA 等。而 IEEE 802.16e(移動式)可提供比現有 2G/3G 之行動通訊系統更高的傳輸頻寬，比現有 Wi-Fi 無線區域網路具有更大的移動性。

WiMAX 的技術發展使用了正交分頻多工(Orthogonal Frequency Division Multiplexing；OFDM)的系統結構，甚至也加入了多輸入多輸出(Multi-input Multi-output；MIMO)及波束成型(Beamforming)之技術，其特性具有：

1. OFDM 系統是一個處理多路徑效應的有效方法。在固定大量的延遲擴散下，OFDM 系統的複數實現比單載波傳送系統更低。
2. OFDM 系統為達到較高資料率傳送中使用了大量次載波(Subcarrier)。
3. OFDM 系統能有效地對抗窄頻帶的干擾。
4. WiMAX 包含非直視性(Non-Line-of-Sight；NLOS)及直視性(Line-of-Sight；LOS)技術、傳輸距離長、網路涵蓋範圍廣。
5. 多輸入多輸出(Multi-input Multi-output；MIMO)可以在不需要增加頻寬的情況下大幅地增加資料傳輸，且其核心概念利用了多根發射天線與多根接收天線所提供之空間自由度，效提升無線通訊系統之頻譜效率，以提升傳輸速率並改善通訊品質。
6. 波束成型(Beamforming)藉由多根天線產生一個具有指向性的波束，將能量集中在欲傳輸的方向，以增加訊號品質，並減少與其它用戶間的干擾。
7. 支援多種工作頻段，可配合不同國家之頻譜指配。

8-5-2　WiMAX 射頻測試

WiMAX 射頻符合性測試規範(Radio Conformance Test Specification；RCTS)規定了收發機的基地台和射頻信號測試流程和測試條件，用於測試射頻界面是否達到 IEEE 802.16e 之規範，繼而達到互通性的要求。其射頻符合性測試之系統架構如圖 8-21 所示，在測試系統中主要由基地台模擬器對 WiMAX 待測物(Device Under Test)進行包含呼叫(Page)，並且連結基地台模擬器以建立一系列的信號溝通，再利用向量訊號分析儀(Vector Signal Analyzer)分析待測物發射訊號。另外為了加入向量訊號產生器(Vector Signal Generator)可作為干擾訊號以測試該待測物的接收能力。測試控制器(Test Controller)則可以透過 TCP/IP 的網路控制所有的儀器。

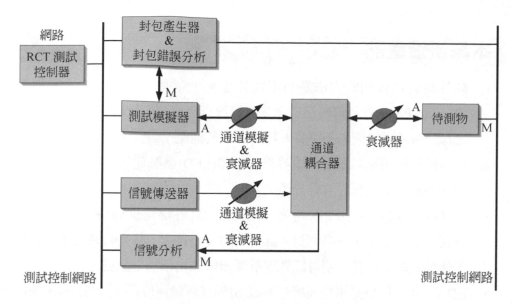

圖 8-21　射頻符合性測試之系統架構

　　因此 WiMAX 射頻符合性測試針對頻譜以及射頻訊號，規定其測試流程和測試大綱(Test procedure and Test Outlines)，以確認廠商開發的設備是否符合標準的規範。另外，互通性測試就是各式網通設備在完成初階的射頻符合性測試規範後，直接以空氣介面(Air Interface)進行連接，觀察訊號傳輸是否正常。

　　在此章節介紹了無線通訊網路產品，包含了紅外線資料傳輸、無線射頻辨識、藍芽、無線區域網路、全球互通微波存取技術(WiMAX)等傳輸特性、原理介紹、系統架構等。而目前全球通訊產業已經發展非常快速，不但可以傳送傳統語音信號、資料，現在更發展到可以傳送影像、多媒體視訊、數據資料等全方位資訊。而目前許多通訊產品都包含了無線通訊功能，可讓使用者隨時隨地接收 E-mail、資料訊息、視訊電話、即時新聞等，並且也可進行大量影音傳送與資料傳輸，因此無線通訊網路讓無線通訊產業更加進步，也讓我們生活中增添了許多便利性。

本章研讀重點

1. 紅外線資料傳輸的方法是利用紅外線光,這是一種低成本、點對點(Point-to-Point)資料傳輸模式與雙向無線資料傳輸的技術。且紅外線傳輸之每一傳輸點之間,不可有外物阻隔或其他電子設備干擾。

2. 紅外線資料傳輸裝置是利用發光二極體(LED)發射紅外線光波,其波長約 875nm,是屬於長波長光源。

3. 紅外線接收器是利用 PIN 檢光二極體接收紅外線光波,此接收到的光波會使光子產生電子-電洞對,具有高的發光效率,將光的激發產生光載子轉換成電子訊號,使得紅外線解調器解調出所需之訊號。

4. IrDA 1.0 的規格是屬於連續紅外線(SIR)其傳輸速度為 115.2Kbps,使用脈衝調變,脈衝寬度是位元間距的 3/16。

5. 紅外線傳輸速度從最早的連續紅外線(SIR)傳輸速率為 115.2Kbps,發展到快速紅外線(FIR)其傳輸速率為 4Mbps,之後不斷地改良調變架構與傳輸角度,更進一步提出非常快速紅外線(VFIR)其傳輸速率為 16Mbps。

6. 無線射頻辨識系統結構可分為無線射頻辨識(RFID)標籤(Tag)、無線射頻辨識(RFID)讀卡機、天線與管理兩者之間資料傳送的網路系統架構等四個主要部份。

7. 無線射頻辨識依據使用電波頻率範圍之不同,大致可分為下列四類:Ⅰ.低頻(Low Frequency)30-300KHz;Ⅱ.高頻(High Frequency)3-30MHz;Ⅲ.超高頻(Ultra High Frequency)868～954MHz;Ⅳ.微波(Microwave)2.45～5.8GHz。

8. 藍芽是屬於一種無線數據資料傳輸和語音通訊資料傳輸的全球通訊標準,利用此技術來發展一個短距離、低成本及低消耗功率的無線區域網路傳輸環境。

9. 藍芽為低功率、短距離全球通用之無線傳輸技術標準,其頻率為 2.402GHz-2.480GHz(2.4GHz)之頻段範圍。

10. 藍芽的頻段範圍內可用頻道數爲 79 個，且頻寬爲 1MHz，而日本制定其頻率爲 2471-2497MHz 之頻段範圍、法國 2446.5-2483.5MHz 之頻段範圍、西班牙制定其頻率爲 2445-2475MHz 之頻段範圍，其可用頻道數爲 23 個。

11. 藍芽無線傳輸之功率爲 1mW 時，可傳輸距離爲 10 公尺，傳輸之功率爲 100mW 時，傳輸距離可提高爲 100，因此藍芽具有低功率之無線傳輸技術，可支援點對點或點對多點(最多一對七)之短距離傳輸。

12. 藍芽無線傳輸在射頻架構是採用跳頻式展頻技術(Frequency Hopping Spread Spectrum；FHSS)。

13. 藍芽無線傳輸通訊協定是採用分時多工(Time Division Duplexing；TDD)方式，頻率跳動率爲每秒 1600 次，即使在很擁擠的頻段也能準確地連接，可減少訊號互相干擾之現象。

14. 藍芽無線傳輸系統架構分爲射頻架構(RF)、基頻(Baseband)、連結管理協定(LMP)、邏輯連結控制應用協定(LLCAP)、主機控制介面(HCI)、應用層等類別。

15. 無線區域網路則是利用了無線頻率(Radio Frequency；RF)的技術，使電腦或智慧型行動電話可以利用無線的方式，利用電磁波於空氣中傳輸資料，在經由無線網路基地台(Access Point；AP)將電腦或智慧型行動電話連接。

16. 802.11 爲電子電機工程師協會(IEEE)於 1997 年第一個訂定無線區域網路之標準規範，這項標準規範的制定可以應用在頻率爲 2.4GHz 頻帶中，並且可在 22MHz 的頻寬中提供網路資料傳輸速率爲 2Mbps。

17. 802.11b 使用頻帶爲 2.4GHz ISM，是屬於高速傳輸模式，其資料傳輸率爲 1 至 11Mbps。

18. 802.11a 調變技術使用正交分頻多工技術(Orthogonal Frequency Division Multiplexing；OFDM)，傳輸速率最高可達到 54Mbps，大幅提升無線網路高速率傳輸特性。

19. 802.11g 使用頻帶為 2.4GHz 頻帶，利用正交分頻多工技術(OFDM)，與 802.11a 提供相同傳輸速率達 54Mbps。

20. 802.11b/a/g 是無線區域網路(WLAN)的頻寬規格，802.11b 與 802.11g 採用 2.4GHz 頻段，802.11a 則使用 5GHz 頻寬範圍。

21. IEEE 802.11 提出了 802.11n 1.0 版本，可與現有的 802.11a/b/g 規範相容外，並採用多重輸入輸出(Multiple Input Multiple Output；MIMO)技術，將無線區域網路的傳輸速度最高提升至 300Mbps。

22. 交分頻多工技術(OFDM)是將無線通信傳輸之信號，分割成了多個副載波而進行傳輸，而每個副載波具有少部分的資料負載量，因此，正交分頻多工技術(OFDM)就能利用更長的符號週期，因而可以有效抵抗傳輸路徑延遲擴散所造成的信號干擾或其他外界的雜訊干擾。

習　題

1. 請敘述紅外線通訊協定階層。

2. 請敘述紅外線通訊傳輸距離和傳輸率。

3. 請繪出無線射頻辨識結構。

4. 請敘述無線射頻辨識頻率範圍。

5. 請敘述藍芽無線傳輸技術規格。

6. 請敘述藍芽無線傳輸系統架構。

7. 請敘述無線網路標準。

8. 請敘述 802.11n 系統架構。

9. 請敘述正交分頻多工技術。

10. 請敘述正交分頻多工技術優點。

參考文獻

1. *IrDA 無線通訊技術原理說明*－資料手冊。

2. Philips RFID Technology for Smart Solution Datasheet.

3. 余顯強編著，*無線射頻識別技術之應用與效益中華民國圖書館學會會報* 第 75 期(2005)，第 27-36 頁。

4. 802.11g Technology Datasheet.

5. IEEE 802.11A Signal Measurement Solution Datasheet.

6. Tsung-Che Ho Design of an OFDM Baseband Processor and Synchronization Circuits for IEEE802.11a Wireless LAN Standard； 2004.7.

7. *Wireless Connections 無線通訊技術原理*－資料手冊。

8. IEEE Standard for Local and metropolitan area networks Datasheet.

9. WiMAX End-to-End Network Systems Architecture Datasheet.

10. *藍芽技術簡介*－資料手冊。

11. Introductions to Bluetooth Radio Systems Datasheet.

12. *BT 技術及趨勢探討*－資料手冊。

第九章 行動通訊系統發展與原理介紹

　　手機的發展從早期的黑白螢幕手機，發展至目前彩色螢幕、高解析度螢幕、智慧型行動電話(Smart Phone)、個人數位助理(PDA)等，而手機產品不斷地進度發展代表著行動通訊之基礎建設完善與行動通訊網路之運用快速。隨著全球行動通訊系統發展，行動技術不斷的演進，加速了全球行動通訊網路之傳輸速度並進行系統及服務之完善整合。

　　行動通訊的演進由初期的類比技術式進化到現今地數位技術式，通訊標準之傳輸速度、系統傳輸容量以及行動通訊種類等，都在不斷的演進與提升，至今行動通訊分成全球行動通訊系統(Global System for Mobile Communications；GSM)、分碼多重擷取系統(Code Division Multiple Access；CDMA)；而 GSM 主要由歐洲開始發展，今泛歐國家如：歐洲、中東、非洲等、亞洲甚至北美皆已發展非常成熟。而另一大行動通訊系統 CDMA 多分佈在美洲地區如：北美及南美洲、韓國、紐澳及中國大陸等區域。

　　因此，在此一章節將詳細地敘述第一代(1G)、第二代(2G)以及第三代(3G)行動通訊系統發展，以及各通訊系統之原理介紹，可讓行動通訊研發人員對於行動通訊之系統發展有更深入地了解。

⏻ 9-1 行動通訊系統發展

一、第一代行動通訊(1G)

最早第一代行動通訊(One Generation；1G)發展於 1980 年，第一代行動通信標準簡稱 1G，屬於類比式(Analog)行動電話系統，它的傳輸速率無法提供資料傳輸，主要是提供一般語音通訊服務，是一種蜂巢式系統，其傳輸訊號以調頻(Frequency Modulation；FM)訊號的形式進行調變，與平時我們收聽的 FM 廣播(88MHz～108MHz)調變形式相同，只是頻率的傳輸範圍不同，載波頻率與相位隨著語音頻率而變化，以分頻多重擷取系統(Frequency Division Multiple Access；FDMA)之調變技術為核心技術，於頻帶上採用多重存取的方法。

第一代行動通訊使用的頻率為800MHz，其優點為傳輸距離長，比 GSM900 與 GSM1800 能傳輸更長距離，音質好，穿透性佳，沒有回音的現象，其缺點為容易受外來的電波干擾，造成通話的品質不佳、容易遭到他人竊聽通話內容及通訊時保密性差，且附加加值服務不多。第一代行動通訊應用地區主要為美國地區、日本地區與歐洲地區。

1. 美國地區

先進式行動電話服務系統(Advanced Mobile Phone System；AMPS)於 1970 年由貝爾實驗室發展，並於 1983 年開始在美國地區商業化，因此又稱為北美行動電話系統，其涵蓋範圍遍及美國全境，頻率範圍 870-890(MHz)；而 AMPS 系統也是台灣第一個引進的行動電話系統，早期中華電信之 090 門號，即採用 AMPS 系統。AMPS 系統採用 50MHz 的頻譜寬度，其中上行(Uplink)和下行(Downlink)各佔 25MHz 頻寬，採用分頻多重擷取系統(FDMA)的多重存取技術，每個用戶佔用一組發射及接收各 30kHz 頻寬的通道，經由簡單計算可推測出 AMPS 系統最多可同時容納 833 個用戶。在類比式行動電話標準中，AMPS 系統被稱為最普及以及最成功的通訊系統。

2. 日本地區

　　日本第一代類比行動電話通訊標準有兩種系統，分別為日本電話電信服務系統(Nippon Telephone and Telegraph；NTT)和全日本存取通訊系統(Japan Total Access Communications；JTAC)，日本通訊單位共配置 56MHz 的頻譜，採用分頻多重擷取系統(FDMA)的多重存取技術，每個用戶佔用一組發射及接收各 25KHz 的通道。

3. 歐洲地區

　　歐洲地區第一代類比行動電話標準分別為 1981 年在北歐國家，瑞典、挪威、丹麥、芬蘭等所使用的北歐行動電話系統(Nordic Mobile Telephone；NMT)，其頻率範圍 935-960MHz、頻寬 25kHz，德國和葡萄牙使用的 C-450，法國的 Radiocom2000，及義大利的無線行動電話系統(Radio Telephone Mobile System；RMTS)。1985 年英國、義大利和西班牙使用的完全存取通訊系統(Total Access Communications System；TACS)，其頻率範圍 935-960MHz、頻寬 25KHz。而當時歐洲地區第一代類比行動電話標準很多，在發展過程中造成各個標準的用戶數量未達到預期的經濟規模，因此經過不斷地系統整合，最終歐洲地區行動電話通訊系統採用，完全存取通訊系統(TACS)與北歐行動電話系統(NMT)系統。

二、第二代行動通訊(2G)

　　第二代行動通訊(Second Generation；2G)，發展於 1992 年之後。從第一代到第二代行動通訊系統最大的不同，就是由類比系統演變為數位系統，如數位先進式行動電話服務系統(Digital Advanced Mobile Phone System；D-AMPS)、全球行動通訊系統(Global System for Mobile Communications；GSM)及分碼多重擷取系統(Code Division Multiple Access；CDMA)。第二代行動通訊系統相較於第一代行動通訊系統，可提供語音、數據、傳真傳輸服務，以及附加加值型的服務，並具有高度的通訊保密性、系統傳輸容量增加、傳輸數位資料等優點，比類比式系統改善許多。

第二代行動通訊應用地區主要為美國地區、日本地區與歐洲地區。

1. 美國地區

美國地區的第二代行動通訊系統標準，不同於傳統第一代的單一系統，在不同時期先後發表數位先進式行動電話服務系統(D-AMPS)、窄頻 CDMA 規格。

在 1991 年美國的電信工業聯盟(Telecommunications Industries Association；TIA)與電子工業聯盟(Electronic Industries Association；EIA)，採用分時多重擷取系統(Time Division Multiple Access；TDMA)技術的 IS-54 標準，初期的 IS-54 標準是屬於類比式控制訊號通道，IS-54 標準仍然使用 30KHz 頻寬的通道，每個通道可同時提供給三個使用者使用，因此第二代行動通訊－數位先進式行動電話服務系統(D-AMPS)容量是第一代行動通訊－先進式行動電話服務系統(AMPS)系統容量的三倍，但是系統容量的增加會造成聲音品質上的犧牲。而之後第二代行動通訊系統改採用數位先進式行動電話服務系統(D-AMPS)控制訊號通道之後，稱為 IS-136 標準。

美國另一個系統是分碼多重擷取系統(Code Division Multiple Access；CDMA)，也稱為 IS-95 或 cdmaOne，於西元 1993 年被美國電信工業聯盟(TIA)所採用，因此 IS-95 為美國電信工業聯盟(TIA)將第二代行動通訊 CDMA 系統，標準分配的編號，即暫時標準(Interim Standard；IS)，它也經常做為整個系列的名稱使用。cdmaOne 標準與技術專利主要是掌握在美國通訊廠高通(Qualcomm)公司手中。

分碼多重擷取系統(CDMA)具有高傳輸容量、通訊安全性提升、通話品質提高、增加許多高階服務功能、發射功率減少、省電等優點。

2. 歐洲地區

第二代的行動通訊系統，歐洲地區不同於其他地區，主要由歐洲電信標準協會(Europe Telecommunications Standards Institute；ETSI)所製定的一種無線數位網路標準，目的在提供共通的服務給歐洲所有行動通訊使用者；第二代的行動通訊系統使用分時多重擷取系統(TDMA)技術通行全歐洲的標準－全球行動通訊系統(Global System for Mobile Communications；GSM)，並於西元 1992 年開始商業化。

　　全球行動通訊系統最早是將無線電波發射頻率制定在 900MHz，也稱為 GSM900，之後又制定在頻率 1800MHz，稱為 GSM1800。兩者之間的最主要差異在於操作頻率的不同與頻率較高的系統有較多的通話容量。GSM 頻寬為 900MHz 時，上傳(Uplink)頻率範圍為 890-915MHz，下傳(downlink)頻率範圍為 935-960MHz；而全球行動通訊系統(GSM)是數位系統中最早完成的系統架構，使得世界各國相繼採用全球行動通訊系統標準，因此，行動通訊之系統穩定，增加了大量的行動通訊使用者，大量的用戶也增加了全球行動通訊系統(GSM)的經濟規模，更奠定GSM 系統穩居世界第一的基礎。

3.　日本地區

　　日本於西元 1995 年推出採用 TDMA 技術的個人數位蜂巢系統(Personal Digital Cellular；PDC)，個人數位蜂巢系統(PDC)是一種由日本開發的 2G 行動電話通訊標準，與 D-AMPS 及 GSM 相似，操作於800MHz 到 1.5GHz 的頻帶上。其中，PDC 頻寬為 800MHz 時，上傳(Uplink) 頻率範圍為 810-830MHz，下傳 (downlink) 頻率範圍為890-915MHz ；而頻寬為 1.5GHz ，上傳 (Uplink) 頻率範圍為1477-1501MHz，下傳(downlink)頻率範圍為 1429-1453MHz 頻譜。

　　表 9-1 為美國地區、日本地區與歐洲地區所採用的第二代行動通訊系統之比較結果。

表 9-1　第二代行動通訊系統之比較

	全球行動通訊系統 (GSM)	數位先進式行動電話 服務系統(D-AMPS)	個人數位蜂巢系統 (PDC)
發展年代	1992 年	1993 年	1995 年
上傳頻率範圍	890-915MHz	824-849MHz	810-830MHz

表 9-1　第二代行動通訊系統之比較(續)

	全球行動通訊系統 (GSM)	數位先進式行動電話 服務系統(D-AMPS)	個人數位蜂巢系統 (PDC)
下傳頻率範圍	935-960MHz	869-894MHz	890-915MHz
存取技術	分時多重擷取系統(TDMA)		
載波間距	200KHz	30KHz	25KHz
資料傳送速率	270.833Kbps	48.6Kbps	42Kbps
聲音通道數量	1000	2500	3000

三、第三代行動通訊(3G)

第三代行動通訊系統(Third Generation；3G)發展於 1996 年之後，有別於第一代的類比式系統，如 AMPS、NTT、TACS 等及第二代的數位式系統，如 GSM、CDMA IS-95 等，因此稱為第三代行動通信系統(3rd Generation Mobile System；3G)。第三代行動通信系統除了提升第二代行動通信系統原有的功能與服務外，最主要是能提供高速率的資料傳輸頻寬和多媒體服務。

為了因應多媒體時代的來臨，行動通訊將需要更高的傳輸速度，有鑑於此國際電信聯盟(International Telecommunication Union；ITU)的射頻通信部門 (International Telecommunication Union Radio communication sector；ITU-R)，於 1980 年初即結合歐洲和日本，開始發展 3G 行動通訊系統，包括陸地行動通訊與衛星系統，初期先開發未來公眾陸上行動通信系統(Future Public Land Mobile Telecommunication Systems；FPLMTS)，提升無線接取(Wireless Access)技術方面之任務。

而國際電信聯盟(ITU)希望未來公眾陸上行動通信系統(FPLMTS)能在公元 2000 年左右發展完成，因此 FPLMTS 後來又稱為 IMT-2000r(International Mobile Telecommunications-2000)；因此國際電信聯盟(ITU)發表第三代行動通訊標準，稱為 IMT-2000。

在西元 1992 年的世界無線電管理會議(World Radio Administrative Conference)上，國際電信聯盟(ITU)參與分配世界上之陸地行動通訊頻寬，其頻寬爲 1885-2025MHz 和 2110-2200MHz 的頻帶一共 230MHz 頻譜寬度給 IMT-2000 做爲頻寬範圍；而衛星行動通信所使用之頻寬爲 1980～2010MHz 與 2170～2200MHz。

　　制定 IMT-2000 標準的目的在於：

1.　制定全球一致的通訊標準，最終實現提供全球漫遊的服務。

2.　第三代行動通訊要能建立在第二代行動通訊的基礎上，並和 2G 有相容性，期望能使電信業者能夠升級到 3G，避免過高的資金需求增加系統升級的門檻。

3.　可連接網路，具備支援多媒體服務的能力，增加服務的多樣性。其 IMT-2000 之發展如圖 9-1 所示。

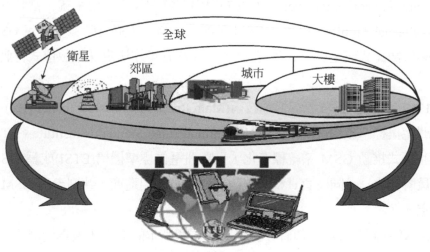

圖 9-1　IMT-2000 之發展圖

　　IMT-2000 行動通訊之特色，在於提升通訊產品相容性、高通訊品質、小型化通訊產品、全球漫遊系統、多媒體影音系統、多樣化的服務形態、寬頻服務等。

IMT-2000 具有提供 2Mbps 封包(Packet)數據傳輸速率的能力，可以傳送語音、數據、影像、多媒體和使用網際網路上的各種服務。數據傳輸速率在室內時慢速移動必須可達到 2Mbps，在戶外步行必須可達到 384kbps，在高速汽車行進時必須可達到 144kbps，衛星傳輸必須可達到 9.6kbps。

 # 9-2　全球行動通訊系統

此一小節，將針對全球行動通訊系統(Global System for Mobile Communications；GSM)之發展歷史、系統架構、基地台架構、傳輸頻寬等，詳細介紹現今具有最大佔有率的第二代行動通訊。

9-2-1　全球行動通訊系統發展歷史

在 1982 年，一些歐洲國家向歐洲郵電管理聯盟(Conference of European Posts and Telecommunications；CEPT)提出在歐洲建立通信系統，當時稱之為 Group Special Mobile，這也是 GSM 名稱的由來，不過當時並未決定 GSM 系統是屬於類比式或是數位式系統，直至一九八五年才決定採用數位式行動電話系統。

1987 年制定 GSM 無線傳輸技術(Main Radio ransmission Techniques)；1989 年歐洲電信標準機構(European Telecommunication Standards Institute；ETSI)成立，並正式推動 GSM 系統標準化，且歐洲電信標準機構(ETSI)成為 GSM 技術委員聯盟之一，同時負責整合電信公司及設備製造商，共同參與 GSM 標準的製定。

GSM 在制定發展技術時，訂定下列 5 個基本的需求，做為發展設計技術的依據。其中包含了：

1.　服務(services)

(1)　不論手機在哪一個已參與國際漫遊的地區，手機都應獲得系統業者之通訊服務。

(2)　不論是在室內靜止、步行、車輛行走或是航行的船隻，GSM 系統必須供應服務行動通話，但禁止在航空上使用 GSM，以免影響飛航安全。

(3) GSM 通訊系統，除了提供基本的通話服務也提供傳真服務、傳送簡訊與資料傳送等服務。

2. 服務與安全的品質(quality of services and security)

(1) 從客戶使用的通訊品質，第二代行動通訊 GSM 電話的語音品質必須優於第一代行動通訊類比式行動電話系統。

(2) GSM 系統必須能提供使用者資訊加密的功能。

3. 無線電頻道的使用(radio frequency utilization)

(1) GSM 系統在合理的成本下，選擇能具有高無線電頻道使用效率，和盡可能使用現有已成熟的用戶設備，同時提供都市與鄉村地區通訊服務。

(2) GSM 系統頻率在 890-915MHz 與 935-960MHz 之間運作。

(3) 系統需能在整個配置的頻道上運作，並與先前使用同一頻道的系統並存，具有系統向下相容之特性。

4. 網路(network)

(1) 系統設計必須允許不同網路使用不同的計費結構與費率。

(2) 通訊網路的交換與行動資料庫之間，必需使用國際性的通訊網路標準。

(3) 在網路系統內必須做到使用者資訊與電信業者系統資料，皆受到保護。

5. 成本(cost)

(1) 降低電信通訊業者發展系統架構與通訊網路鋪設之整體系統成本。

(2) 降低手機生產成本，來考量市場整體定位。

　　GSM 是屬於數位式無線電系統，能提供泛歐洲的「漫遊」(roaming)，因此使用者能在歐洲的任何地方使用 GSM 系統，且比第一代類比式蜂巢無線電系統更能有效地使用頻譜(spectrum)。在 1990 年制定工作於 900MHz 頻段的

GSM900 系統傳輸規格，隔年 1991 年制定工作於 1800MHz 頻段的 GSM1800 系統傳輸規格，也稱為數位蜂巢系統(Digital Cellular System；DCS)-DCS1800，於 1992 年 GSM 系統在歐洲開始產品商業化。

9-2-2　全球行動通訊系統之架構

　　GSM 系統的行動電話(Mobile Station；MS)透過無線介面(Radio Interface)與基地台系統(Base Station System；BSS)相互通訊，全球行動通訊系統之架構如圖 9-2 所示。

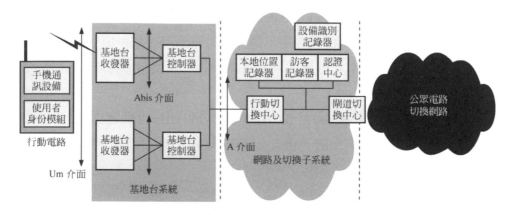

圖 9-2　全球行動通訊系統之架構圖

　　基地台系統以 A 介面(A Interface)連結到行動切換中心(Mobile Switching Center；MSC)，並與網路及切換子系統(Network and Switch Subsystem；NSS)相聯結。GSM 系統網路包含了：使用者手機(Mobile Station；MS)、基地台系統架構(Base Station System；BSS)、後端的網路及切換子系統(Network and Switching Subsystem；NSS)，與網路營運中心負責監控整體網路的運作，如警告(alarm)處理與故障問題排除，因此，在此小節將針對全球行動通訊系統之架構圖，詳細敘述。

一、GSM 系統架構手機

　　GSM 系統的行動電話(Mobile Station；MS)，主要由兩個部份所組成：第一個部份為使用者身份模組(Subscriber Identity Module 或 SIM)，第二個部份為手機通訊設備(Mobile Equipment；ME)。而目前手機以發展到可直接與終端設備(Terminal Equipment；TE)連接，如手機與個人電腦(Personal Computer；PC)相連接或 PDA 與筆記型電腦相連接，即可藉由終端設備(Terminal Equipment；TE)透過可手機來傳送語音訊息或使用者資料，便於使用者方便使用。

1. 使用者身份模組(SIM)

　　使用者身份模組(SIM)是屬於一種智慧卡，屬於記憶體晶片，專門儲存與使用者相關的資料。SIM 卡有各種形式，最常見的為 Plug-in SIM，SIM 卡可儲存電話名單與短訊息(short message)，以及其他使用者相關資料。SIM 卡有個人識別碼(Personal Identity Number；PIN)與個人識別碼解鎖號碼(PIN Un-lock Key；PUK)，為了保護 SIM 卡不被他人使用，SIM 需以個人識別碼(PIN)啟動，所以每次開機時都要輸入 PIN 號碼。

　　PIN 號碼可設定 4 到 8 個數字長的密碼，若忘了 PIN 號碼，在嘗試輸入 3 次錯誤 PIN 號碼之後，SIM 卡就會自動鎖住使門號，此時要向申請門號的電信業者要求取得另一個數字個人識別碼解鎖號碼(PIN Un-lock Key；PUK)，來解開被鎖住的 SIM 卡。

　　傳統的 SIM 卡記憶體容量為 8k 或 16k，第二代的 SIM 卡記憶體晶片擴增至 32k 記憶體容量，可儲存使用者之電話名單與短訊息資料。

2. 通訊設備(ME)

　　通訊設備(ME)包含了與基地台通訊所需之無線軟體及硬體，包括控制模組與無線電模組。當 SIM 卡由手機取出後，剩下之 ME 無法單獨使用。唯一例外為撥打緊急電話，如美國之 911 或國內之 119 之緊急電話，緊急電話是不須插入 SIM 卡。SIM 卡必須與不同的手機通訊設備相結合，使用者只要在手機內插入 SIM 卡，開機後，即可連接至電信業者之 GSM 網路。

二、基地台系統架構

基地台(Base Station System；BSS)系統架構圖如圖 9-3 所示。基地台系統架構主要做為連接手機及 GSM 交換機設備。基地台主要功能可做為基地台(BSS)與手機(Mobile Station MS)間傳送與接收訊號、基地台會依據周遭環境或通訊品質，而調整發射功率，因此可調節本身的電力消耗，可以使得使用者手機達到省電功能，也可減少訊號干擾。而基地台會測量使用者手機的發射訊號功率強度，即會發訊號告知手機進行功率調整控制。

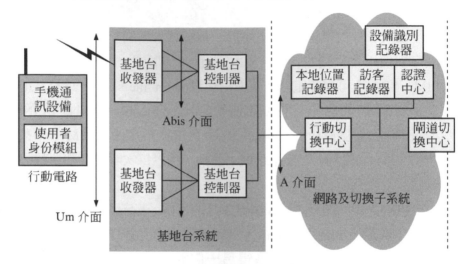

圖 9-3　基地台系統架構圖

基地台系統架構包括兩個部份：基地台收發器(Base Transceiver Station；BTS)及基地台控制器(Base Station Controller；BSC)。

基地台收發器(BTS)是全球行動通訊系統(GSM)與 GSM 系統的行動電話(Mobile Station；MS)之間的溝通管道。基地收發器設備包含了功率發射器、天線接受器、與手機通訊的無線介面相關之訊號處理的設備。基地收發器會收集所有 MS 送來的信號，轉交給基地台控制器，而基地台控制器利用這些數據做通道分配。在通話過程中，行動電話與基地收發器會進行信號強度量測，調節發射功率達到省電功能。基地台控制器與行動切換中心(MSC)間會進行語音資訊的速率轉換，主要由傳輸編譯碼與速率轉接器單元(Transponder Rate

Adapter Unit；TRAU)之硬體來處理資料傳輸時，GSM 所訂定的語音編碼與解碼、速率調整。

　　基地台控制器(BSC)負責基地台子系統之線路切換功能，並與 GSM 網路之行動交換中心相互連接。基地台控制器負責無線通訊線路之分配(allocation)及釋放(release)，與手機交遞(handover)，建立起電話的管理。一個基地台控制器可與數個基地收發台相連接。在城市鬧區高通話量的地區，基地台控制器可以僅與一個基地收發台連接。對基地台控制器而言，容量的規劃是非常的重要，通常基地台控制器會維持在 90%以上的使用率。

　　網路及切換子系統(Network and Switching Subsystem；NSS)主要提供電話線路切換與客戶資料儲存及手機漫遊管理(roaming management)之功能，其架構圖如圖 9-4 所示。

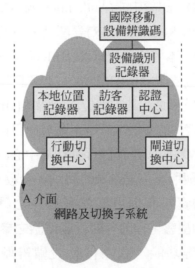

圖 9-4　網路及切換子系統架構圖

　　網路及切換子系統(NSS)由行動切換中心(Mobile Switching Center；MSC)、閘道交換中心(Gateway Mobile Switching Center；GMSC)、本地位置記錄器(Home Location Register；HLR)、訪客記錄器(Visitors Location Register；VLR)、認證中心(Authentication Center；AUC)、設備識別記錄器(Equipment Identity Register；EIR)等組合而成。

行動切換中心(Mobile Switching Center；MSC)執行基本線路切換功能。且行動切換中心(MSC)是 GSM 系統的主要核心，是將它所函蓋區域中的行動電話進行控制和完成通路切換的功能，也是移動通信系統與其他公用通信網路之間的介面。行動切換中心(MSC)也可完成網路介面、公共通道傳輸系統和計費等功能。行動切換中心(MSC)經由 A 介面(A interface)控制數個基地台(BSS)，負責通話設定、通話管理，也可處理通道信號做為與網路及切換子系統(NSS)端之介面。

　　閘道切換中心(Gateway Mobile Switching Center；GMSC)是屬於特殊的行動切換中心(MSC)，可做為公眾電話切換網路(Public Switched Telephone Network；PSTN)等其他網路連接的閘道。

　　本地位置記錄器(Home Location Register；HLR)、訪客記錄器(Visitors Location Register；VLR)、認證中心(Authentication Center；AUC)、設備識別記錄器(Equipment Identity Register；EIR)等都是主要做為維護使用者資料的資料庫。GSM 網路系統利用本地位置記錄器(HLR)與訪客記錄器(VLR)來尋找使用者手機的位置。本地位置記錄器(HLR)是一個資料庫，是存儲行動客戶使用者的資料。每個行動客戶都應在其本地位置記錄器(HLR)註冊登記，它主要存儲兩類資訊：一是有關客戶的參數；二是有關客戶目前所處位置的資訊。訪客記錄器(VLR)也是一個資料庫，是存儲行動切換中心(MSC)記錄來話、通話之資訊，以及客戶的號碼與所處位置區域的識別等參數。

　　認証中心(AUC)的資料庫則用來認証用戶之真假。設備識別記錄器(EIR)，主要紀錄手機的型態，存儲有關行動電話之參數；主要完成對行動電話設備的辨別、監視等功能；國際移動設備辨識碼(International Mobile Equipment Identification；IMEI)會經由設備識別記錄器(EIR)之認證，而確認是正常的手機，防止非法行動電話之使用。

三、全球行動通訊系統之溝通界面

　　全球行動通訊系統之界面架構圖，如圖 9-5 所示。在各個 GSM 系統架構中，系統間須要互相溝通，必須遵循一定之規範協定，此規範協定稱為界面(interface)。

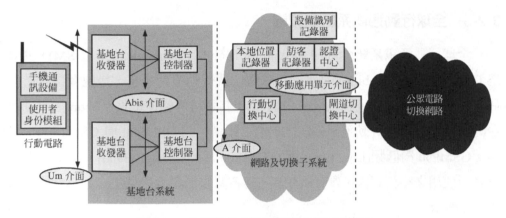

圖 9-5　全球行動通訊系統之界面架構圖

在第二代行動通訊全球行動通訊系統架構中，有下面幾個常見的系統界面：

1. Um 系統介面，主要做為 GSM 系統的行動電話(Mobile Station；MS)與基地台收發器(BTS)之間的介面。

2. Abis 系統介面，主要做為基地台收發器(BTS)與基地台控制器(BSC)之間的介面。

3. A 介面，主要做為基地台控制器(BSC)與行動切換中心(MSC)之間的介面；而完全存取通訊系統(TACS)規範只對 Um 系統介面進行了制定規範，而未對 A 介面做任何的限制。因此，各設備生產廠商對於 A 介面都採用各自的介面協定，也因此通常 A 介面都會架設於行動切換中心(MSC)內部機房內，而在界面安全性上，較不會有異常情況發生。

4. 行動應用單元(Mobile Application Part；MAP)介面，主要做為行動切換中心(MSC)與其他應用層如：本地位置記錄器(Home Location Register；HLR)、訪客記錄器(Visitors Location Register；VLR)、認證中心(Authentication Center；AUC)、設備識別記錄器(Equipment Identity Register；EIR)等之間的系統溝通介面。

9-2-3　全球行動通訊系統之頻譜

全球行動通訊系統(Global System for Mobile Communication；GSM)，也稱為 Group Special Mobile，是屬於泛歐數位式行動電話系統，是現今具有最大佔有率的第二代行動通訊系統－俗稱 2G；其資料傳輸速率為 9.6kbps。而目前台灣所使用的全球行動通訊系統(GSM)之頻譜，為 GSM900 與 GSM1800；其中，GSM900 為低頻(Low Band)而 GSM1800 為高頻(High Band)，而不同電信業者所使用之頻譜範圍，會有所差異。其各家電信業者所使用之頻譜範圍，如表 9-2 所示。

表 9-2　各家電信業者所使用之頻譜範圍

電信業者	全區／區域	系統及頻譜(MHz)
中華電信(CHT)	全區	AMPS800(第一代行動通訊) GSM900/GSM1800(第二代行動通訊)
台灣大哥大(TCC)	全區	GSM1800
遠傳(FET)	全區	GSM900/GSM1800
和信(KGT)／東榮	全區	GSM1800
東信(MobiTai)	中區	GSM900
泛亞(TranAsia)	南區	GSM900

一、GSM900

全球行動通訊系統 GSM900，是工作於 900MHz 頻段的 GSM 系統，因此統稱為 GSM900，其上傳(Uplink)頻率範圍為 890-915MHz，下傳(Downlink)頻率範圍為 935-960MHz，因此上傳與下傳各有 25MHz 的頻寬(Bandwidth)，而相鄰兩通道間隔為 200KHz，因此在上傳與下傳頻率範圍內，共可各形成 124 個載波。每個頻道採用分時多重擷取系統(Time Division Multiple Access；TDMA)方式，分為 8 個時隙(Slot)，每通道佔用頻寬為 200kHz／8＝25 KHz。其 GSM900 頻寬範圍如圖 9-6 所示。

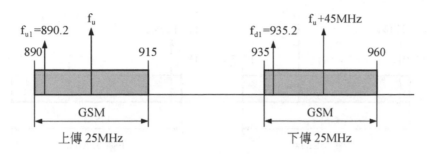

圖 9-6　GSM900 頻寬範圍

　　GSM900 系統是最早出現在地球上的數位行動電話系統，目前除了美國及日本外，世界上大多數的國家都採用這個系統。透過數位訊號傳輸的 GSM900 與 GSM1800，和類比式行動電話系統－AMPS 相比起來，更不易被竊聽以及盜拷，這也是當初發展這到系統的原因之一。

　　GSM900 系統之缺點為電波訊號容易受地形干擾，雖然可傳送的波長範圍較廣($\lambda \nearrow$)，但是穿透力也比較弱，所以需要比 AMPS 架設多一點的基地台來傳送訊號，其基地台涵蓋半徑範圍約小於 35km，但會受到建築物、空氣介質等影響，因此須架設許多基地台。另外也因為消耗的功率比較大，所以會造成手機待機的時間較短，適合在空曠的地區使用。

二、GSM1800

　　全球行動通訊系統 GSM1800，是工作於 1800MHz 頻段的 GSM 系統，因此統稱為 GSM1800 或數位蜂巢系統(Digital Cellular System；DCS)-DCS1800，其上傳(Uplink)頻率範圍為 1710～1785MHz，下傳(Downlink)頻率範圍為 1805～1880MHz，因此上傳與下傳各有 75MHz 的頻寬(Bandwidth)，而相鄰兩通道間隔為 200KHz，因此在上傳與下傳頻率範圍內，共可各形成 375 個載波。其 GSM1800 頻寬範圍如圖 9-7 所示。

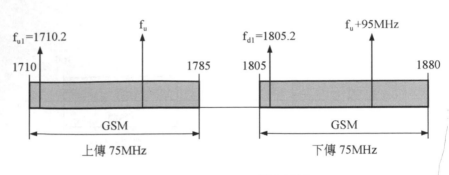

圖 9-7　GSM1800 頻寬範圍

　　當初發展 GSM1800 的主要原因是爲了彌補 GSM900 頻寬太窄的缺點。GSM1800 有電波訊號穿透力較好之優點，可以輕易的達到不易通訊的死角範圍，適合架設在人口密集的都會區。但由於 GSM1800 可傳送的波長範圍較短($\lambda \searrow$)，其基地台涵蓋半徑範圍約小於 4km，具有穿透力好、衰減快、無法傳遠之特性。所以會比 GSM900 需要數量更多且架設位置更好的基地台，在同樣大小的涵蓋範圍裏，GSM1800 所需要的基地台數量約 GSM900 的 2～4 倍；此外，消耗功率小也是 GSM1800 的優點之一，所以使用 GSM1800 的手機待機時間會比較長。

三、GSM1900

　　全球行動通訊系統 GSM1900，是工作於 1900MHz 頻段的 GSM 系統，因此統稱爲 GSM1900，也稱爲個人通訊服務(Personal Communication Service；PCS)-PCS1900，其系統使用區域主要是在北美區域(North America)，PCS1900 上傳(Uplink)頻率範圍爲 1850～1910MHz，下傳(Downlink)頻率範圍爲 1930～1990MHz，因此上傳與下傳各有 60MHz 的頻寬(Bandwidth)，而相鄰兩通道間隔爲 200KHz，因此在上傳與下傳頻率範圍內，共可各形成 300 個載波。其 PCS1900 頻寬範圍如圖 9-8 所示。PCS1900 主要是依據 DCS1800 系統稍作調整，以符合美國國家標準協會(American National Standards Institute；ANSI)所制定之規範。

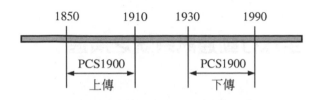

圖 9-8　PCS1900 頻寬範圍

表 9-3 為全球行動通訊系統 GSM900、GSM1800、GSM1900 各頻率系統之比較表，從表中可發現到 GSM900、GSM1800 各有其優點特性。

表 9-3　全球行動通訊系統各頻率系統之比較表

	GSM900	GSM1800	GSM1900
發射(上傳)頻帶	890～915MHz	1710～1785MHz	1850～1910MHz
接收(下傳)頻帶	935～960MHz	1805～1880MHz	1930～1990MHz
頻率範圍	70MHz	170MHz	140MHz
基地台涵蓋半徑範圍	<35km	<4km	<4km
通道數量	124 (通道間隔 200KHz)	375 (通道間隔 200KHz)	300 (通道間隔 200KHz)
移動性	250Km/h	125Km/h	125Km/h

　　當行動電話所發射之功率與基地台之連接，其功率稱為發射功率(Tx Power)、上傳(Uplink)或反向(Reverse-Link)。GSM900MHz 其發射功率為 5dBm～33dBm，GSM1800 and 1900MHz 其發射功率為 0dBm～30dBm。當基地台所發射之功率與行動電話之連接，其功率稱為接收功率(Rx Power)、下傳(Downlink)或順向(Forward-Link)。GSM900MHz、GSM1800 and 1900MHz 其接收功率為 –25 dBm～ –102.4 dBm。

9-3 全球行動通訊系統之演進

一、GPRS

行動通訊從第一代(1G)行動通訊發展之後，經由不斷地技術演變，而發展出第二代(2G)行動通訊 GSM 系統，而隨著通話品質增加、傳輸量增加，進而發展出 2.5G 行動通訊系統。而 2.5G 行動通訊系統也稱為通用封包無線服務(General Packet Radio Service；GPRS)，是第二代行動通訊 GSM 系統行動用戶可用的一種移動數據服務，且每個載波(Carrier)仍為 200kHz。GPRS 系統這項技術是位於第二代(2G)和第三代(3G)行動通訊技術之間，因此被定義成"2.5G"是 GSM 系統邁向 3G 系統之過渡橋樑。GPRS 系統沿用 GSM 的架構，增加點對點封包數據交換之服務，並同時提供使用者語音和數據等多媒體的服務。

GPRS 之標準規範制訂啟始於 1994 年，由歐洲電信標準協會(Europe Telecommunications Standards Institute；ETSI)開始制定相關 GPRS 系統規範，並於 1999 年完成 GPRS 規範標準。圖 9-9 為 GPRS 系統架構，GPRS 的系統架構與 GSM 架構相比較，GPRS 系統架構會在既有的 GSM 系統架構上提供點對點的封包傳送模式，因此，設備架構上必須多引進一些設備來完成數據傳輸相關之功能。此外，為了提供 GPRS 服務，現有 GSM 系統架構中的本地位置記錄器(HLR)必須增加有關 GPRS 用戶數據及路由所需的資訊。

GPRS 提供兩種服務，包含點對點(Point-to-Point；PTP)服務及單點對多點(Point-to-Multipoint；PTM)服務。圖 9-9GPRS 系統架構中有一個邏輯網路節點稱為 GPRS 支援節點(GPRS Support Node；GSN)，它包含了閘道通用封包無線服務節點(Gateway GPRS Support Node；GGSN)以及服務通用封包無線服務節點(Serving GPRS Support Node；SGSN)等兩種 GPRS 支援節點。透過這些 GPRS 支援節點，電信業者就可以在其現有的 GSM 公眾陸地行動網路(Public Land Mobile Network；PLMN)中，提供獨立的封包路由及傳送功能。

GPRS 之閘道通用封包無線服務節點(Gateway GPRS Support Node；GGSN)
就如同一個邏輯介面，提供 GSM 網路與其它數據網路的系統轉換及路由尋找
的功用，其作用就如同 GSM 網路中主要負責行動切換中心(MSC)之切換功能。

　　GPRS 之服務通用封包無線服務節點(Serving GPRS Support Node；SGSN)
主要負責將手機所送出的數據資料正確的送到相對應的 GPRS 之閘道通用封
包無線服務節點，而正確的傳送到接收端終端機上，同樣的，它也負責將 GPRS
之閘道通用封包無線服務節點所送來的封包，正確無誤的送達它服務範圍內的
各個手機，做為傳送 GPRS 數據資料。因此，閘道通用封包無線服務網路(GGSN)
與服務通用封包無線服務網路(SGSN)形成 GPRS 最重要的骨幹網路。

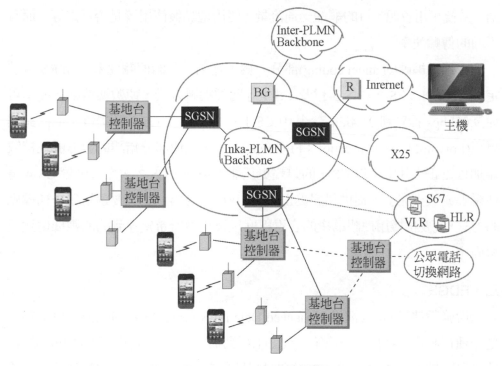

圖 9-9　GPRS 系統架構

　　為了達到數據傳輸之特性，GSM 系統也制訂利用封包交換的方式傳送數
據，稱為通用封包無線服務(General Packet Radio Service；GPRS)，採用封包
交換技術的優點是可以以量計價，用多少算多少，對上網用戶而言，是比較經

濟的選擇。GPRS 可以提供四種不同的編碼技術(Coding Scheme；CS)，每個時槽可提供的數據傳輸率分別為：CS-1(9.05kbps)、CS-2(13.4kbps)、CS-3(15.6kbps)、CS-4(21.4kbps)，其中 CS-1 的保護最嚴密，CS-4 則完全未加任何保護。根據規範，對每個用戶而言，瞬間最大可使用八個時槽，所以 GPRS 的傳輸率最高可高達 171.2kbps(21.4 kbps x8)。GPRS 所有之通信均先從 CS-1 啟始，當傳送品質良好無錯誤時，則可改為較高速率的編碼方式，當通信品質不良時，須再調低通道編碼速率。

　　GPRS 傳輸速率較 GSM 9.6kb/s 快 10 倍以上，理想狀況為 115kb/s～170kb/s 之間。但因不同的資料編碼方式，及傳輸當時所用手機之中央處理器(CPU)配備、系統可用資源、目的網站交通流量、使用地點與使用者是否行進等，而有不同的傳輸速率。

　　在通道編碼(channel coding)部分，為了達到不同的傳輸速率，GPRS 目前定義了 CS-1、CS-2、CS-3 以及 CS-4 等四種編碼方式，使數據傳輸的速率可從 9.05kbps 提昇到 21.4kbps。其中 CS-1、CS-2 以及 CS-3 都提供了前向錯誤更正(Forward Error Correction；FEC)的能力，可以使部分錯誤的數據能在接收端加以更正，其中又以 CS-1 的錯誤更正能力最強，CS-2 次之。至於 CS-4 這種編碼方式則完全不提供錯誤更正的能力。實際應用上到底要選用哪一種編碼的方式，就要根據用戶誤碼率的容忍程度以及用戶所希望達到的的數據傳送速率而定。

二、EDGE

　　增強數據率 GSM 演進(Enhanced Data rates for GSM Evolution；EDGE)，是一種行動電話技術，作為第二代(2G)行動通訊和 2.5G 行動通訊(GPRS)的延伸，有時被稱為 2.75G。EDGE 網路是就既有 GSM 網路強化資料傳輸速度的新興技術，EDGE 是利用北美、歐洲和亞洲地區所建設的 GSM 與 GPRS 行動通訊架構為基礎。EDGE 行動通訊可使得行動電話更具有多功能的服務需求，例如：手機高畫素照片傳送、收發電子郵件(E-Mail)、線上音訊、視訊和簡訊傳送。EDGE 的傳輸資料速率在理論上能達到 GPRS 的三倍，其 EDGE 傳輸最高可達 384kbps 的傳輸資料速率。

　　EDGE 傳輸標準最早是由易利信(Ericsson)於 1997 年提出，已成為 GSM 系統演進至提供高速率數據服務時所將採取的傳輸技術。EDGE 是 GSM 系統演進到 3G 系統的先期產品，包含有二種工作模式，其中，一種為電路切換模態(Circuit Switched Mode)，稱為增強電路切換資料(Enhanced Circuit Switched Data；ECSD)，另一種為封包切換模態(Packet Switched Mode)稱為增強通用封包無線服務(Enhanced GPRS；EGPRS)。為了提供高的資料傳輸速率，除了採用 GSM 與 GPRS 所使用的高斯最小移位鍵控(Gaussian Minimum Shift Keying；GMSK)調變之外，EDGE 系統架構還必須支援一種稱為 8 相位位移鍵(Eight Phase Shift Keying；8-PSK)的新型調變方式。

　　8 相位位移鍵(8-PSK)調變是 EDGE 行動通訊系統所採用之調變，它將增加總體資料傳輸率，並提供更好的頻率使用效率，其調變架構圖如圖 9-10 所示。8-PSK 每相位速率(Symbol Rate)為 270.833kbit/s，每一時槽資料傳輸率為 69.2kbit/s，同時共存於 GSM 頻率並保持傳輸區間不變。

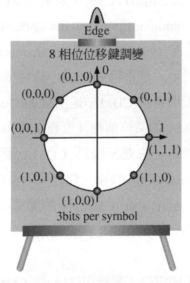

圖 9-10　8 相位位移鍵調變架構圖

EDGE 和 GSM 在架構上最主要的差別是射頻存取部份，至於核心網路架構部份，與 GSM、GPRS 網路架構部份相同。EDGE 為保証資料傳輸品質，使用 Link adaptation 技術，用來動態地交換於不同的編碼(Coding)及調變(Modulation)方式，使得資料傳輸速率可以依行動電話所在環境做動態調整，若行動電話所在環境訊號通信品質較好，則可以使用較高的傳輸速率，反之，則使用較低的傳輸速率。而 EDGE 傳輸速率最高可達到 384kbps 的資料資料傳輸速率。

 ## 9-4　分碼多重擷取系統

分碼多重擷取系統(Code Division Multiple Access；CDMA)最早是由美國軍方單位為了通訊而開發的通訊系統，而目前已廣泛應用到全球不同區域的行動通訊中。在 CDMA 行動通訊中，可將話音訊號轉換為數位訊號，進行編碼和解碼，可以大大提高對無線通道的使用率，增強抗雜訊干擾能力，並且將它發射到空中。

在 1985 年，國際電信聯盟(ITU)成立未來公眾陸上行動通信系統(Future Public Land Mobile Telecommunication Systems；FPLMTS)，開始規劃發展分碼多重擷取系統(CDMA)，而 1991 年，高通(Qualcomm)公司發表一套分碼多重擷取系統(CDMA)測試結果，是當時先進式行動電話服務系統(AMPS)的十倍通訊容量。而分碼多重擷取系統(CDMA)是由高通(Qualcomm)首先開發出來，與目前 GSM 相比，CDMA 的系統傳輸速度為 64kbit/s，比 GSM 的系統傳輸速度為 9.6kbit/s 快上許多，主要原因為 CDMA 利用直接序列展頻(Direct Sequence Spread Spectrum；DSSS)技術，將原本 9.6kbps 的語音或數據資料，利用微處理器(Microprocessor)，在 1.25MHz 的頻寬(Bandwidth)上將各種不同訊號彼此堆疊起來，用數位方式保密地大量傳送，並再還原成 9.6kbps 的語音或數據資料。

於 1993 年 7 月，美國電信工業聯盟(TIA)將 CDMA 於 Cellular 的應用納入 IS-95 的無線通信標準中，此無線通信標準包含 Cellular 的 IS-95 標準，亦含括了 IS-41、IS-96、IS-98、IS-99、IS-634、IS-651、IS-661 及 IS-665 等所有的標準規範。1997 年 6 月 CDMA 發展聯盟(CDMA Development Group；CDG)更將與 CDMA IS-95 介面技術所有相關應用，均以 cdmaOne 相稱。

　　CDMA 行動通訊系統不像 GSM 系統是以時間或頻率爲架構的系統，在 CDMA 系統中所有的使用者在同一時刻共享所有時間和頻率的資源，分碼多重擷取系統(CDMA)是一種分碼多工的存取方式，傳輸信號以 Chips 組成，而且每一個使用者都有一個與其他使用者不同的僞雜訊(Pseudo Noise；PN)碼或該使用者獨有的數位碼，而不再是用時間、單獨的頻率與頻道，來區分使用用戶。

　　在系統接收端則有一個相同的 PN 碼，來和接收訊號取相關性，只有和 PN 碼序列匹配的資料可以通過，無效的信號如其它使用者的信號就被視爲雜訊。基地台與行動電話共用數字代碼，所有頻率均可用來呼叫，因此 CDMA 可增加所提供的語音通道總數，系統整體容量隨之大幅提高。

9-4-1　分碼多重擷取系統之特點

　　分碼多重擷取系統(CDMA)具有：

1. 頻譜效率高；可利用許多不同技術來降低同頻干擾，以提高系統容量，其系統容量約爲類比式系統的 15～20 倍。

2. 隱密及安全性；CDMA 因採分碼多工的存取方式，各訊息彼此間以展頻的方式疊加在一起，故較不易被人所竊聽或盜用。

3. 功率需求；CDMA 會以較爲複雜的功率控制來使功率維持在一定的準位，以提高通話率(Call/Connect Ratio)和降低斷話率(Call Drop Rate)，並使得所需功率較小。

4. 非對稱性的上傳與下傳；CDMA 技術可以在基地台採用發射分集(Transmit diversity)技術，來提高下傳資料容量，以便能支持非對稱性的上、下傳資料量之需求。

5. 訊號品質；CDMA 系統的通道頻寬比 GSM 爲寬，具有 1.25MHz 的頻寬，可以藉由減輕多重路徑的訊號時間差問題，來提高訊號品質。

6. 語音品質；CDMA 所提供的通話品質最接近一般家用電話線的通話品質，不但可有效降低背景雜訊，且原音的表現也是最好。

而目前台灣所使用的行動通訊，包含有 GSM 系統和 CDMA 系統，而電信業者中，中華電信、台灣大哥大、遠傳電信皆是採用 GSM 系統；亞太電信是採用 CDMA 系統。因此，將針對 GSM 系統與 CDMA 系統做比較：

1. 聲音清晰度

就聲音的清晰度與原音呈現的差異性做比較，兩者都是採用數位化系統，從數位格式轉化成語音格式過程，聲音經過壓縮、轉換，原音失真度相較於第一代行動通訊系統 090AMPS 系統來得高。但因 CDMA 使用頻率為 800MHZ 頻段，上傳(Uplink)為 824〜849MHz、下傳 (Downlink)為 869〜894MHz，訊號在空中傳輸過程遺失率(lost)比 GSM 系統所使用的 900MHz 或 1800MHz 來得低，因此聲音的清晰度，CDMA 比 GSM 來得好。

2. 塞車、斷訊問題

CDMA 的每一個基地台容量大約是 GSM 的三倍，也就是 CDMA 的每一個基地台在同一時間可以容納的門號較 GSM 多，目前 GSM 系統因基地台容量太小而造成塞車、斷訊等問題，在 CDMA 系統將比較不易發生。

3. 通訊品質

如果以基地台數量差不多來比較，CDMA 所使用的頻率低，空中傳輸過程訊號損失較少，通訊品質會比 GSM 來得好。

4. 傳輸速度

GSM 的系統傳輸速度為 9.6kbit/s，CDMA 系統則為 64kbit/s，在數據傳輸功能，CDMA 系統會優於 GSM 系統。

5. 漫遊

CDMA roaming 國比較少，目前使用 CDMA 系統的只有美、韓、日、中、中東國家等，不像 GSM 多達二百多個區域使用該項系統，就國際使用便利性來說，GSM 系統比 CDMA 系統較能廣為使用。

9-4-2　分碼多重擷取系統之通訊規範

分碼多重擷取系統(CDMA)是分佈在第二代(2G)行動通訊系統與第三代(3G)行動通訊系統之通訊架構。而分碼多重擷取系統(CDMA)在第二代行動通訊系統(2G)的規範為 CDMA One，可分為 IS-95A 與 IS-95B；CDMA 2000 1x 是屬於 2.5G 行動通訊系統；CDMA 2000 EV-DO 是屬於第三代(3G)行動通訊系統。

CDMA One 是一個第二代(2G)行動通訊系統移動通訊標準，是由高通 (Qualcomm)與美國電信工業聯盟(TIA)基於 CDMA 技術，而發展出來的 CDMA 2G 行動通信，其規範稱為 IS-95。而 IS-95 是美國電信工業聯盟(TIA)基於 CDMA 技術的 2G 行動通訊的空中介面標準分配的編號，即暫時標準(Interim Standard-95；IS-95)，因此也做為整個系列規範的名稱使用。

因此，可以說 IS-95 這個標準規範是為了發展 CDMA 系統，而制定的北美洲版本，IS-95 標準以 CDMA 系統為基礎，允許所有的使用者共享傳輸通道，也就是所有使用者再同一時刻共享時間和頻率的資源。而 IS-95 不但符合先進式行動電話服務系統(AMPS)和 CDMA 系統，且工作在利用 800MHz 為中心頻率的頻帶，頻寬 1.25MHz，資料傳輸率為 9.6kb/s，Chip Rate 為 1.2288Mchips/s，且具有雙向傳輸的技術。

IS-95 可分為 IS-95A 與 IS-95B，而 IS-95A 是第一個 CDMA 行動通訊之標準規範，IS-95A 標準規範被發展於 1995 年 5 月，且做為全球許多商業用的 CDMA 2G 系統之標準，且 IS-95A 提供高音質聲音服務，並具有 14.4kbps 資料傳輸率。

IS-95B 規範是依據 IS-95A 而延伸發展，而 IS-95B 能提供到 64kbps 資料傳輸率，因此，於 1999 年 9 月在韓國正式發表，並在日本、祕魯等國家，採用 IS-95B 規範。

CDMA-2000 是由 CDMA 發展組織(CDMA Development Group；CDG)所提出來。CDMA 2000 1x 是屬於 2.5G 行動通訊系統，此系統與與 IS-95 相容性，Chip Rate 為 3.6864Mchips/s，是 IS-95Chip Rate 1.2288 Mchips/s 的三倍，因此，

發展 CDMA2000 具有下列幾項特性：

1. 提供聲音和資料的同時傳輸。

2. 系統容量增加、基地台涵蓋範圍可擴大。

3. 可在 CDMA2000 系統中，共用藍芽(Bluetooth)和無線應用通訊協定
   (Wireless Application Protocol；WAP)技術。

4. 系統相容，在 CDMA2000 系統中也可以同時使用 2G CDMA One 之技
   術。

5. 可減少手機和基地台的耗電功率，手機待機時間可增長。

　　CDMA2000 系統的演進初略分為兩個階段，在第一個階段的資料平均傳
輸率為 144kbps，稱做 CDMA2000 或 CDMA2000 1x，其中 1x 表示一倍於
1.25MHz 的意思，可提供最高 307kbps 的速率，其頻譜圖如圖 9-11 所示。第
二個階段提供資料傳輸率大於 2Mbps，稱為 CDMA2000 1xEV。

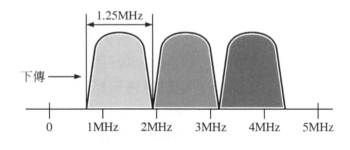

圖 9-11　CDMA2000 頻譜圖

　　2G CDMA One 系統延伸的 3G 標準，稱為 CDMA 2000(IS-2000 or CDMA
1x)。CDMA2000(Code Division Multiple Access 2000)是由第三代行動通訊夥伴
合作計畫(Third Generation Partnering Project 2；3GPP2)所提出，主要由 2G
CDMA One 通訊標準演變而來，並提供以國際電信聯盟(ITU)所制定的
IMT-2000 為標準的 3G 服務，可與 IS-95B 系統的頻段共享或重疊。

　　而 CDMA 2000 提供大約於 cdmaOne 兩倍的聲音容量，它的資料平均傳
輸率為 144kbps，每一個使用者專用的 1.25MHz 頻寬的傳輸速率最高可達到
2.4Mbps。CDMA2000 系統的標準頻帶是 1.25MHz，在頻寬保持不變的前提

下，可以支援高速的封包數據與更大的用戶容量和覆蓋區域，並且兼容現有的 IS-95 手機用戶。與 IS-95 比較起來 CDMA2000 1x 系統有提升傳輸容量、減低手機耗電、偵錯能力更強、資料速率更高等優點。

　　CDMA2000 系統的第二階段發展 -CDMA2000 1xEV，可被分為 1xEV-DO(1x Evolution Data Only)和 1xEV-DV(1x Evolution Data and Voice)兩部分。CDMA2000 1xEV 在這兩個階段都提供比 CDMA2000 更進一步的系統提升，也同樣都有 1.25MHz 的頻寬。CDMA2000 1xEV-DO 系統只提供資料的傳輸，並提供比 CDMA2000(CDMA 1x)高的資料傳輸率，最高可達到 2.4Mbps 的資料傳輸率。而 CDMA2000 1xEV-DV 系統不但有語音的同時高速傳輸，還有即時的封包服務(packet services)。圖 9-12 為分碼多重擷取系統(CDMA)之行動通訊發展演進圖。

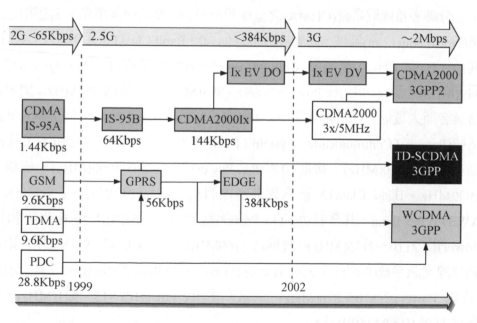

圖 9-12　分碼多重擷取系統(CDMA)之行動通訊發展演進圖

圖 9-13 為分碼多重擷取系統(CDMA)之 3G 上傳(Uplink)與下傳(Downlink)之傳輸速率，CDMA2000 1x，其上傳與下傳之資料速率為 153kbps；CDMA2000 1xEV-DO，最高可達到 2.4Mbps 的下傳資料傳輸率，而經由技術不斷地提升，未來將會發展至下傳資料傳輸率高達 250Mbps。

圖 9-13　分碼多重擷取系統(CDMA)之 3G 傳輸速率

9-4-3　分碼多重擷取系統之頻譜

分碼多重擷取系統(CDMA)之全球頻譜分佈，如表 9-4 所示。若應用在北美(North American)區域，則屬於 Band Class0、Band Class1 and Band Class15，其中，Band Class0 是屬於 Cellular Band；其發射功率(Tx Power)為 815～849(MHz)、接收功率(Rx Power)為 860～894(MHz)，統稱為 850MHz；國內電信業者亞太電信之通訊頻譜即屬於 Cellular Band。Band Class1 稱為個人通訊系統(Personal Communication System；PCS)-PCS Band，其發射功率(Tx Power)為 1850～1910(MHz)、接收功率(Rx Power)為 1930～1990(MHz)，統稱為 1900MHz。Band Class15 稱為先進無線服務(Advanced Wireless Services；AWS)-AWS Band，其發射功率(Tx Power)為 1710～1755(MHz)、接收功率(Rx Power)為 2110～2155(MHz)，統稱為 2100MHz。Band Class12 稱為公用存取行動無線通訊系統(Public Access Mobile Radio；PAMR)-PAMR Band，其發射功率(Tx Power)為 870～876(MHz)、接收功率(Rx Power)為 915～921(MHz)，統稱為 800MHz PAMR Band。

表 9-4　分碼多重擷取系統(CDMA)之全球頻譜分佈

頻率類別	上傳頻率範圍 (MHz)	下傳頻率範圍 (MHz)	統稱範圍
Band Class0	815～849	860～894	850MHz Band
Band Class1	1850～1910	1930～1990	1900MHz Band
Band Class2	872～915	917～960	TACS Band
Band Class3	887～925	832～870	JTACS Band
Band Class4	1750～1780	1840～1870	Korean PCS Band
Band Class 5	410～483	420～493	450MHz Band
Band Class6	1920～1980	2110～2170	2GHz Band
Band Class 7	776～794	746～764	700MHz Band
Band Class8	1710～1785	1805～1880	1800MHz Band
Band Class9	880～915	925～960	900MHz Band
Band Class 10	806～901	851～940	Secondary 800MHz Band
Band Class11	410～483	420～493	400MHz European PAMR Band
Band Class12	870～876	915～921	800MHz PAMR Band
Band Class13	2500～2570	2620～2690	2.5GHz IMT-2000 Extension Band
Band Class14	1850～1915	1930～1995	US PCS 1.9GHz Band
Band Class15	1710～1755	2110～2155	AWS Band
Band Class16	2502～2568	2624～2690	US 2.5GHz Band

 ## 9-5　寬頻分碼多重擷取系統

WCDMA 的全名是寬頻分碼多重擷取系統(Wideband Code Division Multiple Access；WCDMA，又稱通用移動通訊系統(Universal Mobile

Telecommunications System；UMTS)，WCDMA 系統是依據 GSM 系統標準，電信業者透過以 GSM 既有網路設備為基礎，導入通用封包無線服務(General Packet Radio Service；GPRS)系統設備和新技術，培育數據業務消費群體，逐步過渡到 3G 系統 WCDMA 技術。通用移動通訊系統(Universal Mobile Telecommunications System；UMTS)，是屬於歐洲的第三代(3G)行動電話系統的標準。UMTS 使用 WCDMA 作為底層標準，WCDMA 系統是一種通訊協定，而 UMTS 是以 WCDMA 為底層架構的通訊系統。就好比網際網路(Internet)與傳輸控制協定/網際網路協定(Transmission Control Protocol/Internet Protocol；TCP/IP)，UMTS 相對於網際網路(Internet)而 WCDMA 就相對於傳輸控制協定／網際網路協定(TCP/IP)。

在行動通訊領域中，由於第一代的類比系統，第二代的數位系統成功的發展，再伴隨著數位信號處理技術與 IC 製程技術的日趨成熟，且產品愈小化，附加功能愈多，與多媒體產業的蓬勃發展，因此，將行動通訊與資訊產品之結合，成為未來發展的主流。而第三代(3G)行動通訊系統是以寬頻和整合多樣化服務項目為主，不僅要能提供高品質的語音服務，更要能提供即時訊息接收與多媒體的高速率數據傳輸服務。因此 WCDMA 可支援 384kbps 到 2Mbps 不等的數據傳輸速率，在高速移動的狀態，可提供 384kbps 的傳輸速率，在低速或是室內環境下，則可提供高達 2Mbps 的傳輸速率，而 GSM 系統只能傳送 9.6kbps；因此 WCDMA 系統可以和 MPEG-4 技術結合起來，進行動態影像的傳輸。

WCDMA 為寬頻 CDMA 的縮寫，但除了編碼是採用 CDMA 技術外，核心網路，如交換機系統還是採用 GSM 系統，因此手機與基地台必須更新。所以 WCDMA 不可以視為是 CDMA 的升級，反倒是應視為 GSM 的升級。依據國際電信聯盟(ITU)之規定，在歐洲及大部分亞洲地區，WCDMA 可以建構在現有的任何系統頻段之上，可允許每個 5MHz 的載波頻寬可以提供 8kbit/s 到 2Mbit/s 的資料傳輸頻寬，同時將線路切換(Circuit Switched)與分封切換(Packet Switched)方式整合在同一個頻道上，且各自佔用不同的頻寬。因此使用者可以同時利用切換(switch)方式接聽電話，然後以分封交換方式上網傳送數據資料，讓語音資料及數據傳輸同步運作。換句話說，使用者使用 WCDMA 系統手機，可以允許使用者一邊講電話一邊接收資料，但 GSM 系統手機就無法達到此功能。

9-5-1　寬頻分碼多重擷取系統之特點

寬頻分碼多重擷取系統(WCDMA)，是目前廣泛使用的行動通訊系統架構，因此具有下列幾項特點：

1. 容量和覆蓋范圍大；WCDMA 所能傳輸的話音用戶數量是 CDMA 的 8 倍，且 WCDMA 的通話容量是 CDMA 的 2 倍，能提高系統容許的用戶容量和頻譜使用效率。

2. 提供變動的傳輸速率；WCDMA 系統，能根據不同的使用者提供合適的頻寬，以增加系統資源的使用效率。手機在高速的移動狀態下，能達到 384kbps，低速或室內的行動狀態下，能達到 2Mbps 的傳輸速率。

3. 支援高傳輸速率；WCDMA 系統具有支援許多應用程式，例如多媒體影音下載、電子郵件(E-mail)傳送、網站瀏覽及電子商務服務等應用程式。

4. 支援即時的應用程式；WCDMA 系統，能支援即時的應用程式，包含線上的影音播放、即時接收訊息服務、互動的遠距教學及線上收聽音樂等服務。對於需要高速傳輸的應用系統而言，以線路切換(Circuit Switching)方式提供高速的即時傳輸服務。

5. 多傳輸模式；WCDMA 系統同時支援分封交換(Packet-switched)和線路切換兩種傳輸模式，支援即時影音的傳送服務。而一隻行動電話可以同時接受多個、多種服務，且使用者在接聽電話的同時，還可以存取網際網路上的資源，提昇行動主機的使用效率。

6. 系統高轉換效率；WCDMA 系統使用與 GSM 相同的網路系統結構，能夠直接從 GSM 系統升級，為現有 GSM 系統的電信業者，提供在既有第二代行動通訊系統基礎上，能建立第三代無線行動通訊網路，讓舊系統和新系統在未來能夠同時提供服務，降低新系統所帶來的衝擊，且減少產品設備之資源。

9-5-2　寬頻分碼多重擷取系統之頻譜

表 9-5　寬頻分碼多重擷取系統(WCDMA)之頻譜分佈

頻率類別	上傳頻率範圍(MHz)	下傳頻率範圍 (MHz)	統稱範圍
Band I	1920-1980MHz	2110-2170MHz	UMTS2100
Band II	1850-1910MHz	1930-1990MHz	UMTS 1900 PCS (Personal Communication System)Band
Band III	1710-1785MHz	1805-1880MHz	
Band IV	1710-1755MHz	2110-2155MHz	AWS (Advanced Wireless Services)Band
Band V	824-849MHz	869-894MHz	UMTS 850 Cellular Band
Band VI	830-840MHz	875-885MHz	UMTS800
Band VII	2500-2570MHz	2620-2690MHz	
Band VIII	880-915MHz	925-960MHz	UMTS900
Band IX	1749.9-1784.9MHz	1844.9-1879.9MHz	UMTS1700
Band X	1710-1770MHz	2110-2170MHz	
Band XI	1427.9-1452.9MHz	1475.9-1500.9MHz	
Band XII	698-716MHz	728-746MHz	
Band XIII	777-787MHz	7468-756MHz	
Band XIV	788-798MHz	758-768MHz	

全球寬頻分碼多重擷取系統(WCDMA)之頻譜分佈，如表 9-5 所示。其中，台灣和歐洲地區之 WCDMA 系統頻率範圍皆屬於 Band I，其發射功率(Tx

Power)爲 1920～1980(MHz)、接收功率(Rx Power)爲 2110～2170(MHz)，統稱爲 UMTS2100。Band Ⅱ、Ⅳ和Ⅴ，皆屬於北美地區之 WCDMA 系統，Band Ⅱ之發射功率(Tx Power)爲 1850～1910(MHz)、接收功率(Rx Power)爲 1930～1990(MHz)，統稱爲 UMTS1900，也稱爲個人通訊系統(Personal Communication System；PCS)。Band Ⅳ之發射功率(Tx Power)爲 1710～1755(MHz)、接收功率(Rx Power)爲 2110～2155(MHz)，統稱爲先進無線服務(Advanced Wireless Services；AWS)-AWS Band。Band Ⅴ之發射功率(Tx Power)爲 824～849(MHz)、接收功率(Rx Power)爲 869～894(MHz)，統稱爲 UMTS 850 Cellular Band。

日本地區之 WCDMA 系統頻率範圍皆屬於 Band Ⅰ、Ⅵ、Ⅸ；其中，Band Ⅰ發射功率(Tx Power)爲 1920～1980(MHz)、接收功率(Rx Power)爲 2110～2170(MHz)，統稱爲 UMTS2100。Band Ⅵ 發射功率(Tx Power)爲 830～840(MHz)、接收功率(Rx Power)爲 875～885(MHz)，統稱爲 UMTS800。Band Ⅸ發射功率(Tx Power)爲 1749.9～1784.9(MHz)、接收功率(Rx Power)爲 1844.9～1879.9(MHz)，統稱爲 UMTS1700。

9-5-3　3.5G 與 3.75G 行動通訊系統

高速下行封包接取(High Speed Downlink Packet Access；HSDPA)，建構於第三代(3G)技術網路，是一種行動通訊協定，亦稱爲 3.5G；提供高達 3.6Mbps 高速下載服務，大大提升手機用戶上網及下載資料效率，配合流動寬頻服務，用戶可利用 3.5G 系統，比 3G(384kbps)上網速度高出 9 倍極速，使用者能即時收發訊息、傳輸資料及下載影音資訊，大大節省以往所需之「等待時間」。

HSDPA 是一種行動通信技術，指高速下行封包接取技術；這種行動通信技術實際上也是一種 3G 技術，不過它比 WCDMA 的技術水準更高，一般稱之爲 WCDMA 的增強版。剛開始發展 HSDPA 技術時，一些 3G 系統設備製造商希望通過遊說運營商，直接採用 HSDPA 技術來鋪設 3G 網路，從而跳過 WCDMA；且可以在不改變運營商已建的 WCDMA 網路結構的情況下，將

WCDMA 網路升級，把下載資料數據速率提高到 10Mbps，特別適用於筆記型電腦無線下載之功能。

高速上行封包接取(High Speed Uplink Packet Access；HSUPA)，是一種因 HSDPA 上傳速度不足(只有 384kb/s)而開發的行動通訊協定，亦稱為 3.75G。可在一個 5MHz 載波上，其上傳傳輸速率可達 10-15Mbit/s，如採用多進多出 (Multiple Input Multiple Output；MIMO)技術，則可高達 28Mbit/s。因此，HSUPA 上傳速度可達 5.76Mb/s；若使用 3GPP Rel7 技術，上傳速度更可高達 11.5Mbit/s。因此 HSUPA 行動通訊協定，使得需要大量上傳頻寬的功能如雙向視訊直播或網路電話(Voice over IP；VoIP)得以順利實現，因此，3.75G 行動通訊系統比 3.5G 行動通訊系統，提升許多傳輸速率與許多應用程式之功能。因此，國內電信業者在 2007 年底至 2008 年間開通 3.75G 行動通訊服務。

在此一章節詳細地敘述第一代(1G)、第二代(2G)、第三代(3G)、3.5G、3.75G 之行動通訊系統發展，詳細地介紹發展程序、應用範圍、頻率範圍以及各通訊系統之原理介紹等，因此可讓行動通訊研發人員對於 1G 至 3.75G 行動通訊之系統發展有更深入地認知與了解。

⏻ 9-6　LTE 系統

LTE(Long Term Evolution；長期演進技術)，是無線數據通訊技術標準，在 GSM/UMTS 標準的升級商業宣傳上通常被稱作 4G LTE，但事實上是 3.5G HSDPA 邁向 4G 的過度版本。也曾經被俗稱為 3.9G。直到 2010 年 12 月 6 日國際電信聯盟把 LTE Advanced 正式定義為 4G。

LTE 是由第三代行動通訊合作計劃(Third-Generation Partnership Project: 3GPP)，針對行動電信網路未來發展提出的演進技術標準，GSM、GPRS、WCDMA、HSDPA、HSUPA、HSPA+、LTE，其中 WCDMA 是 3G，HSDPA 是 3.5G，LTE 是 3.9G，LTE Advanced 是 4G。

LTE Advanced (長期演進技術升級版)：是 LTE 的增強，完全相容前一版 LTE，通常通過在 LTE 上通過軟體升級即可，升級過程類似於從 WCDMA 升級到 HSPA。峰值速率：下行 1Gbps，上行 500Mbps。

LTE 是應用於手機的高速無線通訊標準，該標準基於舊有的GSM/EDGE 和UMTS/HSPA網路技術，並使用調變技術提升網路容量及速度。

2014 年被視為第四代(4G)行動通訊時代的起始年，包括通訊晶片供應商、電信設備業者、電信服務業者及行動通訊終端設備業者，這兩年來無不為 4G 商機摩拳擦掌、積極備戰，引頸期盼新時代的來臨。

所謂 4G，就是第四代移動通信及其技術的簡稱。G 為 Generation 的縮寫形容行動通訊演進的世代，4G (Fourth-generation)顧名思義就是「第四代行動通訊」。每一個世代從技術研發到商業使用都得至少花 3 到 5 年以上，不斷更新導致世代是越分越細 3.5G、3.75G、3.9G 或 4G 等。

在 ITU (國際電信聯盟)的定義中，任何達到或超過 100Mbps的無線數據網路系統都可以稱為 4G。4G 在高速移動時可達到 100Mbps 傳輸速率、靜態時可達到 1Gbps 的傳輸速率目標。

9-6-1　LTE 技術規格

LTE 在技術方面，以調變技術方面採用上行正交劃頻多工進接(Orthogonal Frequency Division Multiplexing Access；OFDMA)、下行採用單載波劃頻多路進接（Single Carrier Frequency Division Multiple Access；SC-FDMA)等技術為主。另外 LTE 也採用的多輸入多輸出（Multi-In Multi-Out；MIMO)技術充分利用無線通道的空間特性，同時支援分頻雙工(Frequency Division Duplex；FDD) 與分時雙工(Time Division Duplex；TDD)的頻譜與可調式頻寬 1.25MHz 至 40MHz，提高頻譜使用效率，增加系統容量與穩定性。

通訊系統在通話傳輸方向上，有單向、半雙工和全雙工三種傳輸模式，分頻雙工(FDD)與分時雙工(TDD)都是屬於全雙工的系統，兩者的最大不同之處是對頻率的利用方式，如圖 9-14 所示。

FDD 就是將上傳和下傳的信號，在成對的頻率通道傳送；TDD 則是將上傳和下傳的信號，以不同時間做區隔傳輸在單一頻率通道上。

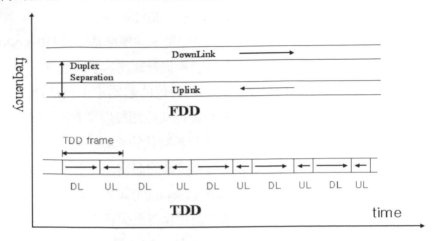

圖 9-14　FDD 與 TDD 頻率方式

9-6-2　頻段

LTE 網路適用於相當多的頻段，而不同地區選擇的頻段互不相同，所以在某國家使用正常的終端在另一國家的網路中很可能無法使用，用戶需要使用支持多頻段的系統進行國際漫遊，表 9-6 為台灣電信業者 4G 頻段範圍。台灣開放的 LTE 行動寬頻業務使用頻段為 Band 3 (1800MHz)、Band 8 (900MHz)、Band 28 (700MHz)，表 9-7 為全球頻段範圍。

(1) 700MHz 頻段(Band 28)：上行頻段 703-748MHz 與下行頻段 758-803MHz

(2) 900MHz 頻段(Band 8)：上行頻段 885-915MHz 與下行頻段 930-960MHz

(3) 1800MHz 頻段(Band 3)：上行頻段 1710-1770MHz 與下行頻段 1805-1865MHz

表 9-6 台灣電信業者 4G 頻段範圍

電信業者	上行頻段	下行頻段
中華電信	895~905MHz	940~950MHz
	1725~1735MHz	1820~1830MHz
	1755~1770MHz	1850~1865MHz
台灣大哥大	733~748MHz	788~803MHz
	1710~1725MHz	1805~1820MHz
台灣之星	885~895MHz	930~940MHz
亞太電信	703~713MHz	758~768MHz
遠傳電信	713~723MHz	768~778MHz
	1735~1745MHz	1830~1840MHz
	1745~1755MHz	1840~1850MHz
國碁電子	723~733MHz	778~788MHz
	905~915MHz	950~960MHz

表 9-7 全球頻段範圍

頻段	名稱 (MHz)	下行(MHz)			上行(MHz)			區域	Duplex Mode
		下頻段	中頻段	上頻段	下頻段	中頻段	上頻段		
1	2100	2110	2140	2170	1920	1950	1980	全球	FDD
2	1900 PCS	1930	1960	1990	1850	1880	1910	北美	FDD
3	1800+	1805	1842.5	1880	1710	1747.5	1785	全球	FDD
4	AWS-1	2110	2132.5	2155	1710	1732.5	1755	北美	FDD
5	850	869	881.5	894	824	836.5	849	北美	FDD

表 9-7 全球頻段範圍(續)

頻段	名稱 (MHz)	下行(MHz)			上行(MHz)			區域	Duplex Mode
		下頻段	中頻段	上頻段	下頻段	中頻段	上頻段		
6	UMTS only	875	880	885	830	835	840	亞太	FDD
7	2600	2620	2655	2690	2500	2535	2570	歐洲/中東/非洲	FDD
8	900	925	942.5	960	880	897.5	915	全球	FDD
9	1800	1844.9	1862.4	1879.9	1749.9	1767.4	1784.9	亞太	FDD
10	AWS-1+	2110	2140	2170	1710	1740	1770	北美	FDD
11	1500 Lower	1475.9	1485.9	1495.9	1427.9	1437.9	1447.9	日本	FDD
12	700 a	729	737.5	746	699	707.5	716	北美	FDD
13	700 c	746	751	756	777	782	787	北美	FDD
14	700 PS	758	763	768	788	793	798	北美	FDD
17	700 b	734	740	746	704	710	716	北美	FDD
18	800 Lower	860	867.5	875	815	822.5	830	日本	FDD
19	800 Upper	875	882.5	890	830	837.5	845	日本	FDD
20	800 DD	791	806	821	832	847	862	歐洲/中東/非洲	FDD
21	1500 Upper	1495.9	1503.4	1510.9	1447.9	1455.4	1462.9	日本	FDD

表 9-7 全球頻段範圍(續)

頻段	名稱 (MHz)	下行(MHz)			上行(MHz)			區域	Duplex Mode
		下頻段	中頻段	上頻段	下頻段	中頻段	上頻段		
22	3500	3510	3550	3590	3410	3450	3490	歐洲/中東/非洲	FDD
23	2000 Sband	2180	2190	2200	2000	2010	2020	北美	FDD
24	1600 Lband	1525	1542	1559	1626.5	1643.5	1660.5	北美	FDD
25	1900+	1930	1962.5	1995	1850	1882.5	1915	北美	FDD
26	850+	859	876.5	894	814	831.5	849	北美	FDD
27	800 SMR	852	860.5	869	807	815.5	824	北美	FDD
28	700 APT	758	780.5	803	703	725.5	748	亞太	FDD
29	700 d	717	722.5	728	N.A.	N.A.	N.A.	北美	FDD
30	2300 WCS	2350	2355	2360	2305	2310	2315	北美	FDD
31	450	462.5	465	467.5	452.5	455	457.5	加拿大	FDD
32	1500 Lband	1452	1474	1496	N.A.	N.A.	N.A.	歐洲/中東/非洲	FDD
33	TD 1900	1900	1910	1920	1900	1910	1920	歐洲/中東/非洲	TDD

表 9-7 全球頻段範圍(續)

頻段	名稱 (MHz)	下行(MHz)			上行(MHz)			區域	Duplex Mode
		下頻段	中頻段	上頻段	下頻段	中頻段	上頻段		
34	TD 2000	2010	2017.5	2025	2010	2017.5	2025	歐洲/中東/非洲	TDD
35	TD PCS Lower	1850	1880	1910	1850	1880	1910	北美	TDD
36	TD PCS Upper	1930	1960	1990	1930	1960	1990	北美	TDD
37	TD PCS Center gap	1910	1920	1930	1910	1920	1930	北美	TDD
38	TD 2600	2570	2595	2620	2570	2595	2620	歐洲/中東/非洲	TDD
39	TD 1900+	1880	1900	1920	1880	1900	1920	中國	TDD
40	TD 2300	2300	2350	2400	2300	2350	2400	中國	TDD
41	TD 2500	2496	2593	2690	2496	2593	2690	全球	TDD
42	TD 3500	3400	3500	3600	3400	3500	3600		TDD
43	TD 3700	3600	3700	3800	3600	3700	3800		TDD
44	TD 700	703	753	803	703	753	803	亞太	TDD

本章研讀重點

1. 最早第一代行動通訊(One Generation；1G)發展於 1980 年，第一代行動通信標準簡稱 1G，屬於類比式(Analog)行動電話系統。

2. 第一代行動通訊使用的頻率為 800MHz，其優點為傳輸距離長，比 GSM900 與 GSM1800 能傳輸更長距離，音質好，穿透性佳，沒有回音的現象。

3. AMPS 系統也是台灣第一個引進的行動電話系統，早期中華電信之 090 門號，即採用 AMPS 系統。

4. AMPS 系統採用 50MHz 的頻譜寬度，其中上行(Uplink)和下行(Downlink)各佔 25MHz 頻寬，採用分頻多重擷取系統(FDMA)的多重存取技術，每個用戶佔用一組發射及接收各 30KHz 頻寬的通道。

5. 從第一代到第二代行動通訊系統最大的不同，就是由類比系統演變為數位系統。

6. 第二代行動通訊系統相較於第一代行動通訊系統，可提供語音、數據、傳真傳輸服務，以及附加加值型的服務，並具有高度的通訊保密性、系統傳輸容量增加、傳輸數位資料等優點，比類比式系統改善許多。

7. 第二代行動通訊－數位先進式行動電話服務系統(D-AMPS)容量是第一代行動通訊－先進式行動電話服務系統(AMPS)系統容量的三倍，但是系統容量的增加會造成聲音品質上的犧牲。

8. 分碼多重擷取系統(CDMA)具有高傳輸容量、通訊安全性提升、通話品質提高、增加許多高階服務功能、發射功率減少、省電等優點。

9. GSM 頻寬為 900MHz 時，上傳(Uplink)頻率範圍為 890-915MHz，下傳(downlink)頻率範圍為 935-960MHz。

10. 個人數位蜂巢系統(PDC)是一種由日本開發的 2G 行動電話通訊標準，與 D-AMPS 及 GSM 相似，操作於 800MHz 到 1.5GHz 的頻帶上。

11. PDC 頻寬爲 800MHz 時，上傳(Uplink)頻率範圍爲 810-830MHz，下傳(downlink)頻率範圍爲 890-915MHz；而頻寬爲 1.5GHz，上傳(Uplink)頻率範圍爲 1477-1501MHz，下傳(downlink)頻率範圍爲 1429-1453MHz 頻譜。

12. 第三代行動通信系統除了提升第二代行動通信系統原有的功能與服務外，最主要是能提供高速率的資料傳輸頻寬和多媒體服務。

13. IMT-2000 具有提供 2Mbps 封包數據傳輸速率的能力，可以傳送語音、數據、影像、多媒體和使用網際網路上的各種服務。

14. IMT-2000 數據傳輸速率在室內時慢速移動必須可達到 2Mbps，在戶外步行必須可達到 384Kbps，在高速汽車行進時必須可達到 144Kbps，衛星傳輸必須可達到 9.6Kbps。

15. 傳統的 SIM 卡記憶體容量爲 8k 或 16k，第二代的 SIM 卡記憶體晶片擴增至 32k 記憶體容量，可儲存使用者之電話名單與短訊息資料。

16. 基地台主要功能可做爲基地台(BSS)與手機(Mobile Station MS)間傳送與接收訊號、基地台會依據周遭環境或通訊品質，而調整發射功率，因此可調節本身的電力消耗，可以使得使用者手機達到省電功能，也可減少訊號干擾。

17. 基地台控制器(BSC)負責基地台子系統之線路切換功能，並與 GSM 網路之行動交換中心相互連接。

18. 閘道切換中心(Gateway Mobile Switching Center；GMSC)是屬於特殊的行動切換中心(MSC)，可做爲公眾電話切換網路(Public Switched Telephone Network；PSTN)等其他網路連接的閘道。

19. GSM900 系統之缺點爲電波訊號容易受地形干擾，雖然可傳送的波長範圍較廣，但是穿透力也比較弱，所以需要比 AMPS 架設多一點的基地台來傳送訊號，其基地台涵蓋半徑範圍約小於 35km，但會受到建築物、空氣介質等影響。

20. GSM1800 其上傳(Uplink)頻率範圍爲 1710～1785MHz，下傳(Downlink) 頻率範圍爲 1805～1880MHz，因此上傳與下傳各有 75MHz 的頻寬 (Bandwidth)，而相鄰兩通道間隔爲 200KHz，因此在上傳與下傳頻率範圍內，共可各形成 375 個載波。

21. GSM1800 有電波訊號穿透力較好之優點，可以輕易的達到不易通訊的死角範圍，適合架設在人口密集的都會區。

22. PCS1900 上傳(Uplink)頻率範圍爲 1850～1910MHz，下傳(Downlink)頻率範圍爲 1930～1990MHz，因此上傳與下傳各有 60MHz 的頻寬 (Bandwidth)，而相鄰兩通道間隔爲 200kHz，因此在上傳與下傳頻率範圍內，共可各形成 300 個載波。

23. GSM900MHz 其發射功率爲 5dBm～33dBm，GSM1800 and 1900MHz 其發射功率爲 0dBm～30dBm。

24. GSM900MHz、GSM1800 and 1900MHz 其接收功率爲 –25 dBm～ –102.4 dBm。

25. GPRS 系統這項技術是位於第二代(2G)和第三代(3G)行動通訊技術之間，因此被定義成 "2.5G" 是 GSM 系統邁向 3G 系統之過渡橋樑。

26. GPRS 系統沿用 GSM 的架構，增加點對點封包數據交換之服務，並同時提供使用者語音和數據等多媒體的服務。

27. GPRS 傳輸速率較 GSM 9.6Kb/s 快 10 倍以上，理想狀況爲 115Kb/s～ 170kb/s 之間。

28. EDGE 的傳輸資料速率在理論上能達到 GPRS 的三倍，其 EDGE 傳輸最高可達 384Kbps 的傳輸資料速率。

29. CDMA 的系統傳輸速度爲 64Kbit/s，比 GSM 的系統傳輸速度爲 9.6Kbit/s 快上許多。

30. CDMA 系統的通道頻寬比 GSM 爲寬，具有 1.25MHz 的頻寬，可以藉由減輕多重路徑的訊號時間差問題，來提高訊號品質。

31. CDMA 使用頻率為 800MHZ 頻段，上傳(Uplink)為 824～849MHz、下傳 (Downlink)為 869～894MHz，訊號在空中傳輸過程遺失率(lost)比 GSM 系統所使用的 900MHz 或 1800MHz 來得低，因此聲音的清晰度，CDMA 比 GSM 來得好。

32. 通用移動通訊系統(UMTS)，是屬於歐洲的第三代(3G)行動電話系統的標準。

33. WCDMA 可支援 384Kbps 到 2Mbps 不等的數據傳輸速率，在高速移動 的狀態，可提供 384Kbps 的傳輸速率，在低速或是室內環境下，則可提 供高達 2Mbps 的傳輸速率。

34. 寬頻分碼多重擷取系統(WCDMA)，具有下列幾項特點：(1)容量和覆蓋 範圍大。(2)提供變動的傳輸速率。(3)支援高傳輸速率。(4)支援即時的 應用程式。(5)多傳輸模式。(6)系統高轉換效率。

35. 高速下行封包接取(HSDPA)，建構於第三代(3G)技術網路，是一種行動 通訊協定，亦稱為 3.5G；提供高達 3.6Mbps 高速下載服務。

36. 高速上行封包接取(HSUPA)，是一種因 HSDPA 上傳速度不足(只有 384kb/s)而開發的行動通訊協定，亦稱為 3.75G。可在一個 5MHz 載波 上，其上傳傳輸速率可達 10-15Mbit/s。

37. 4G LTE 台灣開放頻段為 700MHz(Band 28)、900MHz(Band 8)與 1800MHz(Band 3)。

習　題

1. 請敘述行動通訊系統之發展。

2. 請敘述 GSM 行動通訊系統在制定發展技術時，5 個基本的需求。

3. 請繪出全球行動通訊系統之架構圖。

4. 請敘述使用者身份模組(SIM)。

5. 請敘述基地台系統架構。

6. 請敘述 GSM900 頻寬範圍。

7. 請敘述 GSM1800 頻寬範圍。

8. 請敘述 GSM1900 頻寬範圍。

9. 請敘述 GPRS 之特性。

10. 請敘述 EDGE 之特性。

11. 請敘述分碼多重擷取系統之特點。

12. 請敘述全球分碼多重擷取系統(CDMA)之頻譜分佈。

13. 請敘述寬頻分碼多重擷取系統之特點。

14. 請敘述全球寬頻分碼多重擷取系統(WCDMA)之頻譜分佈。

15. 請敘述全球頻段範圍。

參考文獻

1. *全球第三代行動通信的發展現況與挑戰*，交通部電信總局，2001。

2. *第 3 代行動通信研發與市場趨勢*－資料手冊。

3. *GSM 行動電話系統*－資料手冊。

4. *通訊系統分析與介紹*－資料手冊。

5. 3rd Generation Partnership Project Technical Specification Group Radio Access Network Datasheet.

6. Introduction to 3G System overview Datasheet.

7. ERICSSION 3G & Spectrum Allocation Datasheet.

8. Third Generation Cellular Systems Datasheet.

9. GSM System Overview Datasheet.

10. International Mobile Telecommunications IMT-2000 Development Datasheet.

11. General Packet Radio Service (GPRS) Datasheet.

第十章　智慧型行動電話電路設計與分析

　　本章節將詳細探討對手機內部設計原理，包含了手機穩壓電路、充電電路、聲音電路、螢幕顯示電路、SIM 卡電路、相機電路、觸控電路及感測器電路等，將詳細敘述電路的組成、基本工作原理、設計架構等，並利用實際電路加以敘述說明，讓從事於手機研發的工程師，對於硬體電路設計有更深入的了解與範例參考。

10-1　手機穩壓電路

　　手機電源電路是以穩壓電源為核心，目前手機內部所採用的穩壓電路主要可分為兩種類型：

1. 低壓差線性穩壓器(Low Dropout Regulator；LDO)。
2. 開關型 DC To DC 轉換器。而此兩種穩壓電路各有其優缺點，並且應用於不同電路架構。

10-1-1　低壓差線性穩壓器(LDO)

　　手機內部線性電源是利用低壓差線性穩壓器(LDO)所構成，所謂的低壓差是指輸入電壓與輸出電壓之間的電壓差很小，是相對於傳統的線性穩壓器來表示。傳統的線性穩壓器,如 78XX 系列都必須輸入電壓(V_{IN})要比輸出電壓(V_{OUT})高出 2V 以上,否則無法正常產生轉換電壓。但在手機電源電路中,都是低電壓準位,例如:電池充飽電為 4.2V,轉換成低電壓為 2.7V,輸入與輸出電壓差只有 1.8V,因此無法利用傳統線性穩壓器,因此,許多 IC 設計廠商才發展出低壓差線性穩壓器(LDO)元件,做為電壓轉換。

一、LDO 的基本工作原理

線性穩壓器是利用輸出電壓反饋,經控制電路來控制電晶體的電壓 V_{DO}(即電壓差),來達到穩壓之特性,其線性穩壓器電路圖如圖 10-1 所示。

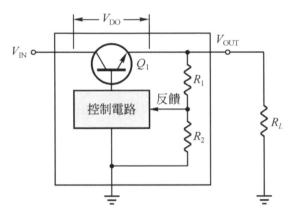

圖 10-1　線性穩壓器電路

其特點為 V_{IN} 必須大於 V_{OUT},電晶體工作在線性區,因此稱為線性穩壓器。在以往線性穩壓器電路中,輸出幾百毫安的 LDO,可以做到每輸出 100mA 時,電壓差為 100mV 左右,而經過不斷地電路改善,已經能做到每輸出 100mA 時,其壓差僅有 40～50mV。

而目前應用於手機內的 LDO 都有一個控制信號 Enable(EN)信號,做為控制 LDO,一般由 CPU 加高電壓,使得 LDO 開始動作,而產生輸出電壓,因此 Enable 信號做為控制 LDO 開始動作之信號,而當電源關閉時,耗電約 1μA,其 Enable 控制電路如圖 10-2 所示。

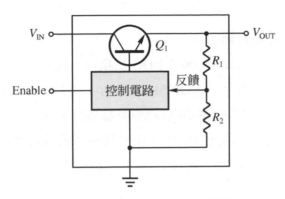

圖 10-2　LDO Enable 控制電路

二、LDO 特點

　　LDO 具有低成本、體積小、價格便宜、雜訊小等優點。較低的輸出雜訊是 LDO 的最大優點，輸出電壓的雜訊電壓低於 35μV，具有極高的信號抑制比，非常適合做為雜訊敏感的 RF 電路與聲音電路的供電電路。而 LDO 具有較低的輸出電流，約 150～300mA，由於 LDO 是線性方式，因此輸出電流約 150～300mA。假設，手機系統工作在最大電流，若使用的 LDO 輸出只能提供 300mA，則會造成輸出電壓不穩定，使得系統不穩定。LDO 的缺點為效率低，只能適用於降壓電路。LDO 的效率取決於輸出功率與輸入功率之比，即效率公式如 10-1 所示。

$$\eta = \frac{P_{\text{OUT}}}{P_{\text{IN}}} = \frac{V_{\text{OUT}} \times I_{\text{OUT}}}{V_{\text{IN}} \times I_{\text{IN}}} \quad \cdots\cdots\cdots\cdots\cdots\cdots\cdots\cdots\cdots\cdots\cdots\cdots\cdots\cdots\cdots\cdots\cdots (10\text{-}1)$$

　　LDO 轉換出來的電壓(即所謂減少之電壓)，是被 LDO 本身所消耗的，主要原因為 LDO 的輸入電流幾乎等於輸出電流，所以當負載越重時(須較高輸入電壓時)，LDO 效率就越差，且會造成 LDO 本身元件容易發熱，會影響系統之穩定性。因此 LDO 是一個降壓型的 DC To DC 轉換器，即 V_{IN} 大於 V_{OUT}，且 LDO 的工作效率一般約 70～80%之間。

三、典型 LDO 穩壓器介紹

圖 10-3 為 MAX8511EXK18-T LDO 穩壓器，在圖中 V-Flash 為手機電源電路之輸出電壓，加到 MAX8511EXK18-T 的輸入端接腳 1 和 3，MAX8511EXK18-T 的接腳 3(EN)為控制端，當接腳 3 為高電位時，接腳 5(OUT)即有 1.8V 的電壓輸出。而此電路中，由於接腳 3 直接接到接腳 1，因此只要接腳 1 有電源輸入，則接腳 5 就有 1.8V 的穩壓輸出。

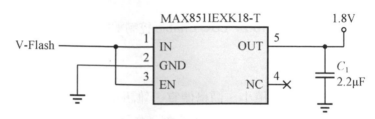

圖 10-3　MAX8511EXK18-T 電路圖

圖 10-4 為 MIC2211PPBML LDO 穩壓器，此 MIC2211PPBML 內含二組輸出電壓為 3.0V 的 LDO 穩壓器，用於相機和螢幕顯示電路，提供 SENSOR_VDD 與 LCD_VDD 的工作電壓。

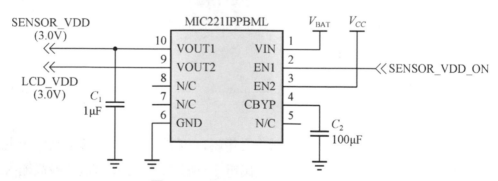

圖 10-4　MIC2211PPBML 電路圖

MIC2211PPBML 的接腳 1 為電池供電端；接腳 9、10 為輸出端，可輸出 3.0V 的工作電壓；接腳 2、3 為輸出 Enable 控制端，其中接腳 2 控制接腳 10 電壓的輸出，當接腳 2 為高電壓時，接腳 10 有 3.0V 的電壓輸出；當接腳 3 為高電壓時，接腳 9 有 3.0V 的電壓輸出。

10-1-2　開關型 DC To DC 轉換器

　　手機中的開關型 DC To DC 轉換器，可分為電感式 DC To DC 轉換器與電容式 DC To DC 轉換器。此二種 DC To DC 轉換器的工作原理皆相同，都是先儲存能量，在利用控制的方式釋放出電源，而得到所須之輸出電壓。

　　電感式 DC To DC 轉換器利用電感儲存能量，可分為升壓型轉換器(Boost)與降壓型轉換器(Buck)；其中，升壓型轉換器(Boost)輸出電壓大於輸入電壓($V_{OUT} > V_{IN}$)，且具有較高輸出電壓(10V～20V)，輸出電流為 500mA，轉換效率高，若用來推動發光二極體(LED)時，發光二極體必須利用串聯方式才可推動。另外，降壓型轉換器(Buck)輸出電壓小於輸入電壓($V_{OUT} > V_{IN}$)，最小輸出電壓可降至 1V，輸出雜訊大，輸出電流為 300～500mA，轉換效率高，若用來推動發光二極體(LED)時，發光二極體必須利用並聯方式才可推動。

　　電容式 DC To DC 轉換器利用電容儲存能量，也稱為 Charge Pump，可做為升壓輸出($V_{OUT} > V_{IN}$)，所能提供的輸出電流較小，因電路設計採用高頻切換之原理，因此須注意電磁干擾問題；由於輸出電壓不高(4～5V)，因此用來推動發光二極體(LED)時，發光二極體必須利用並聯方式，才可推動。

一、電感式 DC To DC 轉換器

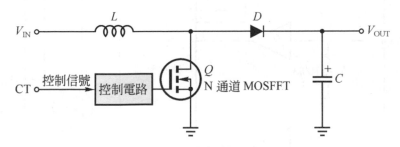

圖 10-5　升壓型 DC To DC 轉換器原理圖

　　電感式 DC To DC 轉換器，可應用於手機內部電源轉換、螢幕背光源、鍵盤指示燈、相機電源等週邊電路。電感式 DC To DC 轉換器可分為升壓型轉換器(Boost)與降壓型轉換器(Buck)。

升壓型 DC To DC 轉換器,電路原理圖如圖 10-5 所示。

圖中,V_{IN} 為輸出電壓、V_{OUT} 為電源輸出電壓、L 為儲能電感、D 為整流二極體、C 為濾波電容、Q 為 N 通道 MOSFET、CT 為控制信號,做為穩定工作電壓和調整輸出電壓。

升壓型 DC To DC 轉換器是利用 MOSFET 在控制電路的控制下,工作在開關狀態(ON/OFF);在 MOSFET 導通時(ON),儲能電感(L)上儲存能量,當 MOSFET 截止時(OFF),儲能電感(L)感應出左負右正的電壓準位,與輸入電壓累加後,經整流二極體(D)產生高於輸入電壓(V_{IN})的輸出電壓(V_{OUT}),因而產生出升壓電源。

圖 10-6 為安森美(ONSEMI)NCP5006 5 隻接腳升壓型 DC To DC 轉換器內部電路圖,其中,接腳 1 為電壓輸出端,接腳 2 為接地,接腳 3 為控制輸出電流信號,接腳 4 為 Enable 信號,接腳 5 為電壓輸入端。

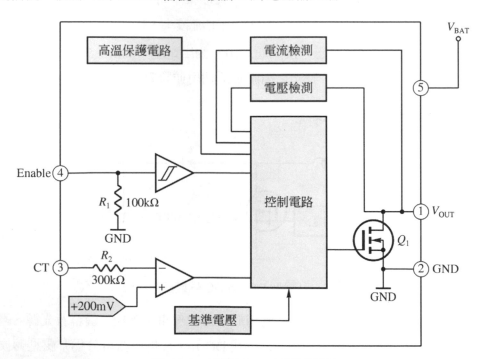

圖 10-6 NCP5006 內部電路圖

　　圖 10-7 為 NCP5006 應用電路，由於 NCP5006 是屬於升壓型 DC To DC 轉換器，因此，推動發光二極體之元件，必須接成串聯方式，可應用於手機中的螢幕背光光源、鍵盤發光電路、相機閃光燈電路等。在電路圖中，電源 V_{BAT} 電壓接至 NCP5006 第 5 支接腳，且在經電感(L_1)接至 NCP5006 第一支接腳(內部 MOSFET 的洩極)，NCP5006 內部的 MOSFET 在控制電路的控制下，工作在導通與截止狀態，當 MOSFET 導通時，儲能電感(L_1)上儲存能量，當 MOSFET 截止時，儲能電感(L_1)感應出上負下正的電壓準位，與 V_{BAT} 累加後，經整流二極體(D_1)整流與電容 C_2 濾波電路。當 V_{BAT} 為 6V 時，在 V_{OUT} 端可產生出 28V 輸出電壓，供給串聯五顆發光二極體的發光光源。

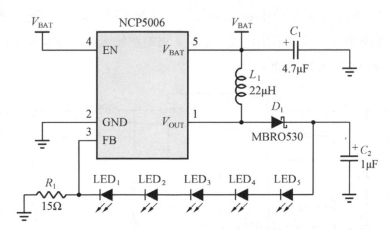

圖 10-7　NCP5006 應用電路

降壓型 DC To DC 轉換器電路原理圖如圖 10-8 所示。

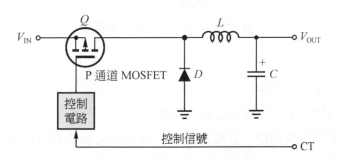

圖 10-8　降壓型轉換器原理圖

圖中，V_{IN}為輸入電壓，V_{OUT}為輸出電壓，L為儲能電感，D為整流二極體，C為濾波電容，Q為 P 通道 MOSFET。降壓型 DC To DC 轉換器是利用 MOSFET 在控制電路的控制下，工作在導通狀態。當 MOSFET 導通時，輸入電壓(V_{IN})經 MOSFET、儲能電感(L)、電容(C)形成迴路，在迴路中，會在電容(C)兩端產生直流電壓，並在儲能電感(L)上產生左正右負的電壓準位；當 MOSFET 截止時，電感(L)利用自感產生右正左負的電壓準位，因此，電感右端正的電壓，經由電容、二極體與電感左端形成放電迴路，而放電電流在電容兩端產生直流電壓，因而在電容兩端得到直流電壓(V_{OUT})，因而產生出降壓電源。

　　圖 10-9 為達爾(DIODES)AP1510 8 支接腳降壓型 DC To DC 轉換器應用電路圖，其中，接腳 1 為反饋(Freeback)信號，接腳 2 為 Enable 信號，接腳 3 為利用外接電阻來設定最大輸出電流，接腳 4 為電壓輸入端，接腳 5 與 6 為電壓輸出端，接腳 7 與 8 為接地。

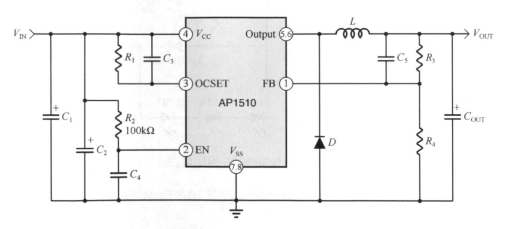

圖 10-9　AP1510 應用電路圖

　　圖 10-10 為 AP1510 應用電路，在電路中，MOSFET 在控制電路的控制下，工作在導通狀態，當 MOSFET 導通時，接腳 4 的輸入電壓(V_{IN})加到 MOSFET 的源極，而 MOSFET 的洩極接輸出端的接腳 5，因此，並經由電感、濾波電容、二極體形成放電迴路，而放電電流在電容兩端形成直流電壓，因而產生出降壓電源。

電感式 DC To DC 轉換器的優點為 MOSFET 工作於導通狀態，因此，MOSFET 上的功率損耗會很小，因而轉換效率高，可達到 95%以上。且電路元件簡單，封裝成 IC 元件體積較小，並且，可產生輸入電壓(V_{IN})與輸出電壓(V_{OUT})較大的壓差電壓。

二、電容式 DC To DC 轉換器

　　電容式 DC To DC 轉換器，利用電容做為儲存能量，若產生升壓之壓降，也稱為 Charge Pump。圖 10-10 為 ANALOGIC TECH 生產的 AAT3110 輸出為 5V 電壓 Charge Pump 元件，其中，V_{IN} 為電壓輸入端，V_{OUT} 為電壓輸出端，$\overline{EN}$ 為控制端。在電路中，S_1、S_2、S_3 與 S_4 為切換開關，當 S_1、S_4 導通時，S_2、S_3 斷路時，輸入電壓(V_{IN})向電容(C)充電，形成上正下負之電壓準位，若 S_1、S_4 斷路時，S_2、S_3 導通時，儲存在電容上的電壓與輸入電壓累加後，向 C_{OUT} 放電，形成上正下負之電壓準位，因此，產生出正準位的升壓電源。

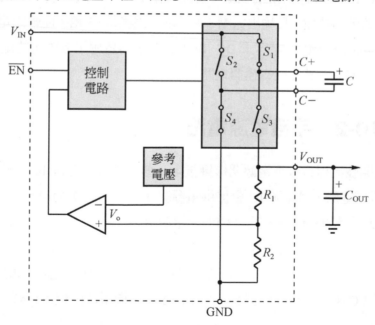

圖 10-10　AAT3110 內部電路圖

圖 10-11 為 AAT3110 應用電路圖，可做為驅動發光二極體元件，由於 Charge Pump 輸出電壓不高(4～5V)，因此，所推動的發光二極體必須用並聯方式，才能正常工作。

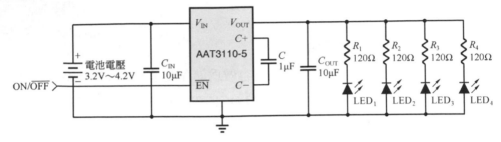

圖 10-11　AAT3110 應用電路

　　電容式 DC To DC 轉換器，其優點為電壓轉換效率較高，當輸入電壓與輸出電壓成一定的倍數比例時，如 1.5 倍或 2 倍時，最高效率可達 90%以上；而電容式 DC To DC 轉換器之缺點為，由於儲存能量利用電容方式，因此，無法產生較大的輸出電壓，且輸出電壓不超過輸入電壓的 3 倍。而輸出電流較小，不超過 300mA，因此，電容式 DC To DC 轉換器皆應用於固定的輸出電流與輸出電壓，如並聯式發光二極體電路。

 # 10-2　手機電源電路

　　手機開關流程為按下電源開機鍵後，一般須 2 秒，電源 IC 會輸出電壓給 CPU 所須之電源，且電源 IC 會提供電源給 13MHz 振盪電路所須之電源，產生 13MHz 振盪頻率信號，供給 CPU。電源 IC 會輸出確認信號給 CPU，經過一定的時脈週期，CPU 會將內部暫存器歸零，並呼叫記憶體，將記憶體內的主程式開啟，進行開機程序。若電路或軟體皆正常工作，此時 CPU 將會送訊息給螢幕(LCM)，顯示開機畫面。圖 10-12 為手機電源開機流程圖。

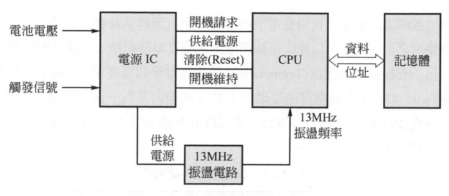

圖 10-12　手機電源開機流程圖

10-2-1　手機電池電路

　　手機的電源是利用電池做供電電源，不同的電池型號，電池上會有不同的接腳數量，例如，電池端有 3 支或 4 支接腳，如圖 10-3、10-4 所示。

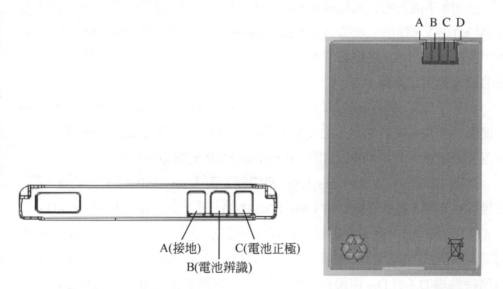

圖 10-13　3 支接腳電池外觀圖　　　　圖 10-14　4 支接腳電池外觀圖

　　其中，4 支腳電池其定義為 A：接地、B：電池溫度(Temperature)、C：電池辨識(Identification)、D：電池正極(VBATT)。而三支腳電池其定義為 A：接地、B：電池辨識、C：電池正極(VBATT)，而電池的辨識(ID)接腳，是做為手機與電池型號辨識之依據，利用在電池內部的電阻，而辨別此顆電池是否為此支手機所使用之正確電池，以免不正確電池，造成充電時電池形成異常現象發生。

另一支接腳電池溫度(Temperature)是偵測電池的溫度值，一般電池的充電範圍為 0～45℃，充飽電電池電壓為 4.2V。電池內部有一個負溫度係數電阻，當室溫為 25℃時，電阻為 10KΩ，當溫度升高為 45℃時，其電阻為 4.4KΩ，其特性如表 10-1 所示。

表 10-1　負溫度係數電阻值

溫度(℃)	低電阻(KΩ)	電阻(KΩ)	高電阻(KΩ)
0	29.65	32.33	35.17
25	9.5	10	10.5
45	4.07	4.4	4.74

目前，手機充電有兩種模式，第一種為利用標準充電器充電，其輸出電源為 5V±0.25V，提供一般輸出電流為 550mA。第二種方式為利用 Mini USB 充電，由於 Mini USB 充電必須連接電腦，因此，USB 其輸出電源固定為 5V，提供最大輸出電流為 500mA 充電。

由於手機提供可利用標準充電器充電與 Mini USB 充電，但此二種充電器所提供之充電電流有非常大之差異，因此，在電路上必須對此二種充電器做一個正確之辨別，其辨別方式如圖 10-15Mini USB 充電電路所示。

在圖 10-15 中，J_1 為 Mini USB 連接器，而 Mini USB 有 5 支接腳，第 1 支接腳為電源，第 2 支接腳為 USB_DM(D−)，第 3 支接腳為 USB_DP(D+)，第 4 支接腳為 ID，第 5 支接腳為 GND。而辨別是標準充電器或 Mini USB 充電器，其辨別方式有二種：第一種為檢查 D＋與 D−接腳狀態，標準充電器其內部特性為 D＋與 D−連接在一起，因此，當標準充電器插入連接器時，其 USB_DM(D−)有一個 USB_DET 接腳可辨別，若檢測到電壓為 2.72V 時，則表示插入是標準充電器。而 Mini USB 其內部特性為 D＋與 D−分開，因此，當充電器插入連接器時，USB_DET 接腳檢測到電壓為 0V 時，則表示插入是 Mini USB 充電器。

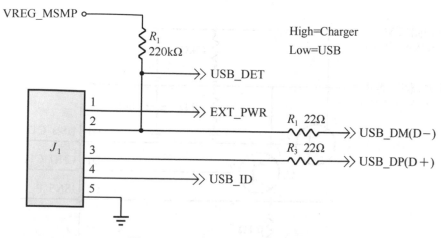

圖 10-15　Mini USB 充電電路

而第二種方式爲利用 ID 接腳辨識，若是標準充電器，其第 4 接腳 ID 阻抗爲 200kΩ，若是 Mini USB 充電器，其第 4 接腳 ID 阻抗爲無限大。

因此，利用此二種方式，可辨別插入充電連接器是標準充電器或 Mini USB 充電器。

手機充電模式可分爲三種模態：

1. 低電流充電模態(Trickle Mode)。
2. 固定電流充電模態(Constant Current Mode；CC Mode)。
3. 固定電壓充電模態(Constant Voltage Mode；CV Mode)。

圖 10-16 爲手機充電電路，在充電迴路中，Q_1 與 Q_2 二顆 P 通道電晶體主要做爲控制充電電流，電阻 0.1Ω 可做爲偵測充電迴路所流過的電流值，另外 P 型 MOSFET 做爲充電迴路之開關。

所謂 Trickle Mode 是指當電池在低電壓時(低於 3.1V)，利用低電流對電池充電，避免當電池在低電壓(低容量)時，用過大電流充電時，會將電池內部保護元件損壞。當進行 Trickle Mode 充電時，此時軟體會將 P 型 MOSFET 關閉，且在電源 IC VBAT 接腳會提供 80mA 電流給電池充電，而此電流值軟體人員可利用程式設定，一般常用值皆設定爲 80mA。因此，電池在低電壓至 3.1V 時，其充電模式即稱爲 Trickle Mode。

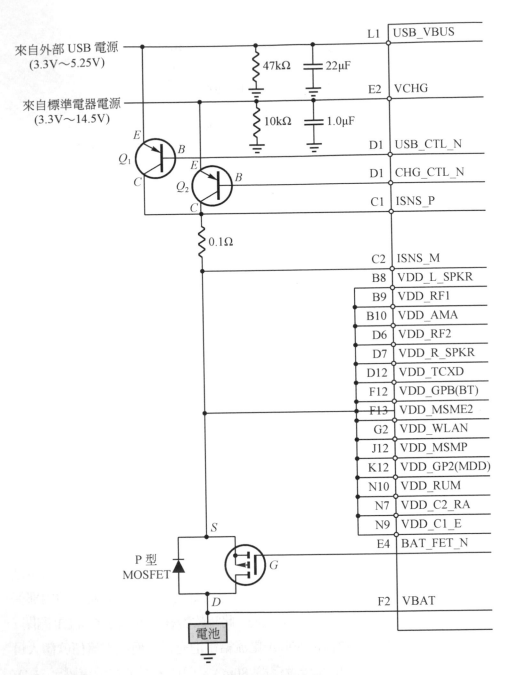

圖 10-16 手機充電迴路(圖源自於 Qualcomm)

所謂 CC Mode，是當電池電壓達到 3.1V 時，會有 Trickle Mode 轉換成 CC Mode，利用固定電流充電。在 CC Mode，若利用標準充電器充電時，則軟體人員將會設定充電器最大輸出電流，約為 550mA 對電池充電，而在充電迴路中，由於充電所輸出的電壓在 CC Mode 時，會從 5V 降至與電池電壓相差與 0.3V，因此，利用標準充電器充電時，充電器能提供全速電流(550mA)充電，且在充電迴路的 Q_2 P 通道電晶體不會超過額定功率 0.5W。因此，電池電壓 3.1V 至 4.1V 時，其充電的電流約為 550mA，其充電模式稱為 CC Mode。

　　當利用 Mini USB 充電時，由於 USB 固定輸出 5V，因此，在 CC Mode 充電時，會有二段電流值充電，避免 Q_1 P 通道電晶體大於額定功率 0.5W 而損毀。當電池電壓在 3.1V 至 3.6V 時，軟體將設定 USB 提供電流為 166mA，當電池電壓在 3.6V 至 4.1V 時，軟體將設定 USB 提供電流為 333mA。

　　所謂 CV Mode，是當電池電壓達到 4.1V 時，會慢慢降低充電電流對電池充電，使得達到電池飽電 4.2V，因此，4.2V 與 4.1V 只有 0.1V 壓差，因此稱為固定電壓充電模式。

　　而在 CV Mode 充電時，若利用標準充電器對電池充電，此時電流會由 550mA 慢慢降至 40mA，若利用 Mini USB 對電池充電，此時電流會由 330mA 慢慢降至 40mA，因而完成電池充電(Charger Complete)。

　　圖 10-17 為標準充電器充電曲線，圖 10-18 為 Mini USB 充電曲線。在手機充電規範中，訂定 4 小時內，電池必須從 0V 充至 4.2V，完成電池充電。若利用標準充電器充電時，一般約兩個半小時，可將電池充電完成，若利用 Mini USB 充電時，由於有二段電流值充電，因此，充電時間會比較長；約三小時四十五分鐘，完成電池充電。

　　電池放電是利用 0.2C 電池容量(Capacity)，進行放電測試。例如：若電池總電量為 910mAh，則會利用 182mA 負載，進行電池放電測試；而電池放電會從電池充飽電 4.2V 進行放電至截止電壓 2.0V。圖 10-19 為電池放電曲線，由於放電特性是利用 0.2C 電池容量放電，因此，放電時間約 5 個小時即可完成。

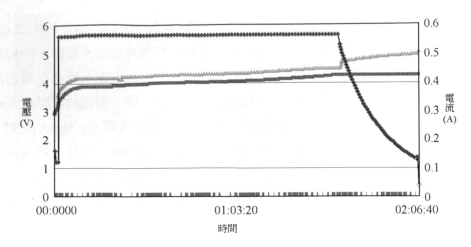

圖 10-17　標準充電器充電曲線

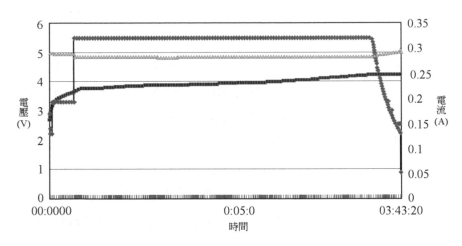

圖 10-18　Mini USB 充電曲線

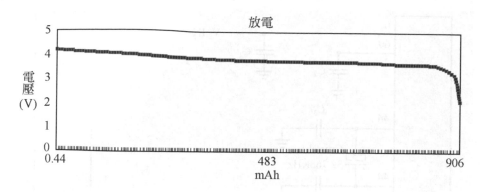

圖 10-19　電池放電曲線

10-2-2　手機時脈電路

　　圖 10-20 為手機內部時脈電路,時脈電路主要由 Crystal I 32.768KHz,Crystal II 19.2MHz、電源 IC 與 CPU 所組成。在 32.768KHz 時脈電路中,當裝上電池按下開關鍵時,電池電壓(V_{BATT})輸出 V_IN 電源供給電源 IC,使得電源 IC 驅動 32.768KHz 開始產生振盪頻率,因此,若 32.768KHz 振盪器元件損壞或焊接不良,將導致手機不能正常開機。

　　32.768KHz 時脈信號有二個主要功能:

1. 可做為手機時間顯示所須要的時脈頻率。
2. 做為手機待機狀態的睡眠時脈信號,使手機與電信業者之基地台通信間隔加長,將能使得手機不需要持續地與基地台信號相連,可使得手機更省電,但不會影響與基地台連接訊號品質。

　　而另一個 19.2MHz 時脈信號,主要做為射頻電路使用。當 CPU 經由電源 IC 得到適當電源後,經 CPU 內部電路轉換,將會送出 2.6V 的 TCXO_EN 時脈信號給電源 IC,使得電源 IC 送出電壓為 2.8V 的 VREG_TCXO_EN_2.8V 給 19.2MHz 供給所須電源。19.2MHz 時脈信號有二個主要功用:

1. 提供 CPU 開機時所需的時脈信號,做為 CPU 正常工作條件之一。
2. 做為射頻電路中的調變,解調等射頻電路所須的時脈信號。

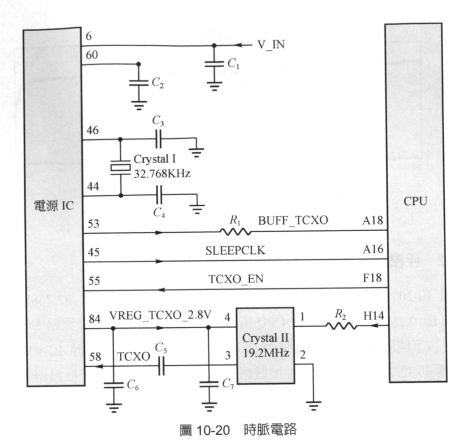

圖 10-20　時脈電路

10-2-3　開關機流程

　　圖 10-21 為電源 IC 與 CPU 典型電路，在開機流程中，首先將電池裝上手機，按下開機鍵後，電源 IC 的 $\overline{\text{KPDPWR}}$ 信號將會拉 Low 觸發信號，驅動電源 IC 開始動作，使得電源 IC 的 $\overline{\text{BAT\_FET}}$ 開始拉 Low 觸發動作，而得到電池所提供之電源，經由電池所提供之電源給電源 IC 之後，電源 IC 將會產生許多組電壓如：VREG_MSMC1_1.2V、VREG_MSMC2_1.2V、VREG_MSME_1.8V、VREG_MSMP_2.6V、VREG_MSMA_2.6V、VREG_TCXO_2.8V 等多組電源，提供給週邊電路與 CPU 所須之電源。

當 CPU 得到電源之後，會送出電壓為 2.6V 的 TCXO_EN 時脈信號給電源 IC，通知電源 IC 送出電壓為 2.8V 的 VREG_TCXO_2.8V 時脈信號給 19.2MHz，而產生出 19.2MHz 頻路振盪。

　　當 CPU 得到所須的時脈時，電源 IC 會送出 2.6V 的 PON_RESET_N 信號給 CPU，做為 RESET 動作；當 CPU 得到電源、時脈、RESET 等所須條件後，即會開始動作，當 CPU 正常工作時，會送出電壓為 2.6V 的 PS_HOLD 信號給電源 IC，用於維持電源 IC 所提供之電源正常工作，因而完成開機流程。圖 10-22 為電源開機流程圖。

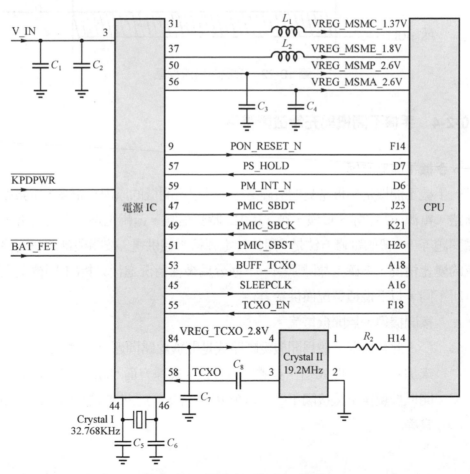

圖 10-21　電源 IC 與 CPU 電路

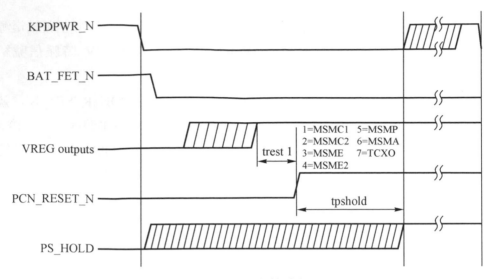

圖 10-22 電源開機流程圖

10-2-4 手機不開機與充電故障維修

一、手機不開機維修

手機不開機是手機常見的故障之一，引起不開機的原因有很多，如開機線斷路，電源 IC 空焊、損壞，無 13MHz 時脈信號，邏輯電路工作不正常，軟體問題等。一般的維修方法是：用外接電源給手機供電，按開機鍵觀察開機電流的變化情況，來確定故障原因，下面分為幾種情況進行分析(不同機型電流有所不同，以下幾種情況僅供參考)。

1. 按開機鍵，無開機電流。

此種情況一般為開機鍵斷路或是開機線路問題，也可能是電池電壓未加到電源管理 IC 上。具體原因有以下幾種方面：開機按鍵本身斷線、開機按鍵與主機接觸不好、電源 IC 空焊、電池供電電路斷路或接觸不良等。

2. 按開機鍵，開機電流在 0～15mA 之間。

　　此情況分為兩種：第一種是在 0～15mA 之間跳動，一般為 13MHz 振盪器本身接觸不良或振盪器元件不良，不能產生振盪所所須之頻率，更換振盪器元件即可；第二種是在 0～15mA 停留 3～5 秒後歸零，一般為 13MHz 電路所連接之線路上元件，出現斷路問題，如射頻處理 IC、CPU 等。

3. 按開機鍵，開機電流在 20～30mA 靜止不動。

　　此種開機電流為源已經開始工作，但 CPU 還沒有啟動，一般問題出現在 CPU 的供電線路上，以某一路徑斷線較為常見。

4. 按開機鍵，開機電流在 40～60mA，並不停地跳動。

　　此種開機電流表示，電源開始工作後，CPU 已經開始部分啟動，在讀取開機資料時遇到問題，CPU 不知道是要繼續開機還是要關機，所以開機電流才會不停地跳動。這是典型的軟體問題，可以利用更新軟體進行維修。

5. 按開機鍵，開機電流在 40～60mA，稍後歸零。

　　此種開機電流為 CPU 不能完全進行開機任務，或者在進行開機時出現問題，被迫關機。這種電流一般意味著邏輯電路有硬體故障，如CPU、記憶體、甚至電源電路空焊或損壞，大多數情況下需要先拆換元件，然後在判斷是不是附屬元件故障。

6. 按開機鍵，開機電流上升到 40～60mA 時，會跳到 80～90mA，然後回到 40～60mA。

　　這種不能開機問題，主要原因集中在電源上，首先檢查手機元件是否有外觀不良之元件，若無外觀不良之元件，在檢查電源是否正常，並檢查 13MHz 是否頻率偏移太多。

7. 手機上電有很大的電流，一般大於 200mA，最大可達 1500mA 左右。

　　此種情況，一般說來是電池供電電路出現短路故障，如電源 IC、功率放大器、電池連接器、電源穩壓器或 CPU 等。維修時，當發現元件有發燙時，基本上可判斷是此顆元件發生短路現象。

二、充電故障的維修

1. 顯示充電符號但不充電

   插入充電器後顯示充電符號，並且電池框內有一格電池在閃動，則表示充電器檢測電路是正常，此時若不能充電一般有以下幾種原因：一是充電驅動電路不正常，不能輸出充電電流為手機充電；二是電源 IC 不正常，不能輸出充電啟動信號，使充電驅動電路無法正常工作；三是軟體問題。

2. 不顯示充電符號也不充電

   不顯示充電符號也不充電，表示手機充電器檢測電路有故障，由於手機不能檢測出充電座已插入充電器，因此無法進行充電。

3. 未插入標準充電器，但顯示充電符號

   未插入標準充電器，但顯示充電符號，這種故障問題一般是出現在充電器檢測電路。主要原因是充電座的充電端在未插入標準充電器時為低電位，而出現未插入標準充電器，但顯示充電符號，可能為檢測電路上有異物，造成 USB_DET 接腳檢測到電壓為高電位(2.72V)，誤判為標準充電器已插入。

4. 充電一下並顯示充電已完成

   充電一會兒即顯示充電已完成，這種故障一般有兩種原因：一是電池電量檢測斷路不正常，二是軟體問題。

10-3 手機螢幕與發光電路

手機螢幕顯示電路，會將廠商設計好的螢幕上電路，利用連接器連接至手機電路板上，並將螢幕顯示訊號送到 CPU 進行訊號處理。圖 10-23 為螢幕連接電路，在此電路中，LCD_CS 為 CPU 送出來的選擇信號，L_WR 為 CPU 送出來的讀寫控制信號，RS 為數據/命令控制信號，LED＋與 LED－為螢幕顯示背光光源之正負特性，其 LED 可分為串聯式或並聯式連接，若螢光幕為 1.8 吋，則須 2 顆 LED 即可有足夠光源照亮螢幕，若螢幕為 2.8 吋，則須至少 4

顆 LED 才能夠提供足夠光源照亮大尺寸螢幕。LCD_VDD2.8V 為電源 IC 所提供之電源，LCD_DATA(0)～LCD_DATA(14)為 CPU 送出的螢幕顯示資料，因此，CPU 內的顯示處理器，將須要顯示的資料與控制信號，經由連接器送至螢幕顯示器內的控制電路，控制電路在送信號給螢幕上的驅動電路，使得螢幕顯示器呈現的畫面。

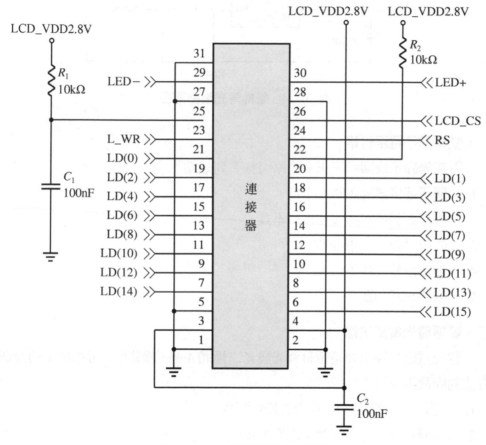

圖 10-23　手機螢幕連接電路

　　圖 10-24 為螢幕背光驅動電路，此顆 LT3465 為電感式 DC To DC 轉換器，是屬於升壓型(Boost)轉換器，輸入可達到 30V，可推動 6 顆串聯發光二極體。其中 IC 的第 5 支腳為電源輸入端，第 4 支腳為來自 CPU 控制的 Enable 信號，當第 4 支腳有 2.8V 時，則升壓電感(L_1)將產生感應的電壓，使得第 1 與第 3

支接腳產生最大 20V 直流電壓,可加到發光二極體(LED)的正(+)、負(−)兩端,因而點亮發光二極體。

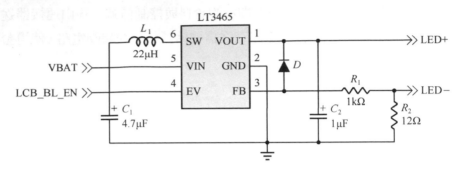

圖 10-24 螢幕背光驅動電路

一、螢幕顯示電路維修

引起無顯示或顯示不正常的原因有下列幾點:

1. 顯示連接器腳短路或空焊。

2. 排線斷裂或與連接器接觸不良。

3. CPU 損壞或接腳空焊。

4. 顯示螢幕元件不良。

5. 軟體程式問題。

二、螢幕背光電路維修

背光電路故障主要是螢幕背光發光二極體不亮,維修時,可利用下列幾個方法判斷故障原因:

1. 光確認背光驅動 IC 是否有極性打反。

2. 量測背光發光二極體兩端有無電壓,若有電壓,但發光二極體不亮,則是發光二極體元件損壞。

3. 若量測背光發光二極體無電壓,則量測背光驅動 IC 是否有 Enable 信號,若無 Enable 信號,則是 CPU 所發出的 Enable 控制信號異常,須檢查 CPU 電路,確認是否 CPU 元件異常。

4. 若量測出有正常 Enable 信號,則須檢查背光驅動 IC,由於驅動 IC 一般採用電感式 DC To DC 轉換器，當有正常電源與 Enable 信號輸入，背光驅動 IC 應正常工作，因此，大多爲背光驅動 IC 元件不良。

10-4 手機 SIM 卡與記憶卡電路

SIM 卡稱爲使用者身份模組(Subcriber Identity Moudule；SIM)，SIM 卡的功能如同一把鑰匙，若把 SIM 卡從手機中取出，則手機將無法正常開機使用與行動通訊。使用者只要有一張電信業者所提供的 SIM 卡，如：中華電信、台灣大哥大、遠傳電信所提供的 SIM 卡，就可以裝入手機 SIM 卡連接器內和使用任一款 GSM 系統的手機；若電信業者爲亞太電信所提供的 SIM 卡，就必須裝入 CDMA 系統的手機中，才能正常使用。而 SIM 卡中，存有電信業者所提供的用戶服務和資料訊息等重要資料，都手機正常開機後，手機內的硬體系統就會與 SIM 卡進行資料通信，而獲取通訊的相關服務。

圖 10-25 爲 SIM 卡連接器腳位功能：第 1 支接腳爲時脈(Clock)信號、第 2 支接腳爲資料(DATA)傳輸信號、第 3 支接腳爲歸零(Reset)信號、第 4 支接腳爲空接腳(No Connect；NC)、第 5 支接腳爲電源(Vcc)信號、第 6 支接腳有接地(Ground)。

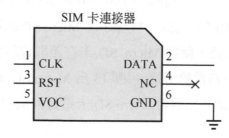

圖 10-25　SIM 卡腳位功能

而目前 SIM 卡所使用的電源爲 2.6V，圖 10-26 爲 SIM 卡電路，SIM 卡電路主要由 CPU、電源 IC 與 SIM 連接器所組成，在開機的瞬間，CPU 送出 SIM_DATA、SIM_CLK 與 SIM_RESET 信號給 SIM 卡連接器，以檢測使用者是否插入 SIM 卡；若檢測到已插入 SIM 卡，CPU 會送信息給電源 IC，則電源 IC 會提供 2.6V 電源給 SIM 卡所須之電源。

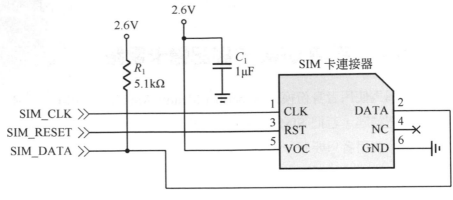

圖 10-26　SIM 卡電路

　　隨著手機附加功能不斷增加，如照相畫素的提升、支援多媒體的音樂、影片功能之手機，而內建的記憶體已不夠儲存多媒體之檔案，因此，目前許多手機都支援記憶卡的插入，以便儲存更多檔案。而目前手機支援的記憶卡有相當多，例如：SD 卡、Mini SD 卡、Micro SD 卡、MS 卡等，會依據不同手機品牌，而使用不同記憶卡規格，在此介紹較多業者所使用的記憶卡－Micro SD 卡。

　　圖 10-27 爲 Micro SD 卡電路圖，其中，接腳 6、9、10、11、12 爲接地端；接腳 4 爲電源 IC 所提供的 2.85V；接腳 3 爲 Micro SD 的控制信號；接腳 5 爲 Micro SD 卡的時脈信號，做爲 Micro SD 卡在讀取資料與寫入資料之工作頻率；接腳 1、2、7、8 爲資料傳輸信號；接腳 13 爲 Micro SD 卡插入的偵測(Detect)信號；因此 CPU 經由這些信號對 Micro SD 卡進行控制和資料的讀取與寫入。

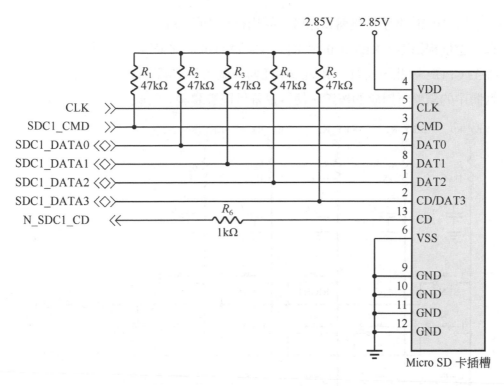

圖 10-27　Micro SD 卡電路圖

10-5　手機鍵盤電路

　　手機中的鍵盤都採用矩陣按鍵結構，分別為(Column)位址掃描與列(Row)位址掃描，因此，將行、列位址線交叉組合在一起，成為矩陣式的按鍵結構。

　　而行、列矩陣結構，將使得每個交叉點對應到一個符號按鍵，如數字鍵"5"，是由一條行位址線與一條列位址線對應的交叉點所形成；因此每個符號按鍵，都有兩個圓圈點，在印刷電路板上，可看成內圈與外圈，因此，在組裝時，會在鍵盤的印刷電路板上貼上金屬圓狀(Dome)。並在印刷電路板上，在覆蓋上數字鍵盤，當使用者壓數字鍵"5"時，此兩個圓圈點會導通，如同一個開關被壓闔，此時 CPU 會檢測軟體中的鍵盤表中所對應的鍵盤，並在螢幕上會呈現"5"之數字符號。

圖 10-28 為手機鍵盤電路圖，採用行列矩陣方式，KEY_R0 至 KEY_R4 為列位址掃描線，KEY_C0 至 KEY_C6 為行位址掃描線，而行列掃描線均連接至 CPU，因此，當行、列矩陣中任何一個按鍵被觸發後，CPU 將立即檢測軟體中的鍵盤所對應的按鍵，使得螢幕呈現被觸發之符號。

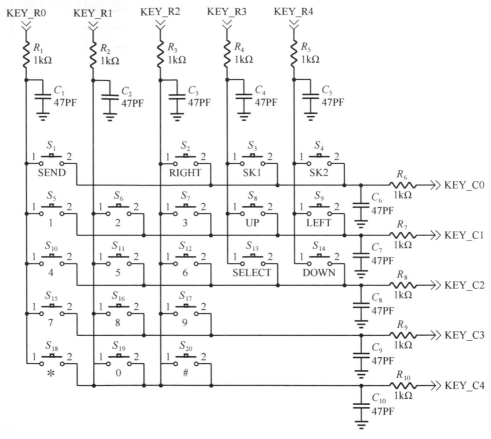

圖 10-28　手機鍵盤電路

10-5-1　鍵盤發光電路

　　鍵盤上的發光二極體，主要做為照亮鍵盤上的按鍵符號，通常使用白光發光二極體或藍光發光二極體。圖 10-29 為鍵盤發光電路，此電路採用 6 顆發光二極體，由於傳統發光二極體為正面向上發光，因此，在鍵盤上須 4 至 6 顆發光二極體，以及發光二極體適當的位置擺設，才不會將鍵盤與印刷電路板組裝時，造成亮度不均勻或亮度不夠亮的現象產生。

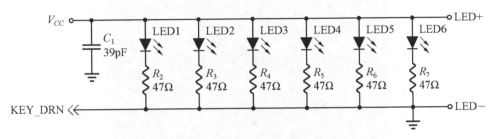

圖 10-29　鍵盤發光電路

在圖中，V_{CC} 為手機電池提供之電源，經由限流電阻 47 歐姆加到 6 顆發光二極體的正端，即可使發光二極體點亮發光。而接腳 KEY_DRV 可利用軟體經由電源 IC 控制發光二極體的輸出電流，而達到省電功能；軟體可設定每一顆發光二極體所流過的電流，例如：每顆發光二極體點亮時，耗電 10mA，因此，6 顆發光二極體同時點亮，其耗電量只須 60mA。由於，發光二極體所須電源為電池所提供，因此，當電池為低電壓時(3.2V)，須檢測發光二極體是否會出現電壓不足而造成閃爍之現象；為避免此問題發生，必須挑選順向偏壓(V_f)較小的發光二極體，而一般發光二極體在順向電流(I_f)為 10mA 時，其順向偏壓(V_f)為 2.7V，因此：

$$2.7V + 10mA \times 47\Omega = 3.17V < 3.2\ V$$

即使在低電壓時(3.2V)，也不會照成發光二極體閃爍現象產生。

而目前所使用的發光二極體，已由傳統的正面向上發光改為側面發光二極體。側面發光二極體發光所涵蓋的範圍最大可達 120 度，因此，利用側面發光二極體，可減少發光二極體的使用數量，並可降低元件成本。圖 10-30 為側面發光二極體圖面；由此圖可知，利用側面發光二極體，只要使用二顆發光二極體，即可照亮整個鍵盤所須之光源。

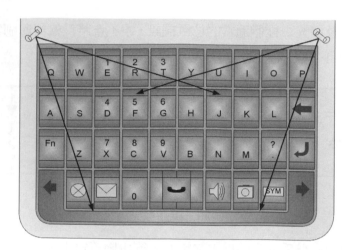

圖 10-30　側面發光二極體圖面

10-5-2　手機鍵盤電路維修

一、鍵盤電路檢測

　　手機鍵盤電路檢測方式，可利用電阻量測方式，所謂電阻量測方式是在手機關機狀態下，檢測各行列掃描線的對地阻抗，在正常情況下，量測到的阻抗皆相同，若發現某按鍵對地阻抗較小或呈現短路，則可能按鍵所連接之 CPU 元件損毀；因此，利用熱烘檢拔取 CPU 元件，在測量鍵盤行列掃描線是否短路，若無出現短路，則是 CPU 元件損毀。若還是出現短路現象，則是印刷電路板上之按鍵短路現象。

二、部分按鍵異常

　　若發生部分按鍵壓閣時，發光二極體點亮正常，但無顯示出所壓閣之符號時，則可利用三用電表量測無反應之按鍵的內圈與外圈之行、列掃描線是否斷線，若斷線，將斷線連接即可正常動作；若無斷線，即檢測此行、列掃描線所連接至 CPU 線路是否出現異常現象。

三、全部按鍵異常

1. 檢測印刷電路板上的內外圈銅箔，是否出現斷路現象。

2. 檢測側邊音量鍵或功能鍵是否有出現短路，而造成壓開鍵盤無反應。

3. 若是摺疊或滑蓋手機，須檢測上蓋與下蓋之連接電路是否正常，若上蓋與下蓋之連接電路短路，將會導致全部按鍵異常。

4. 檢查 CPU 線路連接至行、列掃描線是否有異常現象。

四、鍵盤發光二極體異常

1. 首先檢測印刷電路板上的發光二極體元件是否有極性打反現象，由於發光二極體元件有正、負極性分別，因此，發光二極體元件極性打反，將會造成壓闔按鍵時，發光二極體元件發光異常。

2. 測量發光二極體兩端有無電壓，若有電壓，但發光二極體不會發光，則是發光二極體元件異常。

3. 檢測電源 IC 連接至發光二極體控制信號是否異常，若出現異常現象，則更換電源 IC。

10-6　摺疊或滑蓋電路

　　目前市面上手機除了平行機種(Bar Type)之外，還有摺疊(Fold Type)與滑蓋(Slide Type)機種；而摺疊機種與滑蓋機種，內部都有一顆磁性阻力感應器(Magenetic Resistive；MR Sensor)來感應手機是否已經翻蓋或滑開，圖 10-31為一般摺疊機之磁性阻力感應器與磁鐵設計放置位置。

　　MR 感應 IC 是利用四個電阻組成的組合電路，如圖 10-32 所示。依據外界的磁力交化而呈現不同的反應，並利用一組控制電路來調整電壓輸出，其輸出電壓為 1.6V 至 3.5V。其控制電路如圖 10-33 所示。

圖 10-31　摺疊機之磁性阻力感應器
　　　　　與磁鐵設計放置位置

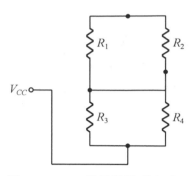

圖 10-32　四個電阻組成方式

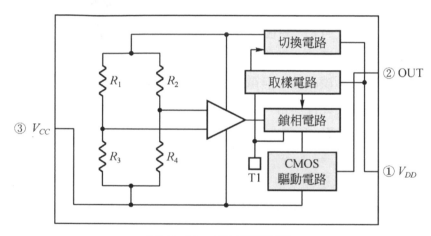

圖 10-33　MR 控制電路

　　圖 10-34 為 MR 電路圖，接腳 1 為電源 IC 供給 1.8V，使 MR IC 處於工作狀態，當摺疊機闔蓋時，上蓋中的磁鐵對應於 MR IC 上方，使 MR IC 內的 MOSFET 導電，使 MR IC 的第 2 支接腳輸出低準位(Low)給 CPU，若在通話時，也可利用此接腳將掛斷電話之信號送至 CPU。

　　當打開翻蓋時，MR IC 不受磁鐵感應，而使得 MR IC 內的 MOSFET 截止，使得第 2 支接腳輸出為高準位(High)給 CPU；若在來電時，也可利用此接腳將來電信號送至 CPU，而 CPU 便做為來電信號而開蓋即可通話；若無來電時，第 2 支接腳也可做為開蓋時，將輸出之高準位送至 CPU，做為螢幕背光控制信號使得螢幕背光點亮。

手機的摺疊電路出現異常時，會形成開蓋無反應，主要原因為上蓋磁鐵脫落或電源 IC 無正常供電 1.8V，使得 MR IC 無正常動作，也有可能是 CPU 元件損毀等問題。

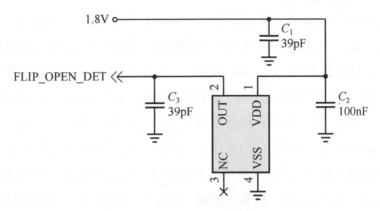

圖 10-34　MR 電路圖

　　圖 10-35 為滑蓋機電路，其工作原理與摺疊機電路類似，其中 IC 接腳 1 為電源 IC 供電 2.6V，使得 MR IC 開始工作之電壓，當滑蓋闔上時，上蓋中的磁鐵對應於 MR IC 上方，使得 MR IC 內的 MOSFET 導通，使得第 2 支接腳輸出為低準位給 CPU，當滑蓋打開時，MR IC 不受磁鐵感應，使得 MR IC 內的 MOSFET 截止，使得第 2 支接腳輸出為高準位給 CPU，因而完成滑蓋電路之動作。

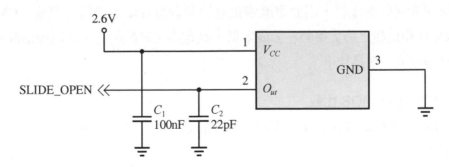

圖 10-35　滑蓋機電路

10-7　相機與閃光電路

一、相機基本工作原理

手機相機鏡頭採用之感光器可分為 CCD 與 CMOS 二種。CCD(Charge Coupled Device)稱為電荷耦合元件，為數位相機中，可記錄光線變化的半導體，通常以百萬像素(Megapixel)為單位。CCD 是利用一種高感光度的半導體材料所製成，能把光線變成電荷，並轉換成數位信號，在送至數位處理器進行處理。而 CCD 由許多感光元件所組成，而感光元件的表面具有儲存電荷之能力，並以矩陣的方式排列，當 CCD 表面受到光線照射時，每個感光元件會將電荷傳送到處理器，而所有的感光元件所產生的信號疊加在一起，即形成一張完整的畫面，而 CCD 像素越高，則單一像素尺寸會愈大，則呈現的圖像愈清晰。

CMOS(Complementary Metal Oxide Semiconductor)稱為互補性氧化金屬半導體，CMOS 和 CCD 一樣同為在數位相機中可記錄光線變化的半導體。CMOS 的製造技術和一般電腦晶片沒什麼不同，主要是利用矽和鍺這兩種元素所做成的半導體，使其在 CMOS 上共同存著帶負電(N 極)和帶正電(P 極)的半導體，這兩個互補效應所產生的電流即可被處理晶片紀錄和解碼成影像。

CMOS 的缺點為容易出現雜點，這主要是因為早期的設計使 CMOS 在處理快速變化的影像時，由於電流變化過於頻繁而會產生過熱的現象。CMOS 與 CCD 相比較之最大優勢在於成本低、耗電小、易於製造、可以與影像處理電路同處於一個晶片上。

二、CCD 與 CMOS 比較

CCD 與 CMOS 由於工作原理不同，形成了二者之間有些許差異，其差異如下：

1. 耗電量差異：CMOS 的影像電荷驅動方式為主動式，感光二極體所產生的電荷會直接由電晶體做放大輸出；但 CCD 卻為被動式，必須外加電壓讓每個畫素中的電荷移動至傳輸通道。而這外加電壓通常需要 12

伏特以上的電壓，並且 CCD 還必須要有更精密的電源線路設計和耐壓強度，因此，高驅動電壓使 CCD 的耗電量遠高於 CMOS。

2. 感光度差異：由於 CMOS 每個畫素包含了放大器與 A/D 轉換電路，過多的額外設備壓縮單一畫素的感光區域的表面積，因此在相同畫素下，同樣大小之感光器尺寸，CMOS 的感光度會低於 CCD。

3. 雜訊差異：由於 CMOS 每個感光二極體都搭配一個 ADC 放大器，如果以百萬畫素計，那麼就需要百萬個以上的 ADC 放大器，雖然是統一製造下的產品，但是每個放大器或多或少都有些微的差異存在，很難達到放大同步的效果，對比單一個放大器的 CCD，CMOS 的雜訊就比較多。

4. 解析度差異：在解析度差異中，由於 CMOS 每個畫素的結構比 CCD 複雜，其感光開口不及 CCD 大，相對比較相同尺寸的 CCD 與 CMOS 感光器時，CCD 感光器的解析度通常會優於 CMOS。若不考慮尺寸限制，目前業界的 CMOS 感光原件已經可達到 1400 萬畫素，因此，CMOS 技術在量率上的優勢可以克服大尺寸感光原件製造上的困難。

5. 成本差異：CMOS 應用半導體工業常用的 MOS 製程，可以一次整合全部週邊元件於 IC 中，節省加工 IC 晶片所需負擔的成本和良率的損失；相對地 CCD 採用電荷傳遞的方式輸出資訊，必須有傳輸通道，如果通道中有一個畫素故障(Fail)，就會導致一整排的訊號異常，無法傳遞，因此 CCD 的良率比 CMOS 低，加上必須有傳輸通道和外加 ADC 等週邊元件，因此，CCD 的製造成本相對高於 CMOS。

6. 工作電壓差異：CCD 操作電壓 5-15V，消耗功率 2-5W；CMOS 操作電壓 3-5V，消耗功率 20-50mW。

三、相機電路

　　圖 10-36 為相機電路圖，其中，MSME2 為電源 IC 所提供給相機動作的 1.8V 電源；PCLK 與 XCLK 為相機模組工作所須之頻率；Reset Pin 為 CPU 送 Reset 信號給相機模組，使相機開始工作；CAM_D0 至 CAM_D7 為資料信號，而這些資料信號會與 CPU 相連，完成圖像訊號處理，並轉換成圖像格式，在

螢幕上顯示。

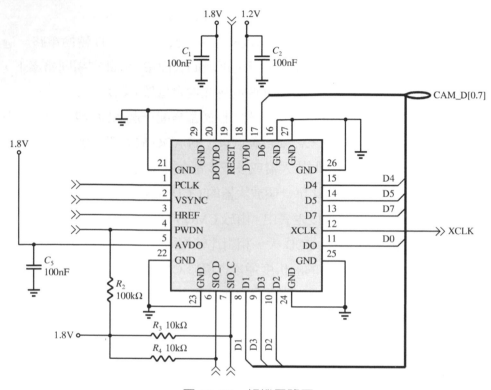

圖 10-36　相機電路圖

四、相機閃光燈電路

　　由於目前手機內建的相機像素皆至少 300 萬畫素以上，且為了在光線不足的環境下，仍然能拍出良好的圖像與補光效果，因此目前許多手機皆有內建閃光燈功能。

　　圖 10-37 為閃光燈電路，其電路特性與按鍵背光發光二極體相似，其中 N_Flash_DRV 為電源 IC 控制閃光燈點亮時所須之電流。當開啟相機時，使用者可選擇開啟閃光燈功能，做為補光效果，若不用相機時，也可開啟閃光燈做為照明功能。

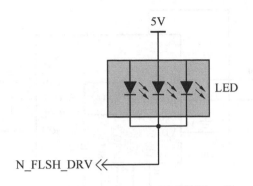

圖 10-37　閃光燈電路

10-8　FM 收音機電路

　　目前許多手機的週邊功能皆有包含 FM 收音機功能；其功能是在內部放置了調頻收音機 IC 元件，當使用者插入附件包所提供之耳機，其耳機內具有 FM 接收信號之天線，即可接收調頻 FM 收音機。

　　圖 10-38 為 FM 收音機電路，其中，第 2 支接腳為射頻天線輸入端，其天線內建在耳機中，第 5 支接腳為 CPU 送 Reset 信號，將 FM IC 做 Reset，使得 FM 開始動作，第 6 支接腳為 Enable 信號，第 7 支接腳為 CPU 送的時脈信號，第 8 支接腳為資料的輸入端，第 9 支接腳為外部 32.768KHz 頻率輸入端；第 10 支接腳為 1.8V 電源輸入端，第 11 支接腳為數位電源輸入端，接至電池所提供之電壓；第 13 支接腳為右耳聲音輸出；第 14 支接腳為左耳聲音輸出；第 16 支接腳為類比電源輸入端，接至電池所提供之電壓；第 18 支接腳為送至 CPU 的資料信號。

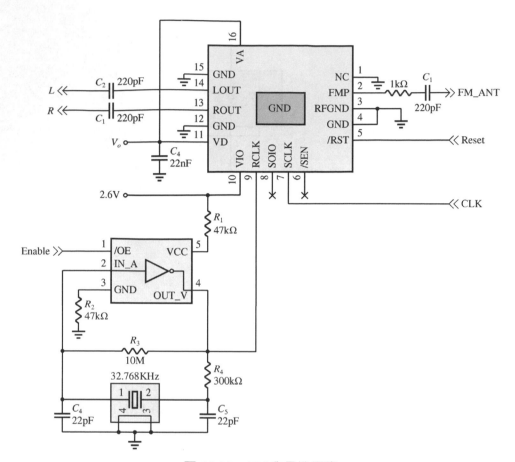

圖 10-38　FM 收音機電路

10-9　觸控功能分析

　　隨著觸控面板技術成熟與成本逐漸降低,觸控技術已廣泛運用在手機面板,觸控面板因具有簡易操作優點,可取代傳統按鍵,已逐漸融入人類各式電子產品用途中。尤其是在消費性電子產品與行動通訊應用領域上,結合顯示面板及輸入裝置的觸控面板,更是成為高階電子產品的配備。因此,觸控面板與我們日常生活的關係可說是越來越密切。

圖 10-39 為觸控連接器電路圖，維修觸控面板需先確認觸控連接器是否有組裝正確與連接器是否壓合到定位。

　　圖 10-40 為觸控 IC 電路圖，首先量測 TP_AVDD 是否為 1.8V 與 TP_DVDDH 是否為 3.3V，當壓觸控面板時，確認 IRQ_N 是否為 low 訊號，量測 I2C_SCL_TP 頻率是否為 400KHz 與 I2C_SDA_TP 是否為高低準位變化。

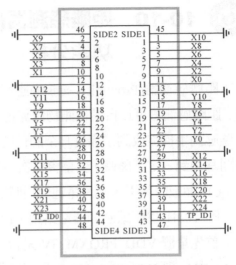

圖 10-39　觸控連接器電路圖

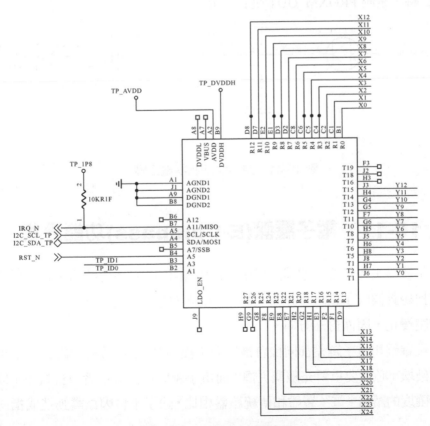

圖 10-40　觸控 IC 電路圖

⏻ 10-10　距離感測器(Proximity sensor)功能分析

距離感測器(Proximity sensor)應用於智慧型手機。當用戶正要接聽電話時，距離感測器可以自動偵測物體靠近話機，在通話過程中，接觸感應器會自動感應到手機被放到了靠近耳朵的位置，然後會關閉螢幕語觸控功能。當手機離開耳朵到一定距離時，螢幕會再次亮起，觸控功能亦將再次啟動，不僅可節省 LCD 面板的耗電，延長電池使用時間，也避免無謂的誤觸。

圖 10-41 為距離感測器電路圖，LED1 為光源發射器，U1 為距離感測器IC，首先量測 VDD_PROXM_3V 是否為 3V，量測 I2C_SCL_SENS 頻率是否為 400KHz 與 I2C_SDA_SENS 是否為高低準位變化，確認當物體靠近距離感測器 IC 時，量測 PROXM_OUT 是否為 low 準位。

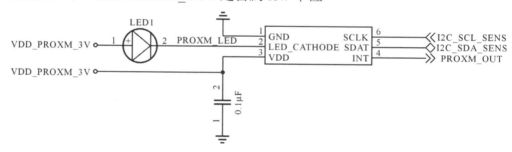

圖 10-41　為距離感測器電路圖

⏻ 10-11　電子羅盤(E-Compass)功能分析

電子羅盤主要是感應地球磁場來分別南極和北極，與傳統指南針差異是電子羅盤把磁針換成了磁阻感應器，應用了霍爾效應造成電流中電子的偏向，來算得電壓變化，因而得知方向。

傳統羅盤和電子羅盤都同樣會被磁力干擾。如果傳統羅盤的磁針受不正確的磁化破壞，必須要重新充磁或更換；而電子羅盤可由使用者自行校正，以取得高精確度的讀數。電子羅盤和傳統羅盤相比，除了不會因為震動造成指向搖晃問題之外，也可以對 GPS 信號進行有效補償，增強導航定位訊息。

圖 10-42 為電子羅盤電路圖，首先量測 V_1P8 是否為 1.8V 與
VDD_E-COMPASS 是否為 3.0V，量測 I2C_SCL_E-COMPASS 頻率是否為
400KHz 與 I2C_SDA_E-COMPASS 是否為高低準位變化，確認當開啟電子羅
盤應用軟體時，量測 E-COMPASS_RST#是否為 low 準位。

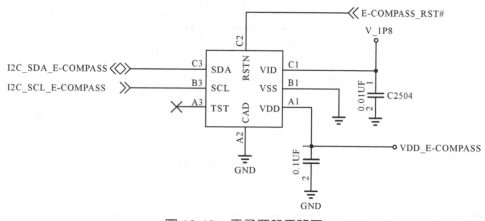

圖 10-42　電子羅盤電路圖

10-12　重力感測器(G-sensor)功能分析

重力感測器(G-sensor)，又稱線性加速度計(Accelerometer)，其設計原理為
牛頓第二定律，分別利用手機 X、Y、Z 三個軸的線性速度變化，可提供感測
速度和位移等資訊，也可以用來量測手機傾斜角度。因此，G-sensor 能夠應用
於物體感測移動、物體傾斜角度、建築物及結構監測、導航系統、自動調整螢
幕方向與相機防震功能等動作。

圖 10-43 為重力感測器電路圖，首先量測 VDD_IO_GSEN 是否為 1.8V 與
VDD_G-SEN 是否為 2.8V，量測 I2C_SCL_G-SEN 頻率是否為 400KHz 與
I2C_SDA_G-SEN 是否為高低準位變化，確認當開啟重力感測器應用軟體時，
量測 ACC_INT1 是否為 Hi 準位。

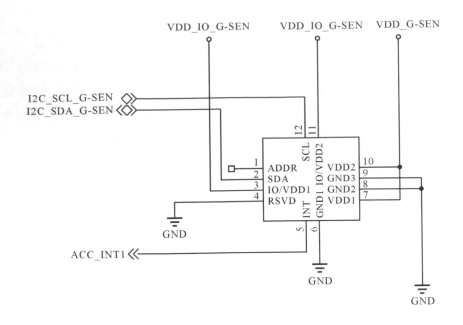

圖 10-43 重力感測器電路圖

10-13 陀螺儀(Gyroscope)功能分析

陀螺儀主要用來偵測角加速度，也就是量測旋轉的加速度；使用重力感測器(G-sensor)也可以組合算出角加速度，但是精確度並沒有陀螺儀準確。陀螺儀具有更精確的偵測，三軸陀螺儀組合起來可以得到 x、y、z 三方向的位移；除了可用在偵測手機旋轉外，也可用來搭配 GPS，來計算本體的偏轉角度用以預測下一時刻的位置。

圖 10-44 為陀螺儀電路圖，首先量測 VLOGIC_1P8 是否為 1.8V 與 VDD_GYRO 是否為 2.85V，量測 I2C_SCL_GYRO 頻率是否為 400KHz 與 I2C_SDA_GYRO 是否為高低準位變化，確認當開啟陀螺儀感測器應用軟體時，量測 GYRO_INT_N 是否為 low 準位。

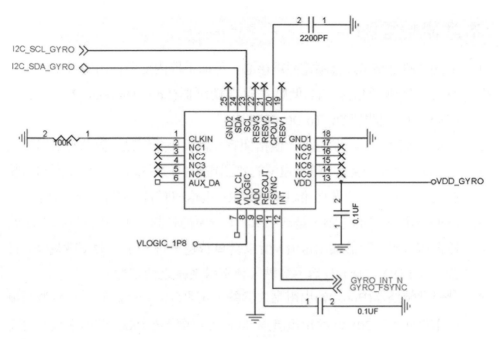

圖 10-44　陀螺儀電路圖

本章研讀重點

1. 手機電源電路是以穩壓電源為核心，目前手機內部所採用的穩壓電路主要可分為兩種類型：(1)低壓差線性穩壓器(Low Dropout Regulator；LDO)。(2)開關型 DC To DC 轉換器。

2. LDO 具有低成本、體積小、價格便宜、雜訊小等優點。較低的輸出雜訊是 LDO 的最大優點，輸出電壓的雜訊電壓低於 35μV，具有極高的信號抑制比，非常適合做為雜訊敏感的 RF 電路與聲音電路的供電電路。

3. LDO 轉換出來的電壓，是被 LDO 本身所消耗的，主要原因為 LDO 的輸入電流幾乎等於輸出電流，所以當負載越重時，LDO 效率就越差，且會造成 LDO 本身元件容易發熱，會影響系統之穩定性。

4. 升壓型轉換器(Boost)輸出電壓大於輸入電壓($V_{OUT} > V_{IN}$)，且具有較高輸出電壓(10V～20V)，輸出電流為 500mA，轉換效率高，若用來推動發光二極體(LED)時，發光二極體必須利用串聯方式才可推動。

5. 降壓型轉換器(Buck)輸出電壓小於輸入電壓($V_{OUT} < V_{IN}$)，最小輸出電壓可降至 1V，輸出雜訊大，輸出電流為 300～500mA，轉換效率高，若用來推動發光二極體(LED)時，發光二極體必須利用並聯方式才可推動。

6. 電池內部有一個負溫度係數電阻，當室溫為 25℃時，電阻為 10KΩ，當溫度升高為 45℃時，其電阻為 4.4KΩ。

7. 手機充電模式可分為三種模態：(1)低電流充電模態(Trickle Mode)。(2)固定電流充電模態(Constant Current Mode；CC Mode)。(3)固定電壓充電模態(Constant Voltage Mode；CV Mode)。

8. 32.768KHz 時脈信號有二個主要功能：(1)可做為手機時間顯示所須要的時脈頻率。(2)做為手機待機狀態的睡眠時脈信號，使手機與電信業者之基地台通信間隔加長，將能使得手機不需要持續地與基地台信號相連，可使得手機更省電，但不會影響與基地台連接訊號品質。

9. 19.2MHz 時脈信號有二個主要功用：(1)提供 CPU 開機時所需的時脈信號，做為 CPU 正常工作條件之一。(2)做為射頻電路中的調變，解調等射頻電路所須的時脈信號。

10. 手機中的鍵盤都採用矩陣按鍵結構，分別為(Column)位址掃描與列(Row)位址掃描，因此，將行、列位址線交叉組合在一起，成為矩陣式的按鍵結構。

11. 手機相機鏡頭採用之感光器可分為 CCD 與 CMOS 二種。

12. CCD 是利用一種高感光度的半導體材料所製成，能把光線變成電荷，並轉換成數位信號，在送至數位處理器進行處理。

13. CCD 操作電壓 5-15V，消耗功率 2-5W；CMOS 操作電壓 3-5V，消耗功率 20-50mW。

習 題

1. 請簡述低壓差線性穩壓器(LDO)的基本工作原理。
2. 請簡述低壓差線性穩壓器(LDO)之特點。
3. 請簡述手機電源電路。
4. 請簡述手機充電模式。
5. 請敘述手機鍵盤特性。
6. 請簡述鍵盤發光特性。
7. 請簡述摺疊或滑蓋特性。
8. 請簡述相機基本工作原理。
9. 請簡述電荷耦合元件(CCD)與互補性氧化金屬半導體(CMOS)之差異。

參考文獻

1. *智慧型行動電話設計概述—資料手冊*。
2. *智慧型行動電話維修元件—資料手冊*。
3. 陳子聰編著，*手機原理與維修*，第 27～45 頁，人民郵電出版社，2008。
4. *手機穩壓電路設計概述—資料手冊*。
5. MAX8511EXK18-T LDO Datasheet.
6. 升壓型 DC To DC-NCP5006 Datasheet.
7. 電容式 DC To DC 轉換器 ANALOGIC TECH-AAT3110 Datasheet.
8. *智慧型行動電話充電與放電—資料手冊*。
9. Harvatek LED-HT-F196USD5 Datasheet.
10. Hall IC- S-5711A Datasheet.

第十一章　智慧型行動電話生產流程與研發測試流程

　　此一章節將針對研發人員在智慧型行動電話專案開發流程、手機組裝流程與研發測試流程等，詳細的說明與敘述，由於每一款智慧型行動電話會依客戶須求或市場導向，在開發流程、組裝流程與測試方面會有所差異，因此，本章節內容僅提供參考。

 ## 11-1　智慧型行動電話開發流程

　　市場上每一款智慧型行動電話產品皆經過審慎的市場評估、產品規劃、設計、組裝、測試、包裝等嚴密的開發流程，每一階段皆有研發人員詳細的設計與測試，才能使產品具有高效能之可靠度、穩定性與實用性。因此在此一小節將針對智慧型行動電話之每一階段開發流程，做詳細地介紹與敘述。

　　圖 11-1 為智慧型行動電話產品開發流程，由於不同客戶與不同產品會有不同之產品開發流程，在此僅提供參考。

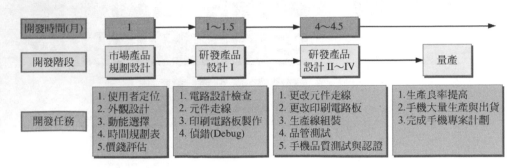

開發時間(月)	1	1～1.5	4～4.5	
開發階段	市場產品規劃設計	研發產品設計 I	研發產品設計 II～IV	量產
開發任務	1. 使用者定位 2. 外觀設計 3. 動態選擇 4. 時間規劃表 5. 價錢評估	1. 電路設計檢查 2. 元件走線 3. 印刷電路板製作 4. 偵錯(Debug)	1. 更改元件走線 2. 更改印刷電路板 3. 生產線組裝 4. 品管測試 5. 手機品質測試與認證	1. 生產良率提高 2. 手機大量生產與出貨 3. 完成手機專案計劃

圖 11-1　智慧型行動電話產品開發流程

　　一般一款新的手機機種產品要到市場上銷售，都必須經過半年以上之產品研發階段，而在產品開發流程中包含下列幾項重要流程：

11-1-1　產品規劃設計

　　在手機開發階段中，首先須進行產品規劃設計；其中包含：

1.　產品使用者定位

　　　　例如，此款手機主要是針對女性使用者、針對商務人事、銷售至那些地區或國家、手機銷售價格、手機功能等。不同之使用者定位，皆具有不同之設計架構，因此，市場開發人員，須在手機產品設計之前，進行完整之規劃與設計。

2.　產品外觀設計(Industrial Design)

　　　　產品 ID 會針對不同使用者會有不同 ID 設計，例如：如果針對女性使用者，手機產品也許須要重視體積輕巧、多色系等；若針對商務人事，也許須要重視多功能、產品穩定等條件；因此針對不同使用者會設計出摺疊機、平行機種或滑蓋機等，也須定義手機產品之大小尺寸、重量、顏色等。

3.　產品功能選擇

　　　　手機產品定位使用者與外觀設計之後，即會針對使用者或使用地區設計不同使用頻帶系統或產品功能。例如：在台灣中華電信或台灣大哥大業者會使用全球行動通訊系統 (Global System for Mobile

Communication；GSM)GSM900、GSM1800 或亞太電信會使用分碼多
工接取系統(Code Division Multiple Access；CDMA)CDMA 1x；在日本
採用自行發展自有通訊技術－個人數位蜂巢系統 PDC（Personal Digital
Cellular）其工作於 800MHz 到 1.5GHz 的頻帶上；因此會針對不同國家
或地區所使用之頻段，會使用不同之中央處理器(俗稱 Main Chip)。而
產品功能還包含了是否有支援藍芽功能、WLAN 功能、GPS 功能、高
畫素照相手機、高音質音樂手機、顯示螢幕之大小規格等。因此，定位
出不同使用頻帶系統或產品功能，即會選擇不同之 IC 元件或元件產品。

4.　產品元件選擇

　　在產品 IC 元件選擇方面須針對所使用之功能選擇不同元件或廠
商，例如：主要中央處理器(Main Chip)、GPS、WLAN、相機驅動元件、
電源功率元件、發光二極體驅動元件等，選擇適當之元件規格與元件廠
商之選擇，並且要先與廠商確認手機出貨會有多少數量，及出貨時間，
以免廠商無法即時供應。也須選擇其他週邊零件，例如：螢幕、天線、
機殼、聽筒(Receiver)、揚聲器(Speaker)等生產廠商，訂定好產品元件
特性規格、品質、交貨數量與日期等。

5.　產品時間規劃

　　定位好使用者、外觀設計、IC 元件選擇之後，須排定每一階段之
時間表，確保手機產品能及時出貨以及在期限內將產品交至客戶手上，
避免時間延遲，造成手機產品錯過出貨之時間點。

6.　產品價錢評估

　　市場開發人員須在產品開發設計之前，即確認產品之生產成本。由
於使用者定位不同、產品功能不同，皆會影響到手機產品之銷售價值，
因此，市場開發人員須審慎評估，開發費用、研發費用、IC 元件購買
費用、產線生產費用等。

7. 元件擺放與機構圖面設計

　　當手機產品之外觀樣式、功能以及內部元件選用完成之後，機構研發人員即會利用軟體進行手機內部圖面規劃與設計，此時硬體研發人員即會進行元件相對位置之擺放(placement)，將所有 IC 元件擺放在機構提供之印刷電路板上的板框大小，在擺設時必須考量元件之大小與高度是否會影響到機構內部的設計，並且擺放位置須考量到之後的電路走線是否容易走線等相關重要性評估。

　　因此在產品規劃設計流程中，須詳細與嚴謹地考量到未來將出貨的手機產品在市場上的產品定位；因此包含了產品使用者定位、外觀設計、功能選擇與產品規格、內部元件選擇、研發設計時間規劃、價錢評估、內部元件擺放與機構圖面設計等。因此在手機產品規劃設計流程大約會進行一個月的完整詳細同步規劃與評估。

11-1-2　研發產品設計 I

　　進行完了產品規劃設計之後，即會進行研發產品設計第一階段，此階段包含了下列幾項重要的研發設計：

1. 電路設計

　　在研發產品設計開始階段，即會先進行電路設計與線路圖，會先將主要的中央處理器(所謂 Main Chip)之線路完成，在陸續規劃記憶體線路、電源線路、以及藍芽、GPS、WLAN、相機、記憶卡、SIM 卡等週邊功能之線路，並仔細確認線路畫法與連接是否正確。一般在產品電路設計與線路圖規劃，其時間大約 1.5 週完成。

2. 設計檢查

　　在設計檢查方面，會包含了機構與硬體之設計檢查。在機構方面包含了手機產品外觀材質選用、外觀顏色、機構圖面設計、機構零件選用、機構元件擺設、機構堆疊架構、機構組裝流程等詳細地針對設計方面檢驗。而硬體方面包含了電路設計、電路線路圖、電子零件選用、產品品質評估、生產流程、硬體元件擺設等。

　　因此，手機產品在開發階段初期會詳細針對機構與硬體，在研發設計方面詳細地檢查與評估，以免機構或硬體設計疏失，而影響到後續之產品開發與生產階段。

3. 硬體元件走線

　　當機構完成了手機內部之印刷電路板外框圖面之後，硬體即會開始著手元件擺放與線路走線，在元件擺放須考量到零件大小與高度是否會與機構內部圖面設計有所影響，並且元件擺放須考量到之後的電路走線是否容易等現象。而元件擺放完成即會進行線路走線，元件線路走線大約須一個星期完成，但會依零件多寡而有所差異。

4. 印刷電路板製作

　　當硬體之電路設計、線路圖規劃與硬體元件走線完成之後，即會將元件線路走線送交給印刷電路板板廠，完成印刷電路板之製作。一般印刷電路板板廠在印刷電路板之製作會依據走線之多寡與板層之數量，工作天數會有所差異，其時間一般大約 10 至 12 天左右完成。

5. 表面黏著技術

　　當印刷電路板板廠完成了印刷電路板之製作時，即會進行表面黏著技術，由於在研發產品設計第一階段之印刷電路板數量不會很多，因此，須一天即可完成所有零件之表面黏著技術；並且須確認所有零件之腳位是否正確以及零件是否都有完成，不可遺漏，以免造成電路不正常動作。

6. 偵錯(Debug)

　　完成了零件之表面黏著技術之後，研發人員即會進行偵錯(debug)開發流程，首先，硬體研發人員須先將印刷電路板接上電源，確認所有之電源是否都正常開啟與正常動作，若有不正常現象，須先檢測零件是否有遺漏或元件腳位打反以及是否有零件短路現象等。若電源動作皆正常，將會交由軟體研發人員進行將軟體寫入手機內部之記憶體內，而開啓硬體元件之所有功能動作。

　　當軟體研發人員拿到印刷電路板，即會利用軟體載入工具先將軟體寫入記憶體內，讓中央處理器與記憶體先行動作，在陸續地更新軟體，並陸陸續續地開啓其它週邊元件之功能；因此在研發產品設計第一階段時，軟體與硬體研發人員必須互相合作，更改軟體、電路訊號量測或電路設計變更等，共同將手機所有的週邊功能啓動。

　　因此，在研發產品設計第一階段時，硬體與軟體研發人員必須讓手機所有的週邊功能動作，確認電路是否正確、軟體是否能正常地驅動硬體元件，若有異常行為，即須量測訊號，確認訊號是否與元件廠商提供的訊號波形圖一樣，若不一樣，即須檢測是否電路設計錯誤或是軟體程式異常，立即進行設計變更，而完成研發產品設計第一階段之重要階段。

　　因此，手機在研發產品設計第一階段時，將會依據不同產品規格或不同開發軟體，設計流程時間會有所差異，大約會進行一個月至一個半月的完整偵錯。

11-1-3　研發產品設計 II

　　進行完了研發產品設計第一階段之後，即會進行研發產品設計第二階段，此階段包含了下列幾項重要的研發設計：

1.　硬體元件走線

　　由於在進行研發產品設計第一階段時，會不斷地更改電路設計，因此在進入研發產品設計第二階段之前，即須變更硬體元件走線；但由於元件位置與走線是跟隨研發產品設計第一階段，因此，硬體元件走線在研發產品設計第二階段大約只須要一週時間。

2.　印刷電路板製作

　　在研發產品設計第二階段硬體元件走線完成之後，即會將元件線路走線送交給印刷電路板板廠，完成印刷電路板之製作；其時間一般大約10 至 12 天左右完成。

3. 元件產品準備

　　由於在進行研發產品設計第二階段時，手機生產數量大約有 150 台左右，會視客戶須求有所增減，且會進行生產線組裝；由於數量較多，因此，須準備機構組裝材料、硬體表面黏著技術材料，做爲 SMT 與生產線組裝所使用。

4. 表面黏著技術

　　在進行研發產品設計第二階段時，當印刷電路板板廠完成了印刷電路板之製作時，即會將電路板送至工廠進行表面黏著技術；在進行表面黏著技術時，研發人員須確認所有零件之腳位是否正確以及零件是否都有完成，不可遺漏，以免造成電路不正常動作。

5. 生產線組裝

　　研發產品設計第一階段所有電路功能皆須正常動作，因此進行研發產品設計第二階段時，即會進行手機產品組裝(其手機生產組裝流程與產線測試將於下一小節詳細說明)，由於第一次組裝，產線組裝人員較不熟悉機構組裝步驟，且進行硬體測試會有較多產線問題或機構組裝材料可能發生元材不良等現象，因此生產時間與問題會發生較多，須一或二天完成。

6. 品管測試

　　在生產線組裝完手機之後，即會將手機送至品管研發人員進行手機檢測；可分爲產品測試項目與週期性產品測試項目(其檢測方式將於 11-3 與 11-4 小節詳細說明)，其測試時間約 3 週。品管研發人員測試完之後，會將手機測試失敗(Fail)項目，做一份完整報告提出；此時硬體或機構研發人員即會依據測試失敗項目，

　　先進行分析失敗原因並針對失敗項目下解決方式，改善失敗之測項。研發人員所下的解決方式將會更新電路設計、硬體元件走線、機構設計變更等，且在研發產品設計第三階段，品管研發人員會在進行一次手機檢測，詳細確認解決方案是可行性的。

7. 手機品質測試

在完成生產線組裝手機之後，硬體、機構、射頻與軟體研發人員即會進行相關信號量測、功率調整、射頻相關測試、充電功能測試、通話時間測試、待機時間測試、聲音品質測試、電源耗電測試、可靠度測試、軟體功能測試、硬體系統測試等；此多項測試皆須硬體、射頻與軟體研發人員共同合作與設計變更，才能完成達到最好之手機品質。

8. 手機產品認證

手機在研發產品設計第二階段有整隻手機組裝完成之後，即會進行相關產品認證；包含了客戶提出規格要求認證、天線電磁波能量吸收率(Specific Absorption Rate；SAR)測試、射頻功率認證、通話品質認證、電源耗電認證等。

因此，手機在研發產品設計第二階段時，會先進行生產線組裝；組裝完成之後會交由研發人員進行手機產品品管測試、多項手機品質測試與多項手機產品認證，因此大約會進行一個月至一個半月的測試與偵錯；在其測試與偵錯期間，也須著手進行下一階段的產品研發設計。

11-1-4 研發產品設計 III

進行完了研發產品設計第二階段之後，即會在進行研發產品設計第三階段，此階段會依據品管測試失敗的項目，進行設計變更，並導入在產品設計第三階段，且生產手機數量增多，檢測失敗之項目是否會在發生，此階段包含了下列幾項重要的研發設計：

1. 硬體元件走線

由於在進行研發產品設計第二階段時，會依據品管測試失敗的項目，會不斷地更改電路設計，因此在進入研發產品設計第三階段之前，即須變更硬體元件走線；而硬體元件走線在研發產品設計第三階段大約只須花費一週時間左右。

2. 印刷電路板製作

在研發產品設計第三階段硬體元件走線完成之後，即會將元件線路走線送交給印刷電路板板廠，完成印刷電路板之製作；由於印刷電路板數量會曾多，因此其時間一般大約 12 至 14 天左右完成。

3. 元件產品準備

由於在進行研發產品設計第三階段時，手機生產數量大約會增加到300 台左右，增加數量須做為手機可靠度、品質穩定度、產品基本條件認證與客戶自定規格認證等測試，且數量會視客戶須求有所增減，並進行生產線組裝；由於數量增加許多，因此，須準備機構組裝材料、硬體與射頻表面黏著技術材料，做為 SMT 與生產線組裝所使用。

4. 表面黏著技術

在進行研發產品設計第三階段時，當印刷電路板板廠完成了印刷電路板之製作時，即會將電路板送至工廠進行表面黏著技術；在進行表面黏著技術時，研發人員須確認所有零件之腳位是否正確以及零件是否都有 SMT 完成，不可遺漏，以免造成電路不正常動作；由於此階段手機SMT 數量較多，且會視機種的零件多寡，其表面黏著技術時間須一至二天完成。

5. 生產線組裝

完成了表面黏著技術之後，即會進行生產線組裝，由於生產線已經組裝完成一次，因此，不允許相同問題在度發生。而在研發產品設計第三階段其手機組裝數量會增加許多，且工廠端也會進行工廠品管檢測，確認手機生產流程是最穩定地、產線生產效率是最佳化，且生產良率必須比前一次產品設計階段提升；以免手機在大量出貨生產時，發生許多工廠產線品管問題，造成生產效率不佳影響手機產品出貨時間。因此進行研發產品設計第三階段生產線組裝時，手機數量增多且進行工廠品管檢測，因此須二至三天完成。

6. 品管測試

　　在生產線組裝完手機之後,研發產品設計第三階段即會將手機送至品管研發人員在度進行手機檢測;確認手機在大量增加之後,是否會有其他測試問題發生,以及在度確認其所下之解決方式是最佳的解決方案(Solution)。

　　其品管測試時間一樣約 3 週。品管研發人員測試完之後,一樣會將手機測試失敗(Fail)項目,做一份完整報告提出;此時硬體或機構研發人員即會依據測試失敗項目,先進行分析失敗原因並針對失敗項目下解決方式,改善失敗之測項。而在此次品管測試不允許在度發生相同的失敗項目,由於手機測試數量較多,若有新的失敗項目,研發人員比須將所有問題都解決,在研發產品設計第四階段,其品管測試皆須通過,否則會影響收機出貨時間。

7. 手機品質測試與認證

　　在完成生產線組裝手機之後,硬體、機構、射頻與軟體研發人員即會在度進行相關品質測試與認證,確認手機所有功能皆是正常動作、手機可靠度與品質穩定度是最佳,並通過所有基本條件認證與客戶自定規格認證,達到最穩定手機產品。

　　因此,手機在研發產品設計第三階段時,組裝完成之後會交由研發人員在度進行手機產品品管測試、多項手機品質測試、多項手機產品認證、手機可靠度與穩定度測試,因此大約會進行一個月至一個半月的產品多項測試。

11-1-5　研發產品設計Ⅳ

　　進行完了研發產品設計第三階段之後,即會在進行研發產品設計第四階段,其流程計劃如之前產品設計類似,而手機生產數量會在增加至 500 台左右,在研發產品設計第四階段其品管測試所有失敗(Fail)項目都必須有解決方案,並且硬體電路與線路走線都必須進行最後確認,確認之後即不可在進行設計變更,而手機產品所有零件材料之費用(Bill Of Material;BOM)皆必須確認,確認之後也不可在進行材料變更。

而在工廠端生產線之良率必須調整至 95%以上，以免生產良率過低，造成零件材料成本增加、生產線效率不佳等缺失，這些缺失皆會影響手機生產成本與手機專案計劃時間表，因此在研發產品設計第四階段皆必須調整提升生產線之良率至最佳階段；而在進行研發產品設計第四階段其時間約為一個月至一個半月的最終產品測試。

　　因此，完成了研發產品設計第四階段之後，確認所有失敗(Fail)測試皆解決完成之後，且通過手機產品認證之後，即會視市場須求或客戶須求進行手機產品大量生產，銷售至世界各國或區域，即完成此款手機專案計劃，因此一般手機從生產至最後手機出貨其時間計劃大約半年左右，且會視產品功能規格、市場須求或客戶須求在研發設計時間會有所調整與變動。

⏻ 11-2　智慧型行動電話組裝生產流程

　　此一小節將針對智慧型行動電話工廠端組裝流程，由於每一款機種與廠商，生產方式皆不同，在此僅提供參考。

　　智慧型行動電話生產會先將板廠製造完成之印刷電路板，將由表面黏著技術(SMT)將電路上所須的零件，擺放在印刷電路板上，完成之後會進行手機檢測，確認手機所使用之軟體是否有燒入到記憶體內，以及手機能否正常開機。

　　如果這些流程都已確認完成，會將印刷電路板拿到生產線進行組裝流程，其流程圖如圖 11-2 所示。

1. 輸入端流程

　　　　在輸入端會先利用條碼機，讀取印刷電路板上黏貼之條碼，確認投如生產線之機種與數量，確認無誤後，即進行硬體端生產線測試。

2. 硬體端流程

　　　　在硬體端產線生產流程須要之儀器如下：電源供應器、通用介面匯流排(General Purpose Interface Bus；GPIB)連接電腦記錄電壓與電流值、測試印刷電路板之儀器等。測試步驟首先將印刷電路板放置硬體測試治具上，校準電池格數電壓滿格 4.2 伏特、一格 3.66 伏特之電壓準位與溫度 0 度、45 度之類比數位轉換(Analogy Digital Converter；ADC)數值。

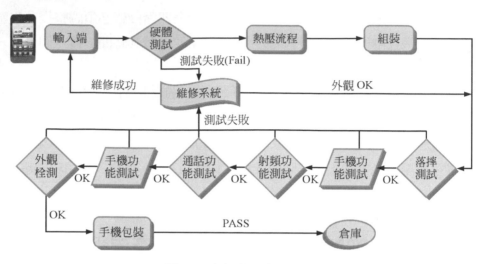

圖 11-2 組裝生產流程圖

其中，電池電壓滿格 4.2 伏特之 ADC 數值為 206，一格 3.66 伏特之 ADC 數值為 179，其計算如下列公式(11-1)與(11-2)

$$\frac{2.1V}{2.6V} = \frac{X}{255} \quad X = 206 \quad \text{.. (11-1)}$$

$$\frac{1.83V}{2.6V} = \frac{X}{255} \quad X = 179 \quad \text{.. (11-2)}$$

因此，利用硬體測試治具將軟體設定好之 ADC 數值寫入手機內做校準測試。另外，由於充電溫度條件為 0 度至 45 度，因此必須校準溫度 0 度、45 度之 ADC 數值，由於電池內部之電阻為負溫度係數，因此在溫度 0 度時，電池內部之電阻為 34KΩ，其 ADC 數值為 196、在溫度 45 度時，電池內部之電阻為 4.4KΩ，其 ADC 數值為 77，其電路架構圖如圖 11-3 所示，其計算如下列公式(11-3)與(11-4)。

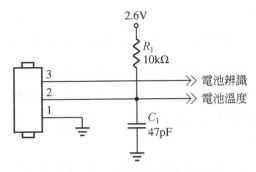

圖 11-3　電池溫度電路圖

當溫度為 0 度時，電池內部之電阻為 34KΩ，則

$$2.6V \times \frac{34K\Omega}{10K\Omega + 34K\Omega} = 2V$$

$$\frac{2.6V}{2V} = \frac{255}{X} \qquad X = 196 \quad\cdots\cdots\cdots\cdots\cdots\cdots\cdots\cdots\cdots\cdots\cdots\cdots\cdots\cdots\cdots (11\text{-}3)$$

當溫度為 45 度時，電池內部之電阻為 4.4KΩ，則

$$2.6V \times \frac{4.4K\Omega}{10K\Omega + 4.4K\Omega} = 0.79V$$

$$\frac{2.6V}{0.79V} = \frac{255}{X} \qquad X = 77 \quad\cdots\cdots\cdots\cdots\cdots\cdots\cdots\cdots\cdots\cdots\cdots\cdots\cdots (11\text{-}4)$$

　　因此軟體研發人員會將溫度 0 度時，其 ADC 數值為 196 與溫度 45 度時，其 ADC 數值為 77，利用硬體測試治具寫入手機內做校準測試。

　　如果測試皆通過，即將印刷電路板流入下一站之組裝，若有異常情況發生，則研發人員必須分析並解決異常現象。

3. 熱壓流程

　　此熱壓流程作業是針對手機上螢幕的組裝方式，螢幕的組裝一般可分為手動式組裝或機械式組裝。手動式組裝是產線人員將螢幕的軟板直接裝入印刷電路板上的連接器，在扣壓即可完成；機械式組裝則是利用熱壓機器將螢幕的軟板放置在印刷電路板上的金手指上，經由熱壓機器加熱，螢幕的軟板焊接在印刷電路板上的金手指上，即完成連接導通。

4. 手動組裝流程

　　手動組裝流程是將手機的組裝零件,由產線人員依序組裝完成,包含了鐵鍵(Shielding Case)、天線、振動馬達、揚聲器、鍵盤按鍵、按鍵金屬圓孔、上蓋、下蓋等組裝元件。上蓋、下蓋組裝完成後,產線人員會壓合在利用螺鎖絲完成手動組裝。

5. 落摔流程測試

　　手機所有組裝零件皆組裝完成之後,產線人員會將手機放入電池開機,檢測是否能正常開機與螢幕顯示是否正常,若無法開機或無螢幕顯示,則研發人員必須馬上分析並解決異常現象。若無異常現象發生,則產線人員會將手機進行 75 公分落摔測試,落摔完之後,檢查手機功能是否有當機或異常現象以及螢幕顯示是否正常。若無異常現象發生,則產線人員會將手機進行鍵盤觸控感覺測試,檢測按鍵是否靈敏動作以及按鍵聲是否正常。

6. 手機功能測試

　　進行完落摔流程測試之後,手機會經由傳輸帶流向下一位產線人員進行手機功能測試,此測試會將手機所有功能全面檢測,可檢測出異常情況是否因組裝未完善或是元件不良等問題,手機功能測試後因不同機種,而有不同功能檢測,在此列出幾項常見的手機功能測試。

　　此功能測試包含:

(1) 鍵盤測試:產線人員會將手機上所有按鍵觸壓一次,檢測是否按鍵有異常情況或觸感是否良好。

(2) 振動馬達測試:產線人員會將手機之振動馬達開啓,檢測振動馬達是否正常動作。

(3) 螢幕檢測:產線人員會將螢幕檢測之功能開啓,會出現黑、白、紅、黃、藍等五色變化,產線人員會仔細檢測螢幕上是否有出現灰塵或異物,以及螢幕顏色是否均勻性,若出現異常情況,此隻手機將會被打入維修站,此時研發人員必須分析並解決異常現象。

(4) 小螢幕檢測：產線人員會將小螢幕檢測之功能開啟，同樣會出現黑、白、紅、黃、藍等五色自動變化，產線人員會仔細檢測小螢幕上是否有出現灰塵或異物，以及小螢幕顏色是否均勻性，若出現異常情況，此隻手機將會被打入維修站，此時研發人員必須分析並解決異常現象。

(5) 揚聲器鈴聲檢測：將手機放置在音壓計檢測孔前方 5 公分，將鈴聲調整至最大聲，檢測鈴聲是否有正常發聲與鈴聲是否有大於 95dB 以上，若無鈴聲發出，則須檢測揚聲器產線人員是否有裝入，以及揚聲器電路是否正常。

(6) 回音測試：產線人員會將手機開啟回音測試功能，對準麥克風孔說話，檢測聽筒(Receiver)是否聽到有說話之回音。

(7) FM 廣播測試：產線人員會將耳機線插入耳機孔，開啟 FM 廣播功能，檢測是否能正常收到 FM 廣播訊號，以及檢測是否有聽到許多雜音干擾之現象。

(8) 記憶卡測試：產線人員會將記憶卡插入記憶插槽，檢測手機是否能正常讀取到記憶卡內的資料。

(9) 相機功能測試：產線人員會開啟相機功能，檢測相機是否能正常預覽，且檢測預覽畫面是否有污點，並且移動相機，檢測預覽畫面是否正常，若正常進行拍照測試，檢測是否能將拍照之圖片儲存進入記憶體內。

(10) USB 功能測試：將 USB 連接孔插入 USB 傳輸線，連接至電腦，確定是否能出現充電狀況或儲存裝置；若檢測充電狀況時，須同時檢測充電指示燈是否有點亮，以及顏色亮光是否均勻。

(11) 觸控面板功能測試：產線人員會將手機觸控面板功能開啟，利用觸控筆點選觸控面板的中心點，以及左上、左下、右上、右下等觸控點，如果觸控不良或觸控功能異常，則會將異常手機送至維修站檢測，若正常手機降會在流入下一站做其他產線測試。

7. 射頻功能測試

　　生產線進行完手機功能測試之後，即會將正常功能之手機，流入下一站射頻功能測試，在射頻產線生產流程所須要之儀器如下：電源供應器、無線通訊分析儀、射頻測試儀器等。測試步驟首先將手機放置射頻測試儀器上，校準射頻 IC 之發射和接收之功率，若有無法校準射頻 IC 之手機，則研發人員必須分析並解決異常現象；若校準完成，則將手機流入下一站，進行通話功能測試。

8. 通話功能測試

　　生產線進行完射頻功能測試之後，即會將正常功能之手機，流入下一站進行通話功能測試，在通話功能流程測試所須要之工具如下：SIM卡、無線通訊分析儀、天線板、耳機等。

　　首先，先將 SIM 卡與電池裝入手機，並開機且將手機放置天線板上，等待手機連線上無線通訊分析儀並進行通話測試，記錄其輸出功率之準位是否在規範值內；測試完功率之準位後，並進行回音測試，產線人員會將手機開啟回音測試功能，對準麥克風孔說話，檢測聽筒(Receiver)是否聽到有說話之回音，若功能正常在插入耳機進行回音測試，且壓耳機上的斷話按鈕，確認耳機的斷話按鈕功能是否正常。

9. 電池功能測試

　　生產線進行完通話功能測試之後，即會將正常功能之手機，流入下一站進行電池功能測試，在電池功能測試所須要之工具如下：模擬電池、電源供應器等。

　　此測試站是在檢測一開始的硬體端流程，是否有正確的將電池滿格與一格之 ADC 數值寫入手機內。測試流程先將模擬電池接至電源供應器，並設定電源供應器為 3.66V，在將手機放置模擬電池上並開機，此時，電池格數會出現一格，若出現二格或零格閃爍，則手機則為異常情況，研發人員必須分析並解決異常現象。

10. 待機功能測試

　　　生產線進行完電池功能測試之後，即會將正常功能之手機，流入下一站進行待機功能測試，在待機功能測試所須之工具如下：SIM 卡、模擬電池與電源供應器等。

　　　首先將手機載入 SIM 卡，將模擬電池接至電源供應器，並設定電源供應器爲 4.2V，在將手機放置模擬電池上並開機，等待手機開完機連接上電信網路，此時利用程式控制電源供應器，並利用程式讀取電源供應器的電流值判斷手機爲開機、待機或關機狀態。

　　　測試標準爲待機電流須小於 2 毫安培(mA)，並且，手機關機之耗電流必須小於 20 微安培(μA)，若手機待機沒有達到規範之標準值，則此項待機功能測試則不通過(Fail)，則手機則爲異常情況，研發人員必須分析並解決異常現象。

11. 手機外觀功能檢測

　　　進行完待機功能測試之後，即手機生產線之流程即完成，之後會進行手機外觀功能檢測；此檢測站會針對手機外觀功能做詳細目視檢測，包括：

(1) 外殼之顏色檢測，確認廠商所製造之外殼是否有合乎設計之顏色。

(2) 確認手機上下蓋螺絲是否能完全鎖緊。

(3) 確認手機之上下蓋是否有出現間隙。

(4) 若是摺疊機種，確認翻蓋之轉軸是否順暢，是否有出現異常聲音之現象。

(5) 若是滑蓋機種，確認滑蓋之轉軸是否順暢，是否有出現滑蓋不流暢之現象。

(6) 確認在生產線組裝時，是否有將外殼損壞等，若有上述之情況，則手機將爲不良品，無法出貨。

12. 手機包裝流程

　　　完成了手機外觀功能檢測之後，即會將手機進行包裝流程，其包裝流程圖如圖 11-4 所示。進行包裝流程首先將手機流入包裝產線，此時產線人員會拿條碼機讀取手機上的序號條碼，即完成投入包裝作業。之後會進行載入出口不同國家之語言及使用者相關軟體載入，完成之後將手機放置輸送帶流入下一站作業。

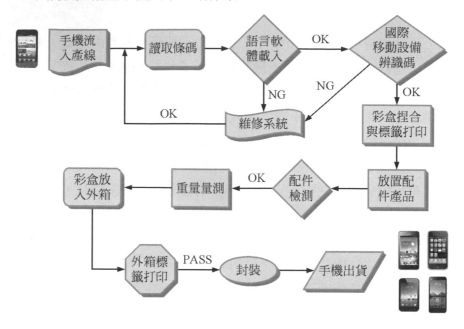

圖 11-4　包裝流程圖

完成了語言與軟體載入後，即會利用電腦程式連接條碼打印機為手機打印國際移動設備辨識碼(International Mobile Equipment Identification；IMEI)與手機產品代碼。

國際移動設備辨識碼為每一隻手機在組裝完成後，都將被賦予一個全球唯一的一組號碼，這個號碼從生產到出貨都將被製造生產之廠商所記錄，一直到手機被使用者購買後，透過 SIM 卡登入電信業者網路，才改由電信業者公司所記錄。

國際移動設備辨識碼的用途主要是提供訊息給網路系統，讓系統知道目前是哪一隻手機在收發訊號，主要目的是防止被竊的手機登入網路及監視或防止手機使用者蓄意干擾通信網路。

若手機爲 GSM 系統時，則在鍵盤上輸入*#06#及會產生出一串 15 個號碼之數字，此即爲國際移動設備辨識碼。國際移動設備辨識碼主要由下列幾個定義所組成

$$IMEI = TAC(6) + FAC(2) + SNR(6) + SP(1)$$

其中：TAC 爲型號同意碼(Type Approve Code)，共有 1 至 6 個數字，由國際型號同意協會定義分配。FAC 爲最後組裝碼(Final Assembly Code)，共有 2 個數字，其編碼是代表手機最後的生產工廠或組裝工廠之代表號碼。SNR 爲手機序號碼(Serial Number)，共有 6 個數字，其編碼由各手機製造商定義編碼，且手機之 SNR 皆不相同。SP 爲保留碼(Spare)，其號碼爲第 15 位，提供手機廠商生產運用的保留碼。

　　若手機爲 CDMA 系統，則手機之辨識碼爲行動設備辨識碼(Mobile Equipment Identifier；MEID)。MEID 碼是一連串之電子序號，是使用在 CDMA 機種，每隻 CDMA 手機都只有唯一一個 MEID 號碼，這些號碼都是由手機製造商在出產前將 MEID 碼燒錄到手機內部。MEID 碼爲一個 15 位數字十六進制的電子序號，如：A00000023E3DEF1。

　　完成手機國際移動設備辨識碼燒入之後，產業人員即會進行彩盒組裝作業，此流程是將彩盒捏合成基本雛形，並在彩盒上進行標籤打印。完成彩盒流程之後，便進行手機之配件流程，即將配件裝置放入彩盒內，包含了：充電器、耳機、傳輸線、皮套、說明書及電池等配件產品放入彩盒內，即完成配件放置作業。

　　配件放置作業完成之後，即會將彩盒經輸送帶流經下一站 KP(Key Part)檢查作業，此站會利用條碼機讀取各配件之序號，確認所有之配件物品已裝入彩盒內。完成之後，進行彩合重量量測記錄，記錄完成之後，在將所有彩盒放入外箱內，並進行外箱標籤打印作業；當外箱標籤打印作業完成，即將外箱完整封裝，即完成整個彩盒包裝作業：此站完成整個行動電話組裝生產流程，之後就將手機出貨至銷售國家或客戶。

⏻ 11-3　智慧型行動電話產品測試項目

　　此一小節將針對智慧型行動電話工廠端組裝完成之後，將會有一部份的手機，經由產品測試單位進行手機測試，包括環境測試、品質測試、硬體測試、機構測試、可靠度測試等；其測試之目的會模擬使用者之使用情況，而每一個測項皆會訂定嚴格地測試流程與嚴格地測試標準，若有一個測試項目失敗(Fail)，此時研發人員就須要分析手機對於此測試項目失敗的原因，包含是那一個單位負責設計、失敗的原因、如何解決失敗的項目測試、如何防止失敗的測試項目之情況在度發生等，因此，手機在生產時都會嚴格地經過層層地測試、分析、解決測試失敗的項目等，並且每一階段組裝完成即會進行嚴格地產品測試，以確保出產之手機品質完善，不會造成使用者之不便，且不會有任何異常情況發生。

　　因此此一小節針對機構與硬體之行動電話產品測試項目，做詳細的說明，包含了測試的流程方式與測試標準條件等，做為研發人員參考依據。

1.　耳機孔測試

　(1)　測試步驟：將耳機插入耳機孔(Audio Jack)測試 5000 次。

　　　　耳機孔分為 ⌀2.5 與 ⌀3.5 兩種類型，如圖 11-5 與圖 11-6 所示。目前耳機皆有支援麥克風，可讓使用者當免持聽筒使用，其腳位之定義為左聲道、右聲道、麥克風、地等四個接腳。其中左聲道與右聲道之對地阻抗為 32 歐姆。

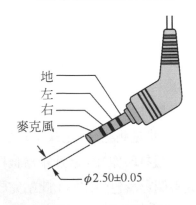

圖 11-5　⌀2.5 耳機

圖 11-6　⌀3.5 耳機

(2) 測試標準：插拔耳機孔 5000 次後，耳機功能須正常，且插入耳機時，手機畫面須出現耳機符號。

2. 充電孔測試

(1) 測試步驟：將充電器插入充電器孔測試 5000 次。

充電器孔分為 Mini USB 與 Micro USB 兩種類型，如圖 11-7 與圖 11-8 所示。目前 USB 連接器其腳位之定義為 V_{BUS}、D－、D+、ID、GND 等五個接腳。

圖 11-7　Mini USB 連接器

圖 11-8　Micro USB 連接器

(2) 測試標準：插拔充電器孔 5000 次。充電功能須正常動作，且手機畫面須出現充電圖號，並且充電使示燈要顯示。

3. SIM 卡測試

(1) 測試步驟：模擬使用者插拔 SIM 卡 1000 次。

(2) 測試標準：使用者 SIM 卡外觀不可有損毀現象，並且手機開機要能夠讀取到 SIM 卡且撥接功能都要正常。

4. 記憶卡測試

(1) 測試步驟：模擬使用者插拔記憶卡 1000 次。

(2) 測試標準：使用者記憶卡外觀不可有損毀現象，並且手機開機要能夠讀取到記憶卡且讀取與傳輸記憶卡資料皆要正常。

5. 電池插拔測試

(1) 測試步驟：模擬使用者電池插拔測試 1000 次。

(2) 測試標準：插拔電池 1000 次之後檢查電池產品外觀、電池溝槽、電池連接器外觀是否正常，並且能否正常開機。

6. 電池蓋測試

  (1) 測試步驟：模擬使用者電池蓋測試 1000 次。

  (2) 測試標準：電池蓋拆拔 1000 次之後檢查檢查電池蓋是否有磨損與鬆弛現象。

7. 鍵盤耐力測試

  (1) 測試步驟：

    ① 將手機固定於鍵盤耐力測試機之儀器上。

    ② 將儀器之重力調整到 500g 狀態。

    ③ 將儀器之壓力測試端對準手機上之鍵盤位置。

    ④ 設定儀器之測試速度為每分鐘 200 次。

    ⑤ 設定在手機每個鍵盤上測試次數各 1000 次。

  (2) 測試標準：測試手機上鍵盤功能是否正常，當按下數字時，螢幕畫面是否呈現正常數字、按鍵是否靈敏。

8. 吊飾孔拉力測試

  (1) 測試步驟：

    ① 將手機固定於拉力測試儀器上。

    ② 選用 10Kg 感應器，裝置於儀器內。

    ③ 並將儀器內綿繩穿過吊飾孔，並將綿繩和手機夾緊，開啟儀器之拉力，使綿繩與手機拉緊呈垂直狀態。

  (2) 測試標準：

    測試完成後，手機吊飾孔必須不能變形或斷劣損壞。

9. 吊飾孔旋轉測試

  (1) 測試步驟：將綿繩穿過手機吊飾孔，並使得吊飾孔與綿繩相互垂直，並在綿繩上綁上 1Kg 砝碼重量，

  (2) 測試標準：手機旋轉 1000 次，手機吊飾孔不能變形或斷劣損壞。

10. 靜電測試

  (1) 測試步驟：

① 於測試前 30 分鐘先打開實驗室溫濕度控制器，溫度調整控制在 25±3 度，溼度為 30H±5H。

② 開始進行靜電測試時，先要確定手機硬體與射頻之功能是否是正常的。

③ 表 11-1 為空氣放電之測試條件，且靜電槍距離手機物體 1 公分。

表 11-1　空氣放電之測試條件

靜電放電類型	測試條件	測試通話	測試電壓
空氣放電	不連接充電器	不連接基地台通話	±8 kV
	不連接充電器	連接基地台通話	±8 kV
	連接充電器	不連接基地台通話	±8 kV
	連接充電器	連接基地台通話	±8 kV
	不連接充電器	不連接基地台通話	±15 kV
	不連接充電器	連接基地台通話	±15 kV
	連接充電器	不連接基地台通話	±15 kV
	連接充電器	連接基地台通話	±15 kV

④ 測試完空氣放電之靜電實驗時，必須檢測手機硬體與射頻之功能是否是正常動作。

⑤ 表 11-2 為接觸放電之測試條件，須將靜電槍換成尖型頭，接觸手機直接進行接觸放電之測試。

表 11-2　接觸放電之測試條件

靜電放電類型	測試條件	測試通話	測試電壓
接觸放電	不連接充電器	不連接基地台	±4 kV
	不連接充電器	連接基地台	±4 kV
	連接充電器	不連接基地台	±4 kV

表 11-2　接觸放電之測試條件(續)

靜電放電類型	測試條件	測試通話	測試電壓
接觸放電	連接充電器	連接基地台	±4 kV
	不連接充電器	不連接基地台	±8 kV
	不連接充電器	連接基地台	±8 kV
	連接充電器	不連接基地台	±8 kV
	連接充電器	連接基地台	±8 kV

⑥ 測試完接觸放電之靜電實驗時,必須檢測手機硬體與射頻之功能是否是正常動作。

(2) 測試標準:

① 進行靜電空氣放電時,在靜電電壓為 ±8 kV 時,不論是否有連接充電器與連接基地台通話測試,手機皆不能出現異常情況。例如,手機當機、出現畫面異常、畫面顏色偏差、手機不能開機、不能通話等異常現象。

② 進行靜電空氣放電時,在靜電電壓為 ±15 kV 時,不論是否有連接充電器與連接基地台通話測試,手機允許出現異常情況,但是在重新開機時,此異常情況不能出現。

③ 進行接觸放電測試時,在靜電電壓為 ±4 kV 時,不論是否有連接充電器與連接基地台通話測試,手機皆不能出現異常情況。例如,不能出現螢幕畫面異常、畫面顏色偏差、手機不能開機、不能通話等異常現象。

④ 進行接觸放電測試時,在靜電電壓為 ±8 kV 時,不論是否有連接充電器與連接基地台通話測試,手機允許出現異常情況,但是在重新開機時,此異常情況不能出現。

11. 手機溫度測試

(1) 測試步驟:將溫度控制儀器調整為 50℃、25℃、−5℃,並將儀器設定每一小時溫度變化。

(2)　測試標準：測試完成後，手機要能正常使用。

12.　手機固定高溫高濕測試

(1)　測試步驟：將溫度控制儀器調整為 60℃、溼度為 95%，並將手機放置 24 小時。

(2)　測試標準：測試完成後，手機要能正常使用。

13.　手機高溫變動測試

(1)　測試步驟：將溫度控制儀器調整為 60 度後，經過 12 小時後，將溫度調降至 40 度，經過 12 小時後，再將溫度調降至 25 度，在經過 12 小時後，再將溫度調降至 –10 度。

(2)　測試標準：測試完成後，手機要能正常使用。

14.　手機低溫變動測試

(1)　測試步驟：將溫度控制儀器調整為 –40 度後，經過 12 小時後，將溫度調升至 10 度，經過 12 小時後，再將溫度調升至 25 度，在經過 12 小時後，再將溫度調升至 40 度。

(2)　測試標準：測試完成後，手機要能正常使用。

15.　電源反向極性測試

(1)　測試步驟：

①　先將手機放入電池，並開機測試，必須先檢查及確認手機硬體與射頻功能是否正常。

②　模擬旅充充電器，將電源供給器調整至 6 伏特，並限流 1 安培，經 5 分鐘後檢查及確認手機是否正常。

③　模擬車充充電器，將電源供給器調整至 12 伏特，並限流調整 1 安培，經 5 分鐘後檢查及確認手機是否正常。

(2)　測試標準：

①　模擬旅充充電器時，經 5 分鐘測試後，手機硬體與射頻功能要正常動作。

②　模擬車充充電器時，經 5 分鐘測試後，手機硬體與射頻功能要正常動作。

③ 測試時需注意車充正負極性是否正確。

④ 測試時電源供給器須調至正確電壓才能進行測試。

⑤ 設定限流調整時,必須將電源供給器正負極性短路,即可調整限流至 1 安培。

16. 過電壓測試

(1) 測試步驟:

① 必須先檢查及確認手機硬體與射頻功能是否正常。

② 模擬車充充電器,將電源供給器調整至 12 伏特,並限流調整 1 安培,經 5 分鐘後檢查及確認手機是否正常。

③ 重複步驟 2,每次增加電壓 2V 直至 20V 為止。

(2) 測試標準:

① 於不同電壓準位測試時,在調整電壓時,需先將充電器拔出手機,待電壓調整好,在將充電器插入手機後進行測試。

② 模擬車充充電器時,經 5 分鐘測試後,手機硬體與射頻功能要正常動作。

17. 手機放置金屬平面測試

(1) 測試步驟:

① 手機裝上 SIM 卡後開機測試。

② 手機連接無線通訊測試儀 8960,功率準位調最大。

③ 手機距離天線位置相距約 50cm。

④ 測試手機 6 個面,每一個面各測 2 分鐘。

(2) 測試標準:測試時手機須不停翻滾,測試過程中不能信號中斷。

18. 手機按鍵測試

(1) 測試步驟:

① 將測試手機固定至測試儀器上。

② 放置重力感測器,並調整壓力治具為 1.5Kg 的重力狀態。

③ 將壓力治具對準其手機按鍵位置。

④ 設定其壓力治具將每一個手機按鍵測試次數為 50000 次。

⑤　調整壓力治具上下頂壓手機按鍵之速度，設定測試速度為每分鐘
180 次。

(2)　測試標準：每 25000 次，即將手機檢測是否能正常開機，且手機按鍵
鍵盤是否有出現凹陷或破損情況發生，如果有異常現象發生，即此項
測試即失敗(Fail)，若手機無發生異常情況，在將手機至於測試儀器
上，在測試 25000 次，測試完成，在重新檢測手機所有功能是否皆正
常一次，手機按鍵鍵盤是否有出現凹陷或破損情況發生。

19.　鏡面摩損測試

(1)　測試步驟：

①　利用移動儀器，附著測試筆尖，在筆尖上加重力砝碼，測試手機
鏡面是否有摩損。

②　將筆尖上加重力砝碼 700g，將筆尖放置於試驗機上，來回磨損
手機鏡面 30 次，儀器上所使用之筆尖露出距離為 2 公分。

(2)　測試標準：

筆尖上重力砝碼 700g，並在手機鏡面上進行來回摩損測試 30 次
之後，檢查手機鏡面是否有刮傷痕跡或磨損，若沒有則此測試通過。

20.　手機擠壓摩擦測試

(1)　測試步驟：

①　手機裝上電池和 SIM 卡之後，將手機開機，若是有鍵盤外露，
則鎖上鍵盤鎖，平放置在機器上；若是折疊機，則將手機闔蓋。

②　儀器上設定擠壓與摩擦測試 3000 次。

(2)　測試標準：測試結束之後，手機不能有任何異常情況發生，此測項是
模擬使用者將手機放置褲子後方之口帶，模擬使用者坐下擠壓或摩擦
手機之測試。

21.　手機翻蓋測試

(1)　測試步驟：

①　此測試是針對摺疊機之手機，測試翻蓋的穩定度，是否會有翻蓋
斷裂或異常情況發生。

② 將儀器之氣壓設定為 2Kg/cm²，並調整手機的翻蓋速度，總動作時間為 2 秒，並設定翻蓋次數 50000 次。

③ 氣壓設定時，須注意翻蓋動作是否流暢，不得力道過大，影響手機測試準確性。

(2) 測試標準：

① 測試完 50000 次翻蓋測試後，其手機翻蓋之轉軸地方不能出現斷裂或異常聲音發生。

② 完成手機翻蓋測試之後，須檢測手機是否正常動作，測試標準為手機功能不能發生異常現象。

22. 手機圓球測試

(1) 測試步驟：

① 首先先拿一顆 100g 的金屬圓球，做自由落體動作，測試手機的外殼和鏡面。

② 如果是平行機種，會將測試儀器高度設定為 50、20 公分，其中，若是測試螢幕正面時，將儀器高度設定為 20 公分；若是測試手機其他地方時，將儀器高度設定為 50 公分，進行金屬圓球落體測試。

③ 如果是摺疊機種，會將測試儀器高度設定為 50、20 公分，其中，若是測試螢幕正面時，將儀器高度設定為 20 公分；若是測試手機其他地方時，將儀器高度設定為 50 公分。若摺疊機種背面有小螢幕，則將儀器高度設定為 15 公分，進行金屬圓球落體測試。

(2) 測試標準：

① 如果是平行機種，高度為 50 與 20 公分進行金屬圓球落體測試，手機螢幕鏡面不可發生破裂情形且外觀皆要正常，且手機功能也都要正常。

② 如果是摺疊機種，高度為 50 與 20 公分進行金屬圓球落體測試，手機螢幕或外觀皆要正常，若摺疊機種背面有小螢幕，則高度為 15 公分進行金屬圓球落體測試，其螢幕鏡面不可發生破裂情況。

23. 手機鍵盤摩損測試

 (1) 測試步驟：

　① 利用移動儀器，附著測試筆尖，在筆尖上加重力砝碼，測試手機鍵盤是否出現摩損現象。

　② 將筆尖上加重力砝碼 500g，將筆尖放置於試驗機上，來回磨損手機鍵盤上的方向鍵、功能鍵、返回鍵、數字鍵等各別 50 次。

 (2) 測試標準：

　筆尖上重力砝碼 500g，並在手機鍵盤上進行來回摩損測試 50 次之後，檢查手機鍵盤是否有刮傷痕跡或磨損痕跡，若沒有則此測試通過。

24. 手機鈴聲測試

 (1) 測試步驟：

　① 首先將電池放入手機，開機後將手機的鈴聲調整至最大聲。

　② 將音壓計之收音孔，對準手機的揚聲器，且距離為 5 公分。

　③ 音壓計架設完成之後，依序測試手機所有內建音樂的鈴聲大小。

 (2) 測試標準：

　① 手機所有內建音樂的鈴聲均須大於 85dBA。

　② 鈴聲不能有出現破音現象。

25. 手機振動測試

 (1) 測試步驟：

　將手機放進溫度為 50 度、溼度為 70%的恆溫機儀器中，48 小時後，在將電池放入手機開機，依±X 軸、±Y 軸、±Z 軸，各振動測試 30 分鐘。

 (2) 測試標準：

　① 振動開始後的 15 分鐘，先檢測手機是否能搜尋到通話網路且不會自動關機。

　② 結束後觀察手機的外觀並測試手機功能是否皆正常。

26. 手機落摔測試

　(1)　測試步驟：

　　　　將手機置於落下儀器，距離桌面絕緣墊 10 公分，上電池開機測試，每 5 秒落摔一次，共測 2500 次。

　(2)　測試標準：

　　　①　開始落摔前 3 分鐘要檢查手機是否有關機或當機的狀況。

　　　②　測試完 2500 次，檢查手機功能是否皆正常。

27. 手機螢幕太陽光照射測試

　(1)　測試步驟：

　　　①　將手機的螢幕上黏貼一條溫度線，並將太陽光照射器架在手機螢幕的正上方。

　　　②　將手機裝入電池開機後，調整太陽光照射器之高度，使螢幕上的溫度達到 80 度。

　　　③　太陽光照射器架設完成之後，開始維持 30 分鐘。

　(2)　測試標準：

　　　　溫度需維持在 80 +/- 2 度，測試 30 分鐘後，檢測螢幕的外觀顯示功能是否正常。

28. 手機噴漆測試

　(1)　測試步驟：

　　　　將手機塗料上防曬油，放進 80 度與 80%溼度恆溫機儀器中，48 小時後，取出手機放置 30 分鐘後，裝上電池開機作 100cm 之落摔測試，六面各落摔一次，驗證手機是否正常。

　(2)　測試標準：

　　　　手機塗料上防曬油，經由高溫高濕環境測試與落摔測試，其手機外觀表面噴漆不可有太多脫漆或材質磨損情況發生，且手機功能須正常動作。

29. 手機外殼測試

(1) 測試步驟：

　　　將手機外殼拆下後，浸泡在甲苯與丙醇比例為 1：10 之藥水中 5 分鐘。

(2) 測試標準：

　　　外殼顏色和噴漆須正常，不可有變色或脫漆情況發生。

30. 噴漆表面磨損測試

(1) 測試步驟：

　　① 將手機外殼噴漆的部位，皆塗上油酸材質。

　　② 將手機塗上油酸之後，將手機放入溫度為 70 度與溼度 90%恆溫機儀器中，等後 3 小時再取出手機。

　　③ 將手機放入滾動之鐵盒內，測試 30 分鐘。

(2) 測試標準：

　　　手機塗料上油酸經由高溫高濕環境測試與滾動測試，測動若有大面積的脫漆或材質磨損，則此項測試不通過；若僅有小量脫漆則此項測試通過。

31. 耳機插入落摔測試

(1) 測試步驟：

　　　將手機孔插入耳機，將手機拿至 80 公分，以耳機對地落下測試 50 次，檢測外觀與功能是否正常。

(2) 測試標準：

　　① 落摔 50 次之後，將耳機以 360 度方向轉動檢查是否有出現斷音、雜聲及外觀損壞等現象。

　　② 將手機機殼拆開，檢查手機孔之接點是否有出現錫裂或耳機連接器是否有出現外觀不良現象。

32. 鐵粉微粒測試

(1) 測試步驟：

① 將電池放入手機內並開機，將鈴聲音量調整至最大聲，將音壓計置揚聲器出音孔 1 公分，測試其中一個來電鈴聲的音量。

② 將鐵粉倒入手機揚聲器破孔的地方。

(2) 測試標準：

① 將手機拆開，檢查揚聲器上的網狀織布是否可以阻擋鐵粉進入。若沒有鐵粉進入則此測試通過。

② 將手機重新組裝之後，將音壓計置揚聲器出音孔 1 公分，重測相同來電鈴聲的音量，與原先音量作比較，音量是否有顯著的差異。若無則此測試通過。

33. 止滑粉微粒測試

(1) 測試步驟：

① 先將手機裝上電池，並先檢測其總重量。

② 將保鮮袋裝上與手機和電池一樣重的止滑粉後，把手機放入保鮮袋中。

③ 將此保鮮袋放入鐵盒內，並以膠帶包緊鐵盒子的外蓋。

④ 放入滾動機內運轉 10 分鐘，測試止滑粉是否進入手機螢幕之情形。

⑤ 若是摺疊機種，則須將上蓋打開測試

(2) 測試標準：

由 10 分鐘滾動機內運轉之後，手機的螢幕內不能出現止滑粉之情形，模擬使用者常時間使用之後，螢幕是否會出現灰塵之異物，若無則此測試通過。

34. 手機翻滾測試

(1) 測試步驟：

① 首先測試手機的所有功能是否正常的。

② 翻滾實驗機翻滾速率設定為每分鐘翻滾 12 次。

③ 將手機裝上電池並開機測試，並用膠帶黏貼電池蓋，以防滾動時電池掉落；若是翻蓋手機，則闔蓋測試。

④　測試時間為 10 分鐘，總共翻滾測試 120 次。

(2)　測試標準：

進行完翻滾測試後，手機之通話功能以及所有功能皆要正常
動作。

 # 11-4　智慧型行動手機產品週期性測試項目

上一小節介紹了智慧型行動電話組裝完成之後，經由產品測試單位進行手
機測試，包括環境測試、品質測試、硬體測試、機構測試、可靠度測試等單一
項測試；在此一小節將針對智慧型行動電話進行週期性產品測試，包含了機構
產品可靠度測試、模擬使用者情況測試、硬體環境測試等。

11-4-1　硬體可靠度測試

手機在硬體可靠度測試流程，如圖 11-9 所示。首先將 10 支手機進行功能
檢測，必須所有功能皆正常才能進行測試流程。檢查完成之後，進行溫度快速
變化測試，首先，先將手機放入恆溫機儀器中將溫度設定為 80 度之高溫，經
過 60 分鐘常時間高溫之後，在將儀器設定在 10 秒鐘內，溫度快速變化至 −30
度之低溫，並經過 60 分鐘常時間低溫維持，此高低溫變化持續 10 個週期，測
試完後，將手機自恆溫機儀器中取出來，檢測功能是否正常，若正常在進行粉
塵測試。將手機放置裝滿石灰粉的鐵盒中，先將手機放置石灰粉鐵盒內 30 分
鐘，在將振動鐵盒設定 30 分鐘振動時間，測試完成後，將手機自鐵盒中取出
來，檢測功能與手機訊號是否正常，是否因振動而造成天線偏移，使得手機收
訊不良，若正常在進行溫度溼度測試。

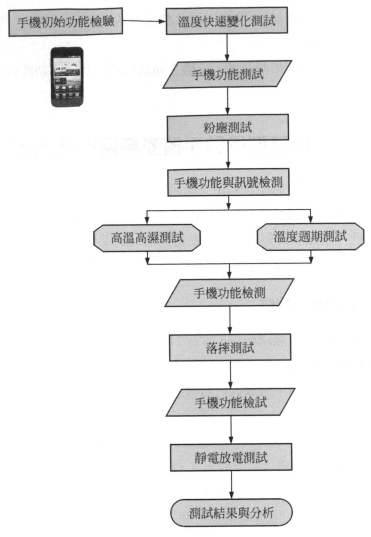

圖 11-9 硬體可靠度測試流程圖

　　接下來進行溫度溼度測試時,將一半手機放入恆溫機儀器中,將溫度設定為 80 度之高溫,經過 60 分鐘常時間高溫之後,在將儀器設定在 20 分鐘內,溫度慢慢變化至 –30 度之低溫,並經過 60 分鐘常時間低溫維持,此高低溫變化持續測試 12 小時,測試完後,將手機自恆溫機儀器中取出來,檢測功能是否正常。另一半手機放入濕度儀器中,將溫度設定為 60 度且濕度為 80%,持續測試 12 小時，測試完後，將手機自濕度儀器中取出來，檢測功能是否正常。若功能皆正常，進行落摔測試，設定高度為 180 公分，將手機六個面進行落摔測試，測試完成後，檢測手機所有功能是否正常、手機螢幕是否出現破裂與天線信號是否正常，若正常在進行靜電放電測試。

　　進行靜電放電測試，其測試流程、方式與條件如同第七章所敘述，會將靜電槍設定為 ±5 kV 與 ±15 kV 測試，在 ±5 kV 測試時，不能出現因靜電打入而造成手機異常情況發生，而 ±15 kV 測試時，允許手槍出現因靜電打入而造成手機異常情況發生，但重新開機之後，此異常情況不能出現。因此進行完硬體可靠度測試之後，研發人員必須分析手機經由測試之後，所發生之異常情況，進行電路修改或設計變更，防止異常情況在度發生。

11-4-2　機構可靠度測試

　　手機在機構體可靠度測試流程，如圖 11-10 所示。首先將 10 隻手機進行功能檢測，必須所有功能皆正常才能進行機構可靠度測試流程。檢查完成之後，進行溫度快速變化測試，首先，先將手機放入恆溫機儀器中將溫度設定為 80 度之高溫，經過 60 分鐘常時間高溫之後，在將儀器設定在 10 秒鐘內，溫度快速變化至 −30 度之低溫，並經過 60 分鐘常時間低溫維持，此高低溫變化持續 20 個小時，測試完後，將手機自恆溫機儀器中取出來，檢測功能是否正常，若正常在進行溫溼測試。將溫度設定為 60 度且濕度為 80%，持續測試 12 小時，測試完後，將手機自濕度儀器中取出來，檢測功能是否正常。若功能皆正常，進行翻蓋測試。

　　若手機機種為平行機種，則翻蓋測試即忽略，若是翻蓋機種，則進行完溫度變化與溫溼測試後，即進行翻蓋測試。翻蓋測試，每支手機皆須測試 10 萬次，進行完翻蓋測試之後，須檢測翻蓋之軸承是否有發生異常聲音，或手機轉動軸承之外殼，是否有出現斷裂；以及鍵盤是否因多次的翻蓋壓合，是否出現凹陷現象，或出現闔蓋有間縫情況產生等，此些異常情況皆不允許。

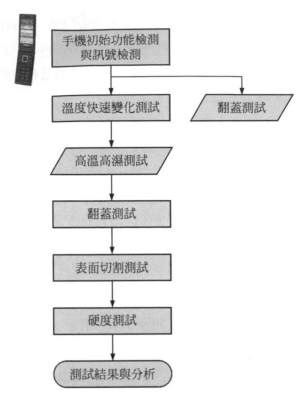

圖 11-10　機構可靠度測試流程圖

　　進行完翻蓋測試之後，在將手機進行表面切割測試，此測試是將每一方格為1mm×1mm，共有 100 個之大小，放置手機外殼表面上，測試手機表面磨損情況，此手機經過磨損之後，不能出現內層漆之顏色。進行完表面切割測試之後，在將手機進行硬度測試，此硬度測試是檢測外殼噴漆情況與鏡面之硬度情況；利用 500 克與 1000 克之砝碼，將硬度筆儀器放置手機外殼或鏡面之上，移動硬度筆儀器進行硬度測試，此測試條件，在 500 克砝碼重力時，不能出現任何刮痕；在 1000 克砝碼重力時，可允許出現刮痕，但不能出現內層漆之顏色。因此進行完機構可靠度測試之後，研發人員必須分析手機經由測試之後，所發生之異常情況，進行機構修改或設計變更，防止異常情況在度發生。

11-4-3　硬體品質測試

　　手機之硬體品質測試流程，如圖 11-11 所示。首先將 10 支手機進行功能
檢測，必須所有功能皆正常才能進行測試流程。檢查完成之後，進行溫度壓力
變化測試，溫度壓力變化即爲高低溫與高低濕度混合測試。首先，先將手機放
入恆溫機儀器中將溫度設定爲 60 度與 80%濕度，此測試時間維持 8 小時，在
將溫度調整爲 80 度，此測試時間維持 30 分鐘，在將溫度極速調整爲 –30 度，
此測試時間維持 30 分鐘，在將溫度調整爲 –10 度，此測試時間維持 30 分鐘，
在將溫度極速調整爲 50 度與 80%濕度，此測試時間維持 20 分鐘，在將溫度
極速調整爲 80 度，此測試時間維持 40 分鐘，40 分鐘測試完之後，在將溫度
極速調整爲 –50 度，此測試時間維持 30 分鐘，經過 30 分鐘低溫測試之後，在
將溫度極速調整爲 80 度，此測試時間維持 30 分鐘。

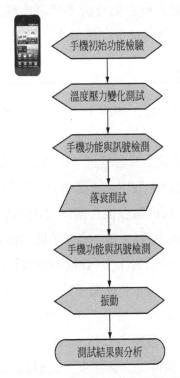

圖 11-11　硬體品質測試流程圖

而在溫度為–50度與溫度為80度之間，高低溫不斷地持續常時間6個小時，測試完之後，在將溫度設定為常溫25度，放置3小時，因此總測試時間為19.5小時；測試完之後，在將手機於恆溫機儀器中取出，檢測所有功能是否皆正常，手機收訊是否正常。

　　經由高低溫與高低濕度混合測試之後，在將手機進行落摔測試，設定高度為150公分，將手機六個面進行落摔測試，測試完成後，檢測手機所有功能、手機螢幕是否有破裂與天線信號是否正常，若正常在進行振動測試。進行振動測試時，將振動鐵盒設定60分鐘振動時間，測試完成後，將手機自鐵盒中取出來，檢測功能與手機訊號是否正常，是否因振動而造成天線偏移，使得手機收訊不良；而進行完硬體品質測試之後，須將手機之機殼拆開，檢測內部所有零件是否因進行高低溫與高低濕度混合測試之後，而發生異常情況。而進行完硬體品質測試之後，研發人員必須分析手機經由測試之後，所發生之異常情況，進行設計變更，防止異常情況在度發生。

11-4-4　機構品質測試

　　手機在機構品質測試流程，如圖11-12所示。首先將10支手機進行功能檢測，必須所有功能皆正常才能進行測試流程。檢查完成之後，首先進行硬體品質測試之高低溫與高低濕度混合測試，總測試時間為19.5小時；測試完之後，在將手機於恆溫機儀器中取出，檢測所有功能是否皆正常，手機收訊是否正常。測試完高低溫度與高低濕度混合測試之後，即進行油脂暴曬測試，將手機表面塗上油脂，經由高溫照射之後，檢查手機表面之噴漆是否有出現異常顏色或變質，此測試是模擬使用者手上有油脂而接觸手機表面。

　　測試完油脂暴曬測試之後，若是翻蓋機種，則進行垂直上蓋壓力測試，此測試是測試轉軸之垂直延伸力，首先將手機翻蓋後，利用3公斤之T型工具壓在手機翻蓋之上，垂直上蓋壓力測試5000次。測試完成在將手機放置翻蓋儀器，進行翻蓋測試，測試轉軸之翻摺度，此翻蓋測試將測試2萬次。進行完翻蓋測試之後，將手機進行按鍵觸控測試，此測試將手機置於測試儀器上，壓力儀器為 1.5Kg 的重力狀態，對按鍵觸控測試 2 萬次。而進行完機構品質測試之後，研發人員必須分析手機經由測試之後，所發生之異常情況，進行設計變更，防止異常情況在度發生。

在此章節詳細地敘述與說明智慧型行動電話專案之開發流程、手機之組裝流程與品管研發測試流程等，但由於手機產品具有愈來愈多附加功能，以及手機產品可靠度要求愈來愈高，因此在專案之開發流程、組裝流程與品管測試流程皆會視客戶須求、產品功能要求或市場導向方案等，在設計上會有所差異，因此，本章節之開發流程、組裝流程與品管測試流程內容僅提供參考。

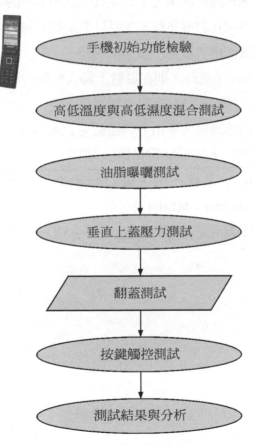

圖 11-12　機構品質測試流程圖

本章研讀重點

1. 在手機開發階段中，首先須進行產品規劃設計；其中包含：(1)產品使用者定位。(2)產品外觀設計。(3)產品功能選擇。(4)產品元件選擇。(5)產品時間規劃。(6)產品價錢評估。(7)元件擺放與機構圖面設計。

2. 國際移動設備辨識碼(IMEI)為每一隻手機在組裝完成後，都將被賦予一個全球唯一的一組號碼。

3. 國際移動設備辨識碼的用途主要是提供訊息給網路系統，讓系統知道目前是哪一隻手機在收發訊號，主要目的是防止被竊的手機登入網路及監視或防止手機使用者蓄意干擾通信網路。

4. 若手機為 GSM 系統時，則在鍵盤上輸入*#06#及會產生出一串 15 個號碼之數字，此即為國際移動設備辨識碼。

5. 國際移動設備辨識碼主要由下列幾個定義所組成
   $IMEI = TAC(6) + FAC(2) + SNR(6) + SP(1)$。

6. 手機為 CDMA 系統，則手機之辨識碼為行動設備辨識碼(Mobile Equipment Identifier；MEID)。

7. USB 連接器其腳位之定義為 V_{BUS}、$D-$、$D+$、ID、GND 等五個接腳。

習題

1. 請簡述產品規劃設計。
2. 請簡述研發產品設計第一階段流程。
3. 請簡述研發產品設計第一階段流程。
4. 請簡述組裝生產流程。
5. 請敘述國際移動設備辨識碼。
6. 請簡述智慧型行動電話產品測試項目。

參考文獻

1. 陳聖詠編著，*傳輸網路與行動通訊*，第 9-2~9-31 頁，全華圖書公司，台北，2004。
2. *手機測試項目－資料手冊*。
3. *手機設計概述－資料手冊*。
4. *智慧型行動電話研發設計流程－資料手冊*。
5. *陳子聰編著，手機原理與維修，人民郵電出版社*，2008。

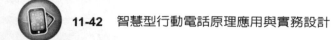

專業詞彙對照

A

Acknowledge	確認
Address	位址
Asynchronous	非同步
Automatic Optical Inspection (AOI)	自動光學檢測
Air Discharge	空氣放電
Antenna Diversity	天線分集
Asymmetric Digital Subscriber Line (ADSL)	數位式用戶線路
Advanced Mobile Phone System(AMPS)	先進式行動電話服務系統
Authentication Center(AUC)	認證中心
American National Standards Institute(ANSI)	美國國家標準協會
Advanced Wireless Services (AWS)	先進無線服務
Analogy Digital Converter (ADC)	類比數位轉換

B

Bit	位元
Baud rate	鮑率
Block Diagram	方塊圖
Ball Grid Array (BGA)	圓球狀陣列封裝
Breakdown Voltage	崩潰電壓
Bluetooth	藍芽
Bit Error Ratio (BER)	錯誤率
Bandwidth Efficiency	頻寬效益
Base Station System (BSS)	基地台系統
Base Transceiver Station (BTS)	基地台收發器
Base Station Controller (BSC)	基地台控制器

C

Carrier Detect	載波偵測
Clear To Send	清除以傳送
Current	電流
Candela	燭光
Contact Discharge	接觸放電
Clamping Voltage	限制電壓
Code Division Multiple Access (CDMA)	分碼多重擷取系統
CDMA Development Group (CDG)	CDMA 發展聯盟
Charge Coupled Device(CCD)	電荷耦合元件
Complementary Metal Oxide Semiconductor(CMOS)	互補性氧化金屬半導體

D

Data Terminal Equipment (DTE)	數據終端設備
Data Connection Equipment (DCE)	數據通信設備
Data Bit	資料位元
Data Terminal Ready	資料端備妥
Data Set Ready	資料備妥
Diode	二極體
Debug	偵錯
Dynamic Random Access Memory (DRAM)	動態隨機存取記憶體
Double Data Rate SDRAM (DDR SDRAM)	雙倍同步動態隨機存取記憶體
Dual in-line package(Dip)	雙腳線包裝
Data format	數據格式
Direct Sequence Spread Spectrum(DSSS)	直接序列展頻
Digital Advanced Mobile Phone System (D-AMPS)	數位先進式行動電話服務系統

E

Electronic Industry Association (EIA)	電子工業聯盟
Electro Luminescent(EL)	電激發光
Energy Gap	能量帶
Electrostatic Discharge (ESD)	靜電放電
Electrostatic Discharge Association(ESDA)	靜電放電學會
Erasable Programmable Read Only MemoryEPROM)	可抹除程式唯讀記憶體
Electrically Erasable Programmable Read Only Memory (EEPROM)	可電擦式程式唯讀記憶體
Europe Telecommunications Standards Institute(ETSI)	歐洲電信標準協會
Equipment Identity Register(EIR)	設備識別記錄器
Enhanced Circuit Switched Data(ECSD)	增強電路切換資料
Eight Phase Shift Keying(8-PSK)	8 相位位移鍵

F

Forward Voltage	順向電壓
Flash Memory	快閃記憶體
Fiber to the HomeF (FTTH)	光纖到家
Federal Communications Commission (FCC)	聯邦通訊委員會
Frequency Hopping Spread Spectrum(FHSS)	跳頻式展頻技術
Frequency Division Multiplexing (FDM)	分頻多工技術
Frequency Spacing	頻率間隔
Frequency Modulation (FM)	調頻
Frequency Division Multiple Access (FDMA)	分頻多重擷取系統
Future Public Land Mobile Telecommunication Systems (FPLMTS)	未來公眾陸上行動通信系統
Forward Error Correction (FEC)	前向錯誤更正

G

Ground	接地
General Purpos Interface Bus(GPIB)	通用介面匯流排
Global System for Mobile Communications (GSM)	全球移動通信系統
Gaussian Frequency Shift Keying(GFSK)	高斯頻移鍵控
Gateway Mobile Switching Center (GMSC)	閘道切換中心
General Packet Radio Service (GPRS)	通用封包無線服務
Gaussian Minimum Shift Keying (GMSK)	高斯最小移位鍵控

H

Hot-Plug	熱插拔
High Definition(HD)	高畫質
High Frequency	高頻
Host Controller Interface (HCI)	主機控制介面
Home Location Register(HLR)	本地位置記錄器
High Speed Downlink Packet Access (HSDPA)	高速下行封包接取
High Speed Uplink Packet Access(HSUPA)	高速上行封包接取

I

Interface	介面
Inter-Integrated Circuit (I^2C)	串列匯流排傳輸介面
Institute of Electrical and Electronics Engineers (IEEE1394)	電機電子工程學協會
Identification(ID)	辨識
Integrated Circuit(IC)	積體電路
Illuminance	照度
International Electrical Committee (IEC)	國際電子委員會
Infrared Data Association (IrDA)	紅外線資料傳輸

Infrared Data Association　　　　　　　　　　　　紅外線資料聯盟

Infrared Link Access Protocol (IrLAP)　　　　　　紅外線連結擷取協定

Infrared Link Management Protocol (IrLMP)　　　　紅外線連結管理協定

Information Access Services (IAS)　　　　　　　　資訊擷取服務

IrDA Object Exchange Protocol (IrOBEX)　　　　　紅外線物件交換協定

IrDA Wireless Local Area Network(IrWLAN)　　　　紅外線無線區域網路

IrDA Communication (IrCOMM)　　　　　　　　　紅外線通訊

International Telecommunication Union(ITU)　　　　國際電信聯盟

International Mobile Equipment Identification (IMEI)　國際移動設備辨識碼

L

Light Emitting Diode (LED)　　　　　　　　　　發光二極體

Liquid Phase Epitaxy(LPE)　　　　　　　　　　液相磊晶成長法

Laser Diode (LD)　　　　　　　　　　　　　　雷射二極體

Luminous flux　　　　　　　　　　　　　　　光通量

Luminous intensity　　　　　　　　　　　　　發光強度

Luminance　　　　　　　　　　　　　　　　輝度

Leakage Current　　　　　　　　　　　　　　洩漏電流

Logic Partition　　　　　　　　　　　　　　　邏輯區塊

Low Frequency　　　　　　　　　　　　　　　低頻

Link Manager Protocal(LMP)　　　　　　　　　連結管理協定

Logical Link Control Adaptation Protocol(L2CAP)　邏輯連結控制應用協定

Low Dropout Regulator(LDO)　　　　　　　　　低壓差線性穩壓器

M

Male　　　　　　　　　　　　　　　　　　　公座

Female　　　　　　　　　　　　　　　　　　母座

Micro Controller　　　　　　　　　　　　　　微控制器

Memory　　　　　　　　　　　　　　　　　記憶體

Master	主控元件
Media Access Control Layer	媒體存取控制層
Metal Organic Vapor Phase Epitaxy (MOVPE)	有機金屬氣相磊晶法
Multilayer Varistor(MLV)	多層電阻
Metal Oxide Semiconductor Field Effect Transistor (MOSFET)	
	金屬氧化場效電晶體
Multi Level Cell (MLC)	多階儲存單元
Memory Cell	記憶單元
Microwave	微波
Multiple Input Multiple Output (MIMO)	多重輸入輸出
Mobile Switching Center (MSC)	行動切換中心
Magenetic Resistive (MR Sensor)	磁性阻力感應器
Mobile Equipment Identifier (MEID)	行動設備辨識碼

N

Non-synchronous	非同步
Network and Switch Subsystem(NSS)	網路及切換子系統

O

Open Drain	開汲極
Open Loop	開迴路
Optical Microscope	光學顯微鏡
Operating Temperature	工作溫度範圍
Orthogonal Frequency Division Multiplexing (OFDM)	正交分頻多工技術
Nordic Mobile Telephone(NMT)	北歐行動電話系統

P

Parity Bit	同位位元
Parallel Bus	並列匯流排

Pull-up resister	提升電阻
Peer to peer	點對點
Plug-and-Play	隨插即用
Protocol Adaptation Layer(PAL)	協定應用層
Printed Circuit Board(PCB)	印刷電路板
Personal Digital Cellular(PDC)	個人數位封包
Photon	光子
Personal Digital Assistant(PDA)	個人數位助理
Peak Pulse Current	峰值脈衝電流
Programmable ROM (PROM)	可程式唯讀記憶體
Piezoelectric Material	壓電材料
Parallel Resonance Frequency	並聯諧振頻率
Part Per Million (PPM)	百萬分之一
Personal Identity Number (PIN)	個人識別碼
Public Switched Telephone Network (PSTN)	公眾電話切換網路
Personal Communication Service (PCS)	個人通訊服務
Public Access Mobile Radio (PAMR)	公用存取行動無線通訊系統

Q

Quad Flat Package(QFP)	四方平面封裝
Quality Factor	品質因素

R

Request To Send	要求傳送
Ring Indicator	響鈴偵測
Request	請求
Real-Time	即時
Resistance	電阻
Reverse Current	逆向電流

Random Access Memory(RAM)	隨機存取記憶體
Read Only Memory(ROM)	唯讀記憶體
Radio Frequency Identification(RFID)	無線射頻辨識
RF Communication	射頻通訊
Radio Conformance Test Specification (RCTS)	射頻符合性測試規範
Roaming	漫遊

S

Serial	串列
Start bit	起始位元
Stop Bit	停止位元
Serial Data Line(SDA)	串列資料線
Serial Clock Line(SCL)	串列時脈線
Slave	從屬元件
Start	開始
Synchronous	同步
Short	短路
Surface Mount Technology (SMT)	表面黏著技術
Shield Case	鐵鍵
Spontaneous Emission	自發輻射
Stimulated Emission	受激輻射
Stimulated Absorption	受激吸收
Static Random Access Memory (SRAM)	靜態隨機存取記憶體
Synchronous Dynamic Random Access Memory(SDRAM)	
	同步動態記憶體
Single Level Cell (SLC)	單階儲存單元
Series Resonance Frequency	串聯諧振頻率
Surface Mount Device (SMD)	表面黏著元件

Serial Infrared (SIR)	連續紅外線
Service Discovery Protocol(SDP)	服務搜尋協定
Smart Phone	智慧型行動電話
Subscriber Identity Module (SIM)	使用者身份模組

T

Trigger	觸發
Transient Voltage Suppressor (TVS)	瞬變電壓抑制器
Transport Protocols(TP)	傳輸協定
Time Division Duplexing(TDD)	分時多工
Telephone Control Service (TCS)	通訊控制服務
Total Access Communications System(TACS)	完全存取通訊系統
Time Division Multiple Access (TDMA)	分時多重擷取系統
Terminal Equipment(TE)	終端設備
Third Generation Partnering Project 2(3GPP2)	第三代行動通訊夥伴

U

Universal Series Bus(USB)	通用序列匯流排
USB Implementers Forum(USBIF)	USB 實體協會
Ultra-wideband(UWB)	超寬頻
US Military Standard	美國軍規標準
Ultra High Frequency	超高頻
Universal Mobile Telecommunications System(UMTS)	
	通用移動通訊系統

V

Voltoge	電壓
Vapor Phase Epitaxy(VPE)	氣相磊晶成長法
Varistor	壓敏電阻器

Virtual Channels	虛擬通道
Voltage Control Oscillato (VCO)	電壓控制振盪器
Visitors Location Register(VLR)	訪客記錄器

W

Wireless USB(WUSB)	無線通用序列匯流排
Wide band Code Division Multiple Access (WCDMA)	寬頻分碼多工
Working Voltage	工作電壓
Wireless Local Area Network(WLAN)	無線區域網路
Worldwide Interoperability for Microwave Access(WiMAX)	全球互通微波存取技術
Wireless Access	無線接取
World Radio Administrative Conference	世界無線電管理會議
Wireless Application Protocol(WAP)	無線應用通訊協定

國家圖書館出版品預行編目資料

智慧型行動電話原理應用與實務設計 / 賴柏洲等編
　著. -- 二版. -- 新北市 : 全華圖書, 2015.09
　　面 ; 公分

　ISBN 978-986-463-025-7(平裝)

　1.行動電話　2.電路　3.設計
448.845　　　　　　　　　　　　　　104017348

智慧型行動電話原理應用與實務設計

作者 / 賴柏洲、林修聖、陳清霖、呂志輝、陳藝來、賴俊年

發行人 / 陳本源

執行編輯 / 張曉紜

封面設計 / 楊昭琅

出版者 / 全華圖書股份有限公司

郵政帳號 / 0100836-1 號

印刷者 / 宏懋打字印刷股份有限公司

圖書編號 / 1037601

二版一刷 / 2015 年 11 月

定價 / 新台幣 350 元

ISBN / 978-986-463-025-7 (平裝)

全華圖書 / www.chwa.com.tw

全華網路書店 Open Tech / www.opentech.com.tw

若您對書籍內容、排版印刷有任何問題，歡迎來信指導 book@chwa.com.tw

臺北總公司(北區營業處)
地址：23671 新北市土城區忠義路 21 號
電話：(02) 2262-5666
傳真：(02) 6637-3695、6637-3696

南區營業處
地址：80769 高雄市三民區應安街 12 號
電話：(07) 381-1377
傳真：(07) 862-5562

中區營業處
地址：40256 臺中市南區樹義一巷 26 號
電話：(04) 2261-8485
傳真：(04) 3600-9806

讀者回函卡

填寫日期： ／ ／

姓名：_____ 生日：西元　　　年　　　月　　　日　性別：□男 □女

電話：（　　） 傳真：（　　） 手機：_____

e-mail：(必填)_____

註：數字零，請用 Φ 表示，數字1與英文L請另註明並書寫端正，謝謝。

通訊處：□□□□□

學歷：□博士 □碩士 □大學 □專科 □高中・職

職業：□工程師 □教師 □學生 □軍・公 □其他

學校／公司：_____ 科系／部門：_____

・需求書類：

□A.電子 □B.電機 □C.計算機工程 □D.資訊 □E.機械 □F.汽車 □I.工管 □J.土木

□K.化工 □L.設計 □M.商管 □N.日文 □O.美容 □P.休閒 □Q.餐飲 □B.其他

・本次購買圖書為：_____ 書號：_____

・您對本書的評價：

封面設計：□非常滿意 □滿意 □尚可 □需改善，請說明_____

內容表達：□非常滿意 □滿意 □尚可 □需改善，請說明_____

版面編排：□非常滿意 □滿意 □尚可 □需改善，請說明_____

印刷品質：□非常滿意 □滿意 □尚可 □需改善，請說明_____

書籍定價：□非常滿意 □滿意 □尚可 □需改善，請說明_____

整體評價：請說明_____

・您在何處購買本書？

□書局 □網路書店 □書展 □團購 □其他

・您購買本書的原因？（可複選）

□個人需要 □公司採購 □親友推薦 □老師指定之課本 □其他

・您希望全華以何種方式提供出版訊息及特惠活動？

□電子報 □DM □廣告 (媒體名稱)_____

・您是否上過全華網路書店？（www.opentech.com.tw）

□是 □否 您的建議_____

・您希望全華出版那方面書籍？_____

・您希望全華加強那些服務？_____

～感謝您提供寶貴意見，全華將秉持服務的熱忱，出版更好的書，以饗讀者。

全華網路書店 http://www.opentech.com.tw 客服信箱 service@chwa.com.tw

2011.03 修訂

親愛的讀者：

感謝您對全華圖書的支持與愛護，雖然我們很慎重的處理每一本書，但恐

仍有疏漏之處，若您發現本書有任何錯誤，請填寫於勘誤表內寄回，我們將於

再版時修正，您的批評與指教是我們進步的原動力，謝謝！

全華圖書 敬上

勘 誤 表

書　號			書　名	作　者
頁　數	行　數		錯誤或不當之詞句	建議修改之詞句

我有話要說：(其它之批評與建議，如封面、編排、內容、印刷品質等・・・)